# 網頁應用程式設計
# 使用 Node 和 Express 第二版

## 運用 JavaScript 工具堆疊

SECOND EDITION

# Web Development with Node and Express
## Leveraging the JavaScript Stack

*Ethan Brown* 著

賴屹民 譯

**O'REILLY®**

謹將本書獻給我的家人：

讓我愛上工程學的父親 *Tom*，讓我愛上寫作的母親 *Ann*，
還有一直陪伴我的姐妹 *Meris*。

# 目錄

# 前言

## 本書對象

本書的對象是想要使用 JavaScript、Node 與 Express 製作 web app 的程式員（傳統網站，或使用 React、Angular 或 Vue 製作單頁 app，或 REST API，或介於兩者之間的任何東西）。Node 開發有個令人興奮的層面：它吸引了一群全新的程式員。JavaScript 的親切性與靈活性吸引了世界各地自學的程式員。在電腦科學的歷史中，程式設計從來沒有如此便利，教導程式設計的（以及在你卡住時可以尋求協助的）線上資源的數量與品質不僅令人驚訝，也鼓舞人心。所以，如果你是新的（或許是自學的）程式員，歡迎加入我們。

當然，有些人跟我一樣，已經寫了一陣子程式了。如同我這個領域的許多程式員，我最初使用組合語言與 BASIC，後來用過 Pascal、C++、Perl、Java、PHP、Ruby、C、C# 與 JavaScript。我在大學接觸許多小眾語言，例如 ML、LISP 與 PROLOG。雖然我熟悉許多其中的語言，但是我認為這些語言都不如 JavaScript 那麼有前途。所以這本書也是為了我這種程式員寫的，他們有很多經驗，可能對於特定的技術有更深入的哲學觀點。

看這本書之前不需要任何 Node 經驗，但需要有 JavaScript 的經驗。如果你是程式新手，我推薦 Codecademy（*http://bit.ly/2KfDqkQ*）。如果你是中階或資深的程式員，容我推薦我自己的書，*Learning JavaScript, 3rd Edition*（O'Reilly）。本書的範例可以在任何可以運行 Node 的系統上執行（包含 Windows、macOS、Linux 及其他）。這些範例是為命令列（終端機）用戶設計的，所以你要稍微瞭解系統的終端機。

最重要的是，本書是寫給渴望學習的程式員看的。他們對將來的網際網路感到興奮，而且想要加入它。他們熱切希望學習新東西、新技術，以及 web 開發的新觀點。親愛的讀者，如果你還沒有興奮的感覺，希望你看完這本書時有這種感覺…

## 第二版說明

撰寫本書的第一版是一件開心的事情，直到今天，我仍然很高興當時能在書中提出實用的建議，以及收到讀者熱烈回應。第一版是在 Express 4.0 發表的時候出版的，雖然目前 Express 仍然是 4.x 版，但是圍繞著 Express 的中介函式（middleware）和工具已經有了巨大的變化。此外，JavaScript 本身也有所演變，甚至 web app 的設計方式也經歷了結構性的轉變（從純伺服器端算繪（rendering）變成單頁 app [SPA]）。雖然第一版介紹的許多原則仍然是實用且有效的，但具體的技術和工具已經幾乎完全不一樣了。那個版本已經過期了。由於 SPA 的優勢，第二版的重點變成「將 Express 當成 API 與靜態資產的伺服器」，並且加入一個 SPA 範例。

## 本書的結構

第 1 章與第 2 章介紹 Node 與 Express，以及後續內容即將使用的工具。第 3 章與第 4 章開始使用 Express 建構一個範例網站框架，它將成為本書其餘部分的主軸範例。

第 5 章討論測試與 QA，第 6 章介紹 Node 的重要結構，以及 Express 如何擴展和使用它們。第 7 章介紹製模（使用 Handlebars），建立基礎來使用 Express 建構實用的網站。第 8 章與第 9 章介紹 cookie、session 以及表單處理式（handler），以上就是建構基本的 Express 網站必須知道的事項。

第 10 章研究中介函式，它是 Express 的核心概念。第 11 章解釋如何使用中介函式從伺服器寄出 email，以及探討 email 固有的安全和版面配置問題。

第 12 章介紹生產問題。雖然在這個階段，你尚未完全掌握如何建構準生產網站，但是提前考慮生產環境可以免除後患。

第 13 章討論持久保存，把重點放在 MongoDB（文件資料庫龍頭之一）以及 PostgreSQL（流行的開放原始碼關聯資料庫管理系統）。

第 14 章詳述如何用 Express 來安排路由（如何將 URL 對映至內容），第 15 章則討論如何使用 Express 編寫 API。第 17 章探討提供靜態內容的細節，重點是將性能最大化。

第 18 章討論安全防護：如何在 app 中建立身分驗證與授權機制（重點是使用第三方身分驗證供應者），以及如何用 HTTPS 來運行網站。

第 19 章解釋如何整合第三方服務。我們將以 Twitter、Google Maps、US National Weather Service 為例。

第 16 章運用學過的 Express 知識來將主軸範例重構為 SPA，將 Express 當成後端伺服器，來提供第 15 章製作的 API。

第 20 章與第 21 章為你的大日子做好準備：推出你的網站。這兩章也會介紹除錯，讓你可以在推出之前根除任何缺陷，順利上線，第 22 章介紹下一個重要（也不受重視）的階段：維護。

本書以第 23 章結束，如果你想要更深入學習 Node 與 Express，這一章介紹額外的資源，以及哪裡可以提供幫助。

## 範例網站

從第 3 章開始，本書使用一個主軸範例：Meadowlark Travel 網站。本書的第一版是我到 Lisbon 旅遊之後撰寫的，那趟旅行讓我充滿回憶，所以我將家鄉 Oregon 州的虛構旅遊公司當成範例網站（Western Meadowlark 是 Oregon 的州鳥）。Meadowlark Travel 可讓旅客聯絡當地的「業餘導遊」，也和自行車及摩托車租賃服務公司合作，網站的服務重點是生態旅遊。

如同任何教學範例，Meadowlark Travel 網站有點刻意打造，但是這個例子涵蓋了真實世界的許多挑戰：第三方元件整合、地理定位、電子商務、性能與安全防護。

由於本書的重點是後端基礎設施，所以範例網站並不完整，它只是個真實網站的虛構案例，目的是讓許多小範例更有深度，為它們提供背景。如果你正在開發自己的網站，你可以把 Meadowlark Travel 範例當成模板。

## 本書編排慣例

本書使用下列的編排方式：

斜體字（*Italic*）

代表新術語、URL、email 地址、檔名，與副檔名。中文以楷體表示。

定寬字（Constant width）

在長程式中使用，或是在文章中代表變數、函式名稱、資料庫、資料型態、環境變
數、陳述式、關鍵字等程式元素。

定寬粗體字（**Constant width bold**）

代表應由用戶親自輸入的命令或其他文字。

定寬斜體字（*Constant width italic*）

應換成用戶提供的值的文字，或由上下文決定的值的文字。

這個圖案代表提示或建議。

這個圖案代表註解。

這個圖案代表警告或注意。

## 使用範例程式

本書的補充教材（範例程式、習題等）可以在此處下載：

*https://github.com/EthanRBrown/web-development-with-node-and-express-2e*

本書的目的是協助您完成工作。書中的範例程式碼，您都可以引用到自己的程式和文件
中。除非您要公開重現絕大部份的程式碼內容，否則無需向我們提出引用許可。舉例來
說，自行撰寫程式並引用本書的程式碼片段，並不需要授權。但如果想要將 O'Reilly 書

籍的範例製成光碟來銷售或散佈，就絕對需要我們的授權。引用本書的內容與範例程式碼來回答問題不需要取得授權許可，但是將本書中的大量程式碼納入自己的產品文件，則需要取得授權。

雖然沒有強制要求，但如果您在引用時能標明出處，我們會非常感激。出處一般包含書名、作者、出版社和 ISBN。例如：「*Web Development with Node and Express, Second Edition* by Ethan Brown (O'Reilly). Copyright 2019 Ethan Brown, 978-1-492-05351-4」。

若您覺得自己使用範例程式的程度已超出上述的允許範圍，歡迎隨時與我們聯繫：*permissions@oreilly.com*

# 致謝

在我的人生中，許多人都為這本書做出部分的貢獻，如果沒有他們的影響，我不可能有今天的成就。

首先，我想感謝 Pop Art 的每個人，在 Pop Art 的時光不僅讓我重新燃起對工程學的熱情，也讓我從每個人學到很多東西，沒有他們的支持就沒有這本書。很感謝 Steve Rosenbaum 為我創造一個鼓舞人心的工作環境，感謝 Del Olds 引領我加入，讓我覺得備受歡迎，成為一位光彩的領導者。感謝 Paul Inman 的堅定支持，以及對於工程富啟發性的態度，感謝 Tony Alferez 的熱情支持，讓我在不影響 Pop Art 的情況下騰出時間寫作。最後，感謝曾經與我共事，讓我時刻保持警覺的偉大工程師：John Skelton, Dylan Hallstrom, Greg Yung, Quinn Michaels, CJ Stritzel, Colwyn Fritze-Moor, Diana Holland, Sam Wilskey, Cory Buckley 與 Damion Moyer。

非常感謝目前我所屬的 Value Management Strategies 公司的團隊，我從 Robert Stewart 與 Greg Brink 學到許多關於軟體的商業面的知識，從 Ashley Carson 學到許多關於團隊溝通、凝聚力和有效性的知識（Scratch Chromatic，感謝你的堅定支持）。Terry Hays、Cheryl Kramer 與 Eric Trimble，感謝你們在工作上的付出與支持！感謝 Damon Yeutter、Tyler Brenton 與 Brad Wells 認真地執行需求分析與專案管理。最重要的是，感謝在 VMS 的才華洋溢、付出的同事：Adam Smith, Shane Ryan, Jeremy Loss, Dan Mace, Michael Meow, Julianne Soifer, Matt Nakatani 與 Jake Feldmann。

感謝我的 School of Rock 樂團成員！這是多麼瘋狂的旅程，多麼快樂、有創造性的發洩途徑！特別感謝分享音樂熱情與知識的指導者：Josh Thomas, Amanda Sloane, Dave Coniglio, Dan Lee, Derek Blackstone 與 Cory West。感謝你們讓我有機會成為搖滾巨星！

Zach Mason，感謝你賦予我靈感。雖然這本書比不上《奧德賽的失落之書》，但它是我的寶貝，如果沒有你這位榜樣，或許我不會如此大膽嘗試。

Elizabeth 與 Ezra，感謝你們給我的禮物。我永遠愛你們。

我的一切都歸功於我的父母。應該沒有人的教養方式比他們更好、更有愛心了，我也從姐妹身上看到他們的教養成果。

非常感謝 Simon St. Laurent 給我這個機會，感謝 Angela Rufino（第二版）與 Brian Anderson（第一版）穩定和鼓舞人心的編輯。感謝 O'Reilly 所有人的奉獻與熱情。感謝 Alejandra Olvera-Novack, Chetan Karande, Brian Sletten, Tamas Piros, Jennifer Pierce, Mike Wilson, Ray Villalobos 與 Eric Elliot 全面和建設性的技術復審。

Katy Roberts 與 Hanna Nelson 對我「毛遂自薦」的提案提供寶貴的回饋與建議，讓這本書得以問世。非常感謝兩位！感謝 Chris Cowell-Shah 針對 QA 章節的回饋。

最後，感謝我的好朋友們，如果沒有他們，我早就崩潰了：Byron Clayton, Mark Booth, Katy Roberts 與 Kimberly Christensen。我愛你們。

# 第一章

# Express 簡介

## JavaScript 革命

在介紹本書的主題之前，我一定要介紹一些歷史背景，談談 JavaScript 與 Node。JavaScript 的時代已然來臨。它最初只是卑微的用戶端腳本語言，現在不僅遍布世界各地的用戶端，拜 Node 之賜，它也異軍突起，開始成為伺服器端語言。

我們已經可以清楚地看到「完整的 JavaScript 技術堆疊」這個願景，再也不需要切換不同的背景了！你再也不需要將心智齒輪從 JavaScript 換檔到 PHP、C#、Ruby 或 Python（或任何其他伺服器端語言）了。它也促使前端工程師跳到伺服器端編寫程式。我的意思不是伺服器端程式設計只和語言有關，除了語言之外還有很多東西要學，但是透過 JavaScript，語言至少不是一種障礙。

本書是為看到 JavaScript 技術堆疊的願景的人而寫的。或許你是前端工程師，希望將經驗延伸到後端開發工作。或許你跟我一樣是資深的後端開發者，希望 JavaScript 可以取代根深蒂固的伺服器端語言。

如果你和我一樣是軟體工程師，你一定看過許多語言、框架和 API 的興起。其中有些已經展翅高飛，有些成為昨日黃花。或許你認為自己可以快速學習新語言、新系統，每當你遇到一種新語言，你都可以體驗這種感受：你可以在這裡發現大學學過的東西，在那裡發現幾年前在職場學過的東西，雖然這種洞察力確實令人自豪，但也會令人感到厭倦，因為有時你只**想要完成工作**，不想要學習新技術，或重拾好幾年或好幾個月沒有用過的技能。

很多人原本覺得 JavaScript 不太可能成為王者，相信我，我也有這種感受。如果你在 2007 年告訴我：「你不但會把 JavaScript 當成首選語言，也會幫它寫一本書」，我會說你瘋了。我對 JavaScript 也抱持常見的偏見：我認為它是一種「玩具」語言，一種讓業餘或半吊子的人隨便玩玩的東西。平心而論，JavaScript 確實降低業餘玩家的門檻，外界也有很多問題重重的 JavaScript 程式，這些現象確實損害這種語言的形象。我們應該把一句流行語倒過來講「怨恨參與者，而不是怨恨體系」。

不幸的是，這種對於 JavaScript 的偏見使人無法看到它的強大、靈活和優雅。儘管我們知道 JavaScript 早在 1996 年就出現了（雖然很多迷人的功能是在 2005 年才加入的），但很多人直到現在才認真地看待 JavaScript。

看了這本書之後，你應該就不會有這種偏見了，或許是你已經和我一樣擺脫偏見，或許你從一開始就沒有偏見。無論如何，你都很幸運，我準備介紹的 Express 是用這種令人愉快且驚奇的語言實現的技術。

在 2009 年，當大家開始發現 JavaScript 這種腳本語言的強大與表達能力之後，Ryan Dahl 看到把 JavaScript 當成伺服器端語言的潛力，促使 Node.js 的誕生。這是網際網路技術的黃金階段。Ruby（Ruby on Rails）從計算機科學的學術界汲取一些偉大的思想，結合他自己的一些新點子，告訴全世界更快速地建構網站與 web app 的方式。Microsoft 在網際網路時代做了勇敢的嘗試，用 .NET 做了很多了不起的事情，他們不僅借鑑 Ruby 與 JavaScript，也從 Java 的錯誤中學習，同時大量引用學術界的觀點。

如今，web 開發人員可以自由地使用最新的 JavaScript 功能，不必擔心用戶使用的是舊的瀏覽器，這要歸功於 Babel 之類的轉譯技術。負責在 web app 中管理依賴項目以及確保性能的 Webpack 已經變成一種很普遍的解決方案了，而 React、Angular 與 Vue 等框架正改變大家開發 web 方式，讓宣告式文件物件模型（DOM）處理程式庫（jQuery）逐漸邁入歷史。

現在是參與網際網路技術的時刻，到處都有驚奇的新點子（或是被重新點燃的驚奇舊點子）。現在創新的浪潮比以往任何時刻都要強烈。

# Express 簡介

Express 網站說 Express 是一種「極簡且靈活的 Node.js web app 框架，為 web 和行動 app 提供穩健的功能組。」但是這句話到底是什麼意思？我們將它拆開討論：

**極簡**

> 這是 Express 最吸引人的層面之一。框架開發者經常忘記通常「少即是多」。Express 的理念是在你的大腦與伺服器之間提供**最少的**階層。這不代表它不夠強健或沒有足夠的功能，而是意味著它既不會阻礙你充分表達想法，也能提供一些有用的功能。Express 提供極簡框架，你可以視需求加入各種 Express 零件，將不需要的東西換掉。這是一種清新的感覺。很多框架都給你**所有東西**，在你編寫任何程式之前，就塞給你一個臃腫、神秘、複雜的專案。你的第一個動作通常是花時間砍掉不需要的功能，或換掉無法滿足需求的功能。Express 採取另一種做法，讓你在必要時才加入需要的東西。

**靈活**

> Express 做的事情其實很簡單：它從用戶端（可能是瀏覽器、行動裝置、另一個伺服器、桌上型 app…任何一種說 HTTP 的東西）接收 HTTP 請求，再回傳一個 HTTP 回應。這個基本模式幾乎可以涵蓋所有連接網際網路的東西，所以 Express 的用法非常靈活。

***web app* 框架**

> 比較精準的說法應該是「web app 框架的伺服器端」。現在當你聽到「web app 框架」時，腦海中浮現的通常是單頁 app 框架，例如 React、Angular 或 Vue。但是除了少數獨立的 app 之外，大部分的 web app 都必須和其他服務共享資料並且與之整合。它們通常透過 web API 來做這件事，web API 可視為 web app 框架的伺服器端元件。注意，有時你也會（有時最好這樣做）單純用伺服器端算繪來建立整個 app，此時 Express 也可以妥善地構成整個 web app 框架。

除了 Express 在它自己的簡介中提到的特性之外，我也想要加入兩個我的看法：

**快速**

> 隨著 Express 成為 Node.js 開發的首選 web 框架，許多運行高性能、高流量網站的大公司也開始關注它，這給 Express 團隊帶來壓力，讓他們開始專注於性能的提升，現在 Express 已經可以為高流量的網站提供領先群雄的性能了。

非強制性的

JavaScript 生態系統有一個特點在於它的規模與多樣化。雖然 Express 通常是 Node.js web 開發的核心工具，但 Express app 有上百種（甚至上千種）社群程式包可用。Express 團隊理解這種生態系統多樣性，所以提供了相當靈活的中介函式系統，讓你輕鬆地使用你喜歡的元件來建立 app。在 Express 開發過程中，你可以看到它捨棄「內建」的元件，轉而選擇可設置的中介函式。

我說過 Express 是 web app 框架的「伺服器端部分」…或許我們也要考慮伺服器端與用戶端 app 之間的關係。

# 伺服器端與用戶端 app

**伺服器端** *app* 就是 app 裡面的網頁都會先在伺服器算繪（變成 HTML、CSS、圖像與其他多媒體資產、JavaScript）再送給用戶端的 app。另一方面，**用戶端** *app* 只收到一次最初的 app 包裝，並且用裡面的東西算繪大多數的用戶介面。也就是說，一旦瀏覽器收到初始的（通常是很精簡的）HTML 之後，它就會使用 JavaScript 來動態修改 DOM，不需要依靠伺服器顯示新網頁（不過原始資料通常仍然來自伺服器）。

在 1999 年之前，伺服器端 app 是標準做法，事實上，*web app* 這個名詞是那一年正式提出的。我認為大約在 1999 年至 2012 年之間是 Web 2.0 時代，許多後來的用戶端 app 的製作技術都是在那段期間開發出來的。在 2012 年，隨著智慧手機的普及，大家都盡量避免用網路傳輸的資訊，這種做法有利於用戶端 app 的出現。

伺服器端 app 通常稱為**伺服器端算繪**（SSR），用戶端 app 通常稱為**單頁** *app*（SPA）。用戶端 app 完全可以用 React、Angular 與 Vue 等框架來實現。我一直覺得「單頁」有點用詞不當，因為從用戶的角度來看，它其實不只一頁，兩者唯一的區別在於網頁究竟是從伺服器送來的，還是在用戶端動態算繪的。

事實上，在伺服器端 app 與用戶端 app 之間有許多模糊的界線。許多用戶端 app 都有兩到三個可以送給用戶端的 HTML 包裹（例如公用介面與登入後的介面，或常規的介面與管理介面）。此外，SPA 經常與 SSR 結合，來提升第一頁的載入性能，和協助進行搜尋引擎優化（SEO）。

一般來說，如果伺服器只傳送少量的 HTML 檔案（通常一到三個），而且用戶可以看到動態 DOM 產生的豐富多畫面，它就可以視為用戶端算繪。各個畫面的資料（通常是 JSON 形式）與多媒體資產通常同樣來自網路。

當然，Express 不太關心你製作的究竟是伺服器端還是用戶端 app，它樂於扮演任何一種角色。你究竟只提供一個 HTML 包裹，還是提供一百個包裹，對 Express 而言都沒差。

雖然 SPA 無疑「贏得」web app 架構龍頭寶座，但本書的前幾個範例都是伺服器端 app，它們依然有其重要性，而且提供一個或是多個 HTML 包裹在概念上沒有太大的差異。第 16 章有一個 SPA 範例。

## Express 歷史簡介

Express 的創作者 TJ Holowaychuk 說 Express 這種 web 框架的靈感來自 Sinatra。Sinatra 是一種建構在 Ruby 之上的 web 框架，所以 Express 借鑑以 Ruby 為基礎的框架是很自然的事情：Ruby 催生了大量優秀的 web 開發方法，它的目的是讓 web 開發工作更快速、更高效，且更易於維護。

雖然 Express 的靈感來自 Sinatra，它也和 Node 的「外掛」程式庫 Connect 有很密切的關係。Connect 以中介函式（*middleware*）這個名稱來代表可插的（pluggable）Node 模組，它們可以在不同程度上處理 web 請求。雖然 Express 在 2014 年的 4.0 版移除了它與 Connect 的關係，但是它的中介函式概念依然要歸功於 Connect。

> Express 在 2.x 與 3.0 之間經歷了重大的改寫，在 3.x 與 4.0 之間也有一次。本書的重點是 4.0 版。

## Node：一種新的 web 伺服器

在某種程度上，Node 與其他流行的 web 伺服器有很多共同點，包括 Microsoft 的 Internet Information Services（IIS）和 Apache。但是我們感興趣的是它究竟哪裡不同，見以下內容。

Node 和 Express 很像，也是以極簡的方式製作 web 伺服器。與需要好幾年才能精通的 IIS 或 Apache 不同的是，Node 很容易設定與配置。我不是說你很容易就可以在生產環境中微調 Node 伺服器來取得最大的性能，而是它的組態設置選項更簡單而且更直觀。

Node 與比較傳統的 web 伺服器的另一項主要差異是 Node 是單執行緒的。乍看之下，這是一種退步，事實上，這是神來之筆。單執行緒可以大幅簡化 web app 的編寫工作，如果你需要多執行緒 app 的性能，你只要啟動更多 Node 實例就可以得到多執行緒的性能優勢。敏銳的讀者可能認為這聽起來很像虛幻的把戲，藉著平行執行伺服器（而不是平行執行 app）來製造多執行緒的效果，難道不是只是把複雜的東西換個位置，而不是消除它？或許是吧，但是根據我的經驗，它只是將複雜的東西搬到它本來的地方。此外，隨著雲端運算日益流行，以及伺服器逐漸成為通用商品，這種做法比較合理。IIS 與 Apache 確實很強大，它們設計上就是為了榨乾當今強大硬體的所有性能，不過這是需要代價的，要達成這種性能需要具備可觀的設定和微調專業知識。

就編寫 app 的方式而言，Node app 和 PHP 或 Ruby app 相同的地方比 Node app 和 .NET 或 Java app 更多。雖然 Node 使用的 JavaScript 引擎（Google 的 V8）會將 JavaScript 編譯成原生機器碼（很像 C 或 C++），但它會透明地做這件事 [1]，所以從用戶的角度來看，它的行為很像一種純直譯語言。免除單獨編譯步驟可以減少維護與部署方面的麻煩，因為你只要更新一個 JavaScript 檔案就可以讓變動自動生效了。

Node app 另一個引人注目的好處是 Node 不需要依賴特定的平台。雖然它不是第一種或唯一不需要依賴特定平台的伺服器技術，但技術與平台的關係比較類似包含各種程度的頻譜，而不是非有即無的關係。例如，雖然拜 Mono 之賜，你可以在 Linux 伺服器執行 .NET app，但是因為文件的欠缺以及系統的不相容，這種做法令人非常痛苦，同樣的，雖然你可以在 Windows 伺服器上執行 PHP app，但通常很難像在 Linux 電腦上那樣設定它。另一方面，Node 可以在所有主流作業系統（Windows、macOS 與 Linux）上輕鬆地設定，而且可以輕鬆地進行協作。網站設計團隊通常混合使用 PC 與 Mac。有些平台（例如 .NET）會給前端開發者與設計者帶來挑戰，因為他們通常使用 Mac，對協作與效率造成很大的影響。能夠在任何作業系統，在幾分鐘（甚至幾秒鐘！）之內啟動伺服器簡直是美夢成真。

---

1 通常稱為 *just in time*（JIT）編譯。

# Node 生態系統

Node 當然是技術堆疊的核心。這種軟體可以讓 JavaScript 在伺服器上運行,切斷與瀏覽器的關係,讓你可以使用以 JavaScript 寫成的框架(例如 Express)。資料庫是另一項重要的元件,第 13 章會探討它。除非 web app 非常簡單,否則 web app 都需要資料庫,在 Node 生態系統中,有些資料庫比其他的更合用。

不意外的,所有主要的關聯資料庫(MySQL、MariaDB、PostgreSQL、Oracle、SQL Server)都有資料庫介面可用,忽略這些著名的巨頭並不聰明。但是,Node 開發的出現導致一種新的資料庫儲存法的興起:所謂的 NoSQL 資料庫。用否定的名稱定義一項東西不見得是好事,所以我們認為將 NoSQL 改稱為「文件資料庫」或「鍵 / 值資料庫」比較適當。它們提供一種概念上比較簡單的資料儲存方法。這種資料庫有很多種,但 MongoDB 是領導者之一,它也是本書將採用的 NoSQL 資料庫。

因為建立一個可以運作的網站需要使用很多種技術,所以我們用縮寫字來說明建構網站的「堆疊」。例如,Linux、Apache、MySQL 與 PHP 構為 *LAMP* 堆疊。MongoDB 的工程師 Valeri Karpov 創造了 *MEAN* 縮寫:Mongo、Express、Angular 與 Node。雖然縮寫很吸睛,但它也有局限性:在生態系統中,很多資料庫與 app 框架都是「MEAN」這個縮寫無法涵蓋的(它也忽略我認為很重要的元件:算繪引擎)。

創造包含萬物的縮寫字是一種有趣的練習。Node 當然是我們不可或缺的元件,雖然坊間還有其他伺服器端 JavaScript 容器,但 Node 已經成為主流了。Express 也不是唯一的 web app 框架,儘管它的主導地位已經很接近 Node 了。在開發 web app 時,另外兩種通常不可或缺的元件是資料庫伺服器與算繪引擎(無論是 Handlebars 之類的製模(templating)引擎,還是 React 之類的 SPA 框架)。這兩種元件沒有明顯的領先者,這就是我認為侷限技術堆疊沒有幫助的原因。

因為 JavaScript 是整合這些技術的東西,所以我將它們稱為 *JavaScript 堆疊* 來涵蓋所有工具,在這本書,這個堆疊包含 Node、Express 以及 MongoDB(第 13 章也有一個關聯資料庫範例)。

# 授權

當你開發 Node app 時，可能會發現必須比以前更注意授權（我當然就是如此）。Node 生態系統的美妙之處在於你可以使用大量的程式包，但是每一個程式包都有它自己的授權規則，更糟糕的是，有的程式包需要使用其他的程式包，這意味著你可能難以瞭解 app 的各個部分的授權規定。

但是我也要告訴你一些好消息，Node 程式包最流行的授權是 MIT 授權，它是毫無限制的，**幾乎**可讓你做你想做的任何事情，包括在非開放原始碼的軟體中使用程式包。然而，你不能假設你使用的每一個程式包都採用 MIT 授權。

> npm 有一些程式包會試著找出專案中的各個依賴項目的授權，你可以在 npm 搜尋 `nlf` 與 `license-report`。

雖然 MIT 是最常見的授權，但你可能也會看到這些授權條款：

*GNU 通用公眾授權條款*（*GPL*）

　　GPL 是一種流行的開放原始碼授權，它的設計巧妙地維持軟體的免費，也就是說，當你在專案中使用 GPL 授權的程式碼時，你的專案**也**必須是 GPL 授權的，當然，這意味著你的專案必須開放原始碼。

*Apache 2.0*

　　這個授權條款很像 MIT，可讓專案使用不同的授權，包括非開放原始碼授權。但是你必須說明哪些元件使用 Apache 2.0 授權。

*Berkeley Software Distribution*（*BSD*）

　　類似 Apache，這種授權可讓你在專案中使用任何你想用的授權，只要你說明哪些元件使用 BSD 授權即可。

> 有的軟體使用雙授權（遵守兩個不同的授權條款），通常是為了讓軟體可以在 GPL 專案中，以及在授權條款比較寬鬆的專案中使用（如果你要在 GPL 軟體中使用某個元件，那個元件必須是 GPL 授權的）。GPL 與 MIT 雙授權是我經常在個人的專案中採取的方案。

最後,如果你正在編寫自己的程式包,你應該當一位好公民,為你的程式包選擇一種授權條款,並且正確地撰寫它的文件。對開發人員來說,最痛苦的事情莫過於在使用別人的程式包時,被迫在原始碼裡面四處尋找授權條款,更糟的是根本找不到授權。

## 總結

希望這一章可以讓你瞭解什麼是 Express,以及它在更大型的 Node 和 JavaScript 生態系統中扮演什麼角色,並且幫助你釐清伺服器端與用戶端 web app 之間的關係。

如果你仍然不清楚 Express 究竟是什麼,別擔心:有時直接使用一樣東西比較容易瞭解它,這本書將幫助你使用 Express 來建構 web app。但是在使用 Express 之前,下一章要介紹 Node,它是瞭解 Express 如何工作的重要背景資訊。

# 第二章

# Node 入門

如果你沒有任何 Node 經驗，本章是為你而寫的，你必須初步瞭解 Node 才能瞭解 Express 與它的實用性。如果你曾經使用 Node 建構 web app，你可以放心地跳過這一章。在這一章，我們將使用 Node 建構非常簡單的 web 伺服器，在下一章，我們將瞭解如何用 Express 來完成同一件事。

## 取得 Node

在系統中安裝 Node 再簡單不過了，Node 團隊竭盡所能地確保安裝程序在所有主要平台上都同樣簡單明瞭。

請到 Node 首頁（*http://nodejs.org*）。按下有個版本號碼、後面加上「LTS」字樣的綠色按鈕（推薦多數用戶使用）。LTS 代表 *Long-Term Support*（**長期支援**），它比 Current 版本更穩定（後者包含最新功能以及一些性能改善）。

按下按鈕之後，Windows 與 macOS 用戶會下載一個安裝程式，它可以帶領你完成整個程序。對使用 Linux 的讀者而言，使用程式包管理器（*http://bit.ly/36UYMxI*）或許可以更快地啟動與運行。

 如果你使用 Linux，而且想要使用程式包管理器，你一定要按照上述網頁的指示執行。如果你沒有加入適當的程式包庫（package repository），許多 Linux 版本都會安裝很早之前的 Node 版本。

你也可以下載獨立的安裝程式（*https://nodejs.org/en/download*），當你想要將 Node 傳給你的機構時，可以使用這種方便的做法。

## 使用終端機

我一直深信終端機（也稱為**主控台**（*console*）或命令提示（*command prompt*））帶來的威力與生產力。本書的所有範例都假設你使用終端機。如果你不熟悉終端機，強烈建議你花一些時間熟悉你的終端機。本書的許多公用程式都有對應的 GUI 介面，所以如果你堅決不想使用終端機，你也有其他的選擇，但是你必須自行尋找做法。

如果你使用 macOS 或 Linux，你有大量德高望重的 shell（終端命令解譯器）可選擇。bash 是截至目前為止最流行的 shell，但 zsh 也有其擁護者。我比較喜歡 bash 的主因（除了一直都很熟悉它之外）是它的普遍性，當你坐在任何 Unix 類的電腦前面時，在99% 的情況下，它的預設 shell 都是 bash。

如果你是 Windows 用戶，事情就沒那麼輕鬆了。Microsoft 對於提供愉快的終端機體驗沒有太大興趣，所以你必須多做一些事情。Git 很方便地加入一個「Git bash」shell，它提供了類 Unix 的終端機體驗（雖然只有一小組常見的 Unix 命令列公用程式，但它們很實用）。雖然 Git bash 提供一種精簡的 bash shell，但它也使用內建的 Windows 主控台應用程式，產生令人氣餒的體驗（就連最簡單的功能，例如調整主控台視窗的大小、選擇文字、剪下、貼上都很不直觀且彆扭）。所以建議你安裝比較精密的終端機，例如ConsoleZ（*https://github.com/cbucher/console*） 或 ConEmu（*https://conemu.github.io*）。Windows 超級用戶（尤其是 .NET 開發者，或 Windows 系統或網路的核心管理員）有另一個選項：Microsoft 自己的 PowerShell。PowerShell 名符其實：很多人用它做了了不起的事情，熟練的 PowerShell 用戶和 Unix 命令列大師不分軒輊。但是如果你經常游走macOS/Linux 與 Windows 之間，我建議你維持使用 Git bash 來利用它提供的一致性。

如果你使用 Windows 10 以上，現在你可以在 Windows 直接安裝 Ubuntu Linux 了！它不是雙開機（dual-boot）或虛擬系統，而是 Microsoft 的開放原始碼團隊將 Linux 體驗帶到 Windows 的創舉。你可以用 Microsoft App Store（*http://bit.ly/2KcSfEI*）在 Windows安裝 Ubuntu。

Windows 用戶的最後一個選項是虛擬化。由於現代電腦有強大的能力與結構，虛擬機器（VM）的性能與實際的電腦幾乎沒有區別。我很幸運可以使用 Oracle 免費的VirtualBox（*https://www.virtualbox.org/*）。

最後，無論你使用哪一種系統，你都可以使用優秀的雲端開發環境，例如 Cloud9（*https://aws.amazon.com/cloud9/*）（現在是 AWS 產品）。Cloud9 會啟動一個新的 Node 開發環境，可讓你輕鬆快速地使用 Node。

選擇喜歡的 shell 之後，建議你花一些時間瞭解它的基本知識。網路上有許多很棒的課程（The Bash Guide（*https://guide.bash.academy*）是很棒的入門網站），稍微學習它們可以為你省下日後的許多痛苦。你至少要知道如何瀏覽目錄、複製、移動、刪除檔案，以及跳出命令列程式（通常使用 Ctrl-C）。如果你想要成為終端機大師，建議你學習如何搜尋檔案內的文字、搜尋檔案與目錄、將命令串接起來（古老的「Unix 哲學」），以及將輸出轉至別處。

在許多類 Unix 系統上，Ctrl-S 的功能比較特殊：它會「凍結」終端機（以前是用來暫停快速捲動的輸出畫面），因為 Ctrl-S 通常是「儲存」的快速鍵，很多人會下意識地按下它，造成令人困惑的情況（很慚愧的是，我也經常如此）。要解開終端機凍結狀態，你只要按下 Ctrl-Q 即可。所以如果你不知道為什麼終端機看起來凍結了，試著按下 Ctrl-Q，看看能不能將它解開。

## 編輯器

程式員經常爭論究竟要使用哪一種編輯器，原因很簡單：編輯器是主要工具。我選擇的編輯器是 vi（或有 vi 模式的編輯器）[1]。雖然 vi 不符合人眾的口味（當我向同事說 vi 可以輕鬆地完成他們的工作時，他們總會翻我白眼），但找到強大的編輯器並且學習它們可以明顯提升生產力，我保證也可以提升工作樂趣。我特別喜歡 vi 的原因之一在於它和 bash 一樣無處不在（但這不是最重要的原因）。一旦你進入 Unix 系統，你就可以使用 vi。多數流行的編輯器都有「vi 模式」，可讓你使用 vi 鍵盤命令。習慣它之後，你就很難使用其他東西，vi 不好上手，但可帶來可觀的回報。

如果你跟我一樣，認同隨處可用的編輯器的價值，你的另一個選擇是 Emacs。Emacs 跟我沒緣分（通常你只會在 Emacs 和 vi 裡面選擇一個），但我百分之百欣賞 Emacs 提供的功能和彈性。如果 vi 的 modal 編輯法不適合你，建議你可以瞭解一下 Emacs。

---

[1] 目前 vi 基本上等於 vim（vi improved）。大多數的系統都將 vi 改稱為 vim，但我通常會輸入 vim 來確保我使用的是 vim。

雖然主控台編輯器（例如 vi 或 Emacs）非常方便，但有時你需要比較現代化的編輯器。Visual Studio Code 是一種流行的選項（*https://code.visualstudio.com/*）（不要把它看成名字沒有「Code」的 Visual Studio）。我很欣賞 Visual Studio Code，它有很好的設計、快速、高效，很適合用來進行 Node 與 JavaScript 開發。另一種流行的選項是 Atom（*https://atom.io*），它在 JavaScript 社群裡面也很流行，這兩種編輯器都可以在 Windows、macOS 與 Linux 上免費使用（而且它們都有 vi 模式！）。

有了優秀的程式編輯工具之後，我們將焦點轉向 npm，它可以協助我們取得別人寫的程式包，讓我們活用龐大且活躍的 JavaScript 社群。

## npm

npm 是普及的 Node 程式包管理器（也是我們取得和安裝 Express 的手段）。在 PHP、GNU、WINE 和其他工具的傳統玩笑中，*npm* 不是首字母縮寫（所以不是大寫），而是「npm is not an acronym」的遞迴式縮寫。

一般來說，「安裝程式包」與「管理依賴項目」是程式包管理器的兩大功能。npm 是一種快速、能幹的、無痛的程式包管理器，我認為它對 Node 生態系統的快速成長和多樣性起了很大的作用。

它有一種流行的程式包管理器對手，稱為 Yarn，Yarn 使用與 npm 一樣的程式包資料庫，我們會在第 16 章使用 Yarn。

npm 會在你安裝 Node 的時候安裝，所以如果你按照上述的步驟操作，現在你就可以使用它了。讓我們開始工作吧！

當我們使用 npm 時，最主要的命令就是 install（一點都不奇怪），例如，要安裝 nodemon（一種流行的工具程式，可以在你修改原始碼時自動重啟 Node 程式），你要執行下面的命令（在主控台上）：

```
npm install -g nodemon
```

-g 旗標要求 npm **全域性地**安裝程式包，也就是讓整個系統都可以使用它。當我們討論 *package.json* 檔案時，你會更清楚地看到這個區別。就目前而言，經驗上來說，JavaScript 公用程式（例如 nodemon）通常需要全域安裝，而你的 web app 或專案專用的程式包則不需要如此。

與 Python 之類的語言不同的是，Node 平台還很新，所以你應該會使用
最新版的 Node（Python 經歷了從 2.0 到 3.0 的重大變化，所以需要設
法切換不同的環境）。但是如果你需要支援多種 Node 版本，你可以參考
nvm（*https://github.com/creationix/nvm*）或 n（*https://github.com/tj/n*），它
們可讓你在不同的環境之間切換。你可以輸入 `node --version` 來檢查電腦
安裝了哪個 Node 版本。

# 用 Node 建構簡單的 web 伺服器

如果你做過靜態的 HTML 網站，或是具備 PHP 或 ASP 背景，你應該知道 web 伺服器
（例如 Apache 或 IIS）可以提供靜態檔案，讓瀏覽器透過網路顯示它們。例如，如果
你建立了 *about.html* 檔案，並將它放到正確的目錄裡面，你就可以前往 *http://localhost/
about.html*，你甚至可以省略 *.html*，取決於 web 伺服器的配置，但 URL 與檔名之間的關
係很明顯：web 伺服器只需要知道檔案在電腦的哪裡，並且將它提供給瀏覽器。

 *localhost*，顧名思義，代表你現在的電腦。*localhost* 經常用來代表 IPv4 回
送位址 127.0.0.1 或 IPv6 回送位址 ::1。雖然很多人使用 127.0.0.1，但本
書將使用 *localhost*。如果你使用遠端電腦（例如使用 SSH），切記，瀏覽
*localhost* 不會連接那台電腦。

Node 提供的模式與傳統的 web 伺服器不同：你寫的 app 就是 web 伺服器，Node 只提
供建構 web 伺服器所需的框架。

你可能會說「但是我不想要編寫 web 伺服器！」這是自然的反應：你想要寫的是 app，
不是 web 伺服器。但是 Node 可以讓你輕鬆地編寫 web 伺服器（甚至只要用幾行程
式），而且你可以得到有價值的回報：讓你更能夠掌控你的 app。

安裝 Node 並且和終端機成為好朋友之後，我們上工吧！

## Hello World

我一直覺得藉由顯示「Hello world」這個無趣的訊息來介紹一項工具是很爛的做法，但
是在這個節骨眼公然挑戰這種無趣的傳統幾乎是一種冒犯的行為，所以我們還是乖乖地
先採取這種做法，再做一些比較有趣的事情吧！

在你最喜歡的編輯器裡面，建立一個稱為 *helloworld.js* 的檔案（本書程式存放區的 *ch02/00-helloworld.js*）：

```
const http = require('http')
const port = process.env.PORT || 3000

const server = http.createServer((req, res) => {
  res.writeHead(200, { 'Content-Type': 'text/plain' })
  res.end('Hello world!')
})

server.listen(port, () => console.log(`server started on port ${port}; ` +
  'press Ctrl-C to terminate....'))
```

 你可能會覺得這個範例沒有使用分號怪怪的，取決於你何時或是在何處學習 JavaScript。我曾經是死忠的分號推廣者，但是我在進行許多 React 開發（傳統的做法是省略它們）時，很不情願地捨棄它們。過了一陣子，當矇蔽雙眼的迷霧消失之後，我開始覺得以前愛用分號很奇怪！現在我堅定地支持「去掉分號」，本書的範例將反映這一點。這是個人的選擇，如果你喜歡，你也可以使用分號。

在 *helloworld.js* 的目錄裡面，輸入 node hello world.js，接著打開瀏覽器，前往 *http://localhost:3000*，出現了！你的第一個 web 伺服器。這個伺服器不提供 HTML，它只在瀏覽器顯示「Hello world!」純文字訊息。喜歡的話，你也可以傳送 HTML，你只要將 text/plain 改成 text/html，並將 'Hello world!' 改成一個包含有效 HTML 的字串即可。在此不展示這種做法，因為我不想在 JavaScript 裡面編寫 HTML，第 7 章會詳述原因。

## 事件驅動設計

Node 背後的核心哲學就是**事件驅動設計**（*event-driven programming*）。對身為程式員的你而言，它代表你必須瞭解你可以使用的事件有哪些，以及如何回應它們。很多人都用「用戶介面」來說明事件驅動設計：當用戶按下某個東西時，你就要處理**按鍵**事件。這是很好的例子，因為程式員無法掌握用戶何時按下哪個東西，以及是否按下它，所以事件驅動設計非常直觀。或許你很難將這個比喻轉換成在伺服器上回應事件，但它們的原理是相同的。

在上面的範例程式裡面的事件是隱性的，它處理的事件是 HTTP 請求。http.createServer 方法用引數接收一個函式，每當有人發出 HTTP 請求時，那個函式就會被呼叫。我們的程式做的事情只是將內容類型設為純文字，並傳送字串「Hello world!」。

當你開始以事件驅動設計的方式來思考時，你就可以看到四處都有事件。其中一個事件就是用戶從一個網頁或 app 的某個區域前往另一個地方。你的 app 回應那個導覽的動作稱為**路由**（*routing*）。

## 路由

路由就是將用戶端要求的內容傳給它們的機制。對 web 用戶端／伺服器 app 而言，用戶端要在 URL 裡面指定想要的內容，具體來說，URL 包含路徑與查詢字串（querystring）（第 6 章會更詳細討論 URL 的各個部分）。

> 伺服器路由通常會使用路徑與查詢字串，但有時也會使用其他資訊，例如標頭、網域、IP 位址等，用它們來掌握（舉例而言）用戶大概在哪個地方，以及他的首選語言。

我們來擴展「Hello world!」範例，做一些比較有趣的事情。我們要提供一個精簡的網站，它有一個首頁，一個 About 網頁，以及一個 Not Found 網頁。我們先沿用之前的範例，只提供純文字，不提供 HTML（本書程式存放區的 *ch02/01-helloworld.js*）：

```
const http = require('http')
const port = process.env.PORT || 3000

const server = http.createServer((req,res) => {
  // 將 url 一般化，移除它的查詢字串、
  // 非必要的結尾斜線，並且將它改成小寫
  const path = req.url.replace(/\/?(?:\?.*)?$/, '').toLowerCase()
  switch(path) {
    case '':
      res.writeHead(200, { 'Content-Type': 'text/plain' })
      res.end('Homepage')
      break
    case '/about':
      res.writeHead(200, { 'Content-Type': 'text/plain' })
      res.end('About')
      break
```

```
        default:
            res.writeHead(404, { 'Content-Type': 'text/plain' })
            res.end('Not Found')
            break
    } })

    server.listen(port, () => console.log(`server started on port ${port}; ` +
        'press Ctrl-C to terminate....'))
```

執行它之後，你可以瀏覽首頁（*http://localhost:3000*）與 About 頁（*http://localhost:3000/about*），它會忽略任何查詢字串（所以使用 *http://localhost:3000/?foo=bar* 時會看到首頁），輸入任何其他的 URL（*http://localhost:3000/foo*）都會出現 Not Found 網頁。

## 提供靜態資源

我們已經完成一些簡單的路由了，接著要提供真正的 HTML 與 logo 圖像。它們之所以稱為*靜態資源*是因為它們通常不會變動（例如，相較於股票報價網頁，這種網頁的股價在每次重新載入時都有可能改變）。

 當你進行開發以及執行小型專案時很適合使用 Node 來提供靜態資源，但是在進行大型專案時，你可能要使用 NGINX 或 CDN 之類的代理伺服器來提供靜態資源。詳情見第 17 章。

如果你曾經使用 Apache 或 IIS，你可能習慣建立一個 HTML 檔案，導覽至它那裡，將它自動傳給瀏覽器。Node 不是這樣運作的，你必須打開檔案，讀取它，再將它的內容傳給瀏覽器。所以我們在專案中建立一個稱為 *public* 的目錄（下一章會告訴你為何不稱它為 *static*）。在那個目錄裡面，我們建立 *home.html*、*about.html*、*404.html*，一個稱為 *img* 的子目錄，以及一張稱為 *img/logo.png* 的圖像。既然你已經在翻這本書了，你應該知道如何撰寫 HTML 檔以及找到一張圖像，所以我讓你自行完成這些工作。在 HTML 檔裡面這樣引用 logo：`<img src="/img/logo.png" alt="logo">`。

接著修改 *helloworld.js*（本書程式存放區的 *ch02/02-helloworld.js*）：

```
    const http = require('http')
    const fs = require('fs')
    const port = process.env.PORT || 3000

    function serveStaticFile(res, path, contentType, responseCode = 200) {
```

```
    fs.readFile(__dirname + path, (err, data) => {
      if(err) {
        res.writeHead(500, { 'Content-Type': 'text/plain' })
        return res.end('500 - Internal Error')
      }
      res.writeHead(responseCode, { 'Content-Type': contentType })
      res.end(data)
    })
}

const server = http.createServer((req,res) => {
  // 移除 url 的查詢字串、非必要的結尾斜線，
  // 並且把它改成小寫來將它一般化
  const path = req.url.replace(/\/?(?:\?.*)?$/, '').toLowerCase()
  switch(path) {
    case '':
      serveStaticFile(res, '/public/home.html', 'text/html')
      break
    case '/about':
      serveStaticFile(res, '/public/about.html', 'text/html')
      break
    case '/img/logo.png':
      serveStaticFile(res, '/public/img/logo.png', 'image/png')
      break
    default:
      serveStaticFile(res, '/public/404.html', 'text/html', 404)
      break
  }
})

server.listen(port, () => console.log(`server started on port ${port}; ` +
  'press Ctrl-C to terminate....'))
```

 當你前往 *http://localhost:3000/about* 時，你會收到 *public/about.html*。我們在製作這個範例的路由時沒有發揮太多想像力，你可以將路由改成任何你喜歡的東西，也可以將檔案改成任何你喜歡的東西。例如，要讓一週七天使用不同的 About 網頁，你可以使用檔案 *public/about_mon.html*、*public/about_tue.html* 等，並且在路由中加入邏輯，在用戶前往 *http://localhost:3000/about* 時提供適當的網頁。

注意，我們建立了一個輔助函式 serveStaticFile 來做這些工作。fs.readFile 是非同步的檔案讀取方法，這個函式有個同步版本，fs.readFileSync，但越早開始以非同步的方式思考越好。fs.readFile 函式使用一種稱為回呼（*callback*）的模式，你要提供一種稱為*回呼函式*的函式，當工作完成時，那個回呼函式會被呼叫（「被叫回（called back）」，所以它用這個名稱）。在這個例子中，fs.readFile 會讀取指定檔案的內容，並且在讀取檔案之後執行回呼函式；如果那個檔案不存在，或是有讀檔權限問題，err 變數就會被設定，函式會回傳 HTTP 狀態碼 500，代表伺服器錯誤。如果讀檔成功，檔案會被送給用戶端，連同指定的回應碼與內容類型。第 6 章會詳細說明回應碼。

__dirname 會被解析成正在執行的腳本所在的目錄，所以如果腳本位於 */home/sites/app.js*，__dirname 會解析為 */home/sites*。請盡可能地使用這個方便的全域變數，若非如此，當你在不同的目錄執行 app 時，可能會出現難以找出根源的錯誤。

# 前往 Express

Node 到目前為止應該還沒有讓你留下深刻的印象，我們基本上只是重複做了 Apache 或 IIS 自動為你做的事情，但是現在你已經瞭解 Node 如何做事，以及你擁有多少控制權了。雖然我們還沒有做什麼特別的事情，但是你可以看到我們如何將它當成起點，準備做更複雜的事情。當我們沿著這條路繼續編寫越來越複雜的 Node app 時，最終也會產生某種類似 Express 的東西。

幸運的是，我們不需要這樣做：Express 已經出現了，它可以幫你省下製作基礎架構的時間。具備一些 Node 經驗之後，接下來我們要開始學習 Express 了。

# 第三章

# 用 Express 節省時間

第 2 章教你如何單純使用 Node 建立簡單的 web 伺服器。在這一章，我們要用 Express 重新製作那個伺服器。本章是本書其餘內容的起點，介紹 Express 的基本知識。

## 鷹架

雖然鷹架（*scaffolding*）不是什麼新概念，但是很多人都是從 Ruby 那裡知道它的（包括我自己）。這個概念很簡單：大部分的專案都會使用一定數量的模板（*boilerplate*）程式，畢竟沒有人希望在每次進行新專案時，都從頭開始撰寫同樣的程式。有一種簡單的做法是建立專案的粗略框架，每當有新專案需要進行時，只要複製這個框架或模板即可。

Ruby on Rails 延伸了這個概念，提供一個可以自動產生鷹架的程式，相較於從一群模板中選擇適合的模板，這種做法的優點是可以產生更貼近需求的框架。

Express 參考 Ruby on Rails，提供一種工具程式來產生鷹架，讓你開始進行 Express 專案。

雖然 Express 鷹架工具程式很實用，但我認為知道如何從頭開始設定 Express 很重要，因為你除了可以學到更多東西之外，也更能掌握你安裝的東西，以及專案的結構。此外，Express 鷹架工具程式是為了產生伺服器端 HTML 而設計的，與 API 和單頁 app 沒有太大關係。

雖然我們不會使用鷹架工具，但我鼓勵你在看完這本書之後瞭解一下它，屆時，你將知道如何評估它產生的鷹架是否實用，詳情請參考 express-generator 文件（*http://bit. ly/2CyvvLr*）。

# Meadowlark 旅遊網站

本書要使用一個主軸範例：Meadowlark Travel 公司的虛構網站，它是一家服務 Oregon 州遊客的公司。如果你對製作 API 比較有興趣，不用擔心：Meadowlark Travel 網站除了提供實用的網站之外，也公開一個 API。

# 初始步驟

我們先建立一個新的目錄：它是專案的根目錄。每當這本書提到專案目錄、app 目錄或專案根目錄時，指的都是這個目錄。

你可能想要把 web app 檔案和其他經常伴隨著專案出現的檔案（例如會議紀錄、文件等）分開，我建議你把專案根目錄做成專案目錄的子目錄。例如，在製作 Meadowlark Travel 網站時，我可能會把專案放在 *~/projects/meadowlark*，把專案根目錄放在 *~/projects/meadowlark/site*。

npm 會在 *package.json* 檔案裡面管理專案的依賴項目，以及關於專案的詮釋資料（metadata）。建立這個檔案最簡單的做法是執行 `npm init`，它會問你一系列的問題，並產生一個 *package.json* 檔案來讓你使用（請在「入口」問題將專案名稱設為 *meadowlark.js*）。

當你執行 npm 時，你可能會得到關於缺少說明（description）或存放區（repository）欄位的警告，雖然你可以放心地忽略這些警告，但如果你不想看到它們，你可以編輯 *package.json* 檔案，幫 npm 抱怨的欄位指定值。要進一步瞭解這個檔案裡面的欄位，可參考 npm *package.json* 文件（*http://bit.ly/2O8HrbW*）。

第一步是安裝 Express。執行下面的 npm 命令：

```
npm install express
```

執行 `npm install` 會在 *node_modules* 目錄裡面安裝你指定的程式包，並更新 *package.json* 檔案。因為 *node_modules* 隨時可能被 npm 重新產生，所以我們不會將它保存在我們的存放區（repository）中。為了確保我們不會不小心將它加入我們的存放區，我們建立一個稱為 *.gitignore* 的檔案：

```
# 忽略 npm 安裝的程式包
node_modules

# 將你不想簽入（check in）的檔案都放在這裡，例如 .DS_Store
# (OSX), *.bak, etc.
```

接著建立一個稱為 *meadowlark.js* 的檔案。它是專案的入口。本書將這個檔案稱為 *app* 檔（本書程式存放區的 *ch03/00-meadowlark.js*）：

```
const express = require('express')

const app = express()

const port = process.env.PORT || 3000

// 自訂 404 網頁
app.use((req, res) => {
  res.type('text/plain')
  res.status(404)
  res.send('404 - Not Found')
})

// 自訂 500 網頁
app.use((err, req, res, next) => {
  console.error(err.message)
  res.type('text/plain')
  res.status(500)
  res.send('500 - Server Error')
})

app.listen(port, () => console.log(
  `Express started on http://localhost:${port}; ` +
  `press Ctrl-C to terminate.`))
```

 許多課程以及 Express 鷹架產生器都鼓勵你將主檔案稱為 *app.js*（或有時稱為 *index.js* 或 *server.js*），除非你使用代管服務或部署系統，而且它要求你幫主應用程式檔取特定的名稱，否則我認為沒必要這樣做，我比較喜歡根據專案的用途來命名主檔案。看過編輯器上海量的「index.html」標籤的人都知道為什麼要這樣做。npm init 預設使用 *index.js*，如果你要為應用程式檔取不同的名稱，請更改 *package.json* 裡面的 main 屬性。

現在你有一個很簡單的 Express 伺服器了，你可以啟動伺服器（`node meadowlark.js`）並前往 *http://localhost:3000*。此時你會看到令人失望的結果：因為你沒有提供任何路由給 Express，所以它給你一個通用的 404 訊息，代表網頁不存在。

 注意我們是如何選擇運行 app 連接埠的：`const port = process.env.PORT || 3000`。它可讓我們在啟動伺服器之前，藉由設定環境變數來覆寫連接埠。如果你在運行這個範例時，app 不是在連接埠 3000 上運行，請檢查你是否已經設定 `PORT` 環境變數。

我們在 404 處理式之前加入兩個新路由，為首頁與 About 頁加入路由（本書程式存放區的 *ch03/01-meadowlark.js*）

```
app.get('/', (req, res) => {
  res.type('text/plain')
  res.send('Meadowlark Travel');
})

app.get('/about', (req, res) => {
  res.type('text/plain')
  res.send('About Meadowlark Travel')
})

// 自訂 404 網頁
app.use((req, res) => {
  res.type('text/plain')
  res.status(404)
  res.send('404 - Not Found')
})
```

`app.get` 是加入路由的方法。在 Express 文件中，你會看到 `app.METHOD`，`METHOD` 本身不是一個稱為 `METHOD` 的方法，而是必須被換成 HTTP 動詞（最常見的是 `get` 與 `post`）的代號。這個方法有兩個參數：一個路徑與一個函式。

路徑（*path*）是定義路由的東西。注意 `app.METHOD` 為你做了很多工作：在預設情況下，它不在乎大小寫或結尾的斜線，而且當你進行比對時，它不會考慮查詢字串。所以 */about*、*/About*、*/about/*、*/about?foo=bar*、*/about/?foo=bar* 等都可以當成 About 網頁的路由。

當路由符合時，你傳入的**函式**就會被呼叫，那個函式的參數是請求與回應物件，第 6 章會介紹。現在我們暫時回傳狀態碼 200（Express 預設的狀態碼是 200，你不需要明確地指定它）的純文字。

 我強烈建議你安裝瀏覽器外掛程式來顯示 HTTP 請求的狀態碼以及當下發生的任何轉址，它可讓你輕鬆地看出程式的轉址問題或不正確的狀態碼，它們都是經常被忽視的問題。對 Chrome 而言，Ayima 的 Redirect Path 很棒，在多數瀏覽器中，你可以在開發工具的 Network 部分看到狀態碼。

我們不使用 Node 的低階的 res.end，而是使用 Express 的擴展功能，res.send。我們也將 Node 的 res.writeHead 換成 res.set 與 res.status。Express 也提供一種方便的方法讓我們設定 Content-Type 標頭：res.type。雖然你仍然可以使用 res.writeHead 與 res.end，但這是沒必要的，且不建議的做法。

注意，我們自訂的 404 與 500 網頁必須用稍微不同的方式來處理。我們用 app.use 來取代 app.get，app.use 是 Express 用來加入中介函式的方法。第 10 章會探討中介函式，現在你可以把它當成一種處理任何不符合路由的東西的統包處理式。重點來了：**在 Express 中，加入路由和中介函式的順序非常重要**。如果你把 404 處理式放在所有路由上面，首頁與 About 頁都會失效，那些 URL 都會產生 404。目前我們的路由很簡單，但它們也支援萬用字元，萬用字元可能會造成順序方面的問題。如果我們在 About 加入子網頁，例如 */about/contact* 與 */about/directions* 會怎樣？下面的程式不會如你想像般運作：

```
app.get('/about*', (req,res) => {
  // 傳送內容 ....
}) app.get('/about/contact', (req,res) => {
  // 傳送內容 ....
}) app.get('/about/directions', (req,res) => {
  // 傳送內容 ....
})
```

在這個範例中，/about/contact 與 /about/directions 處理式都不會被匹配，因為第一個處理式在它的路徑中使用萬用字元：/about*。

Express 可以用 404 與 500 處理式的回呼函式接收的引數數量來區分它們兩者。第 10 章與第 12 章會探討錯誤路由。

現在再次啟動伺服器可以看到正常運作的首頁與 About 頁。

到目前為止，我們做的事情都不需要使用 Express 就可以輕鬆地完成，但 Express 已經默默地提供一些功能了，還記得我們在上一章將 req.url 一般化，來找出被請求的是哪一個資源嗎？當時我們要親自移除查詢字串與結尾的斜線，並且將它轉為小寫，Express 的路由式（router）會自動幫我們處理這些細節，雖然這是一件雞毛蒜皮的小事，但它只是 Express 路由式的一小部分功能而已。

## view 與 layout

如果你熟悉「model-view-controller」模式的話，view 的概念對你應該不陌生，基本上，*view* 就是傳給用戶的東西。在網站中，它通常代表 HTML，但你也可以傳遞 PNG 或 PDF 或任何一種可以讓用戶端算繪的東西。我們接下來將 view 視為 HTML。

view 與靜態資源（例如圖像或 CSS 檔）不同的地方在於 view 不見得是靜態的，例如 HTML 可能是動態建立的，目的是幫各種請求提供訂製的網頁。

Express 提供許多不同的 view 引擎，它們提供了各種等級的抽象。Express 優先使用一種稱為 *Pug* 的 view 引擎（一點都不奇怪，因為它也是 TJ Holowaychuk 的創作）。Pug 的做法很簡單，使用它時，你寫出來的東西與 HTML 完全不一樣，這意味著你的打字次數更少（不需要使用角括號或結束標籤了），Pug 引擎會將它轉換成 HTML。

> Pug 原本稱為 Jade，但因為商標問題，它在第 2 版釋出的時候改變名稱。

Pug 很吸引人，但它的抽象是有代價的。如果你是前端開發者，你就要瞭解 HTML，而且要精通它，即使你用 Pug 來編寫 view 也是如此。我認識的多數前端開發者都不喜歡他們的主要標記語言被抽象化，因此，我推薦另一種比較沒那麼抽象的製模框架——*Handlebars*。

Handlebars（基於 Mustache，它是一種獨立於任何語言的熱門製模語言）不會將 HTML 抽象化，但是你要在編寫 HTML 時使用特殊的標籤來讓 Handlebars 注入內容。

在本書第一版出版之後的幾年之間，React 風靡全球…它將前端開發者的 HTML 抽象化了！從這個結果來看，我做的預測「前端開發者不希望 HTML 被抽象化」經不起時間的考驗。但是使用 JSX（大部分 React 開發者使用的 JavaScript 語言擴展功能）與編寫 HTML（幾乎）一模一樣，所以我的看法也不是完全錯誤。

為了提供 Handlebars 支援，我們將使用 Eric Ferraiuolo 的 express-handlebars 程式包。在專案目錄中執行：

```
npm install express-handlebars
```

接著在 *meadowlark.js* 裡面修改前幾行程式（本書程式存放區的 *ch03/02-meadowlark.js*）：

```
const express = require('express')
const expressHandlebars = require('express-handlebars')

const app = express()

// 設置 Handlebars view 引擎
app.engine('handlebars', expressHandlebars({
  defaultLayout: 'main',
}))
app.set('view engine', 'handlebars')
```

它會建立一個 view 引擎，並讓 Express 預設使用它。接著建立一個稱為 *views* 的目錄，讓它有個 *layouts* 子目錄。如果你是資深的 web 開發者，你應該已經很熟悉 *layout*（版面配置，有時稱為主版頁面（*master page*））的概念了。當你建構網站時，每個網頁都一定有相當數量的 HTML 是相同的（或幾乎一樣），為每一個網頁編寫重複的程式不但很無聊，也極可能造成維護面的惡夢，例如當你想要改變每一頁的同一樣東西時，你就要修改所有檔案。layout 可以為網站的所有網頁提供共用的框架，讓你避免遇到這種問題。

我們來為網站建立一個模板。建立一個稱為 *views/layouts/main.handlebars* 的檔案：

```
<!doctype html>
<html>
  <head>
    <title>Meadowlark Travel</title>
  </head>
```

```
    <body>
      {{{body}}}
    </body>
</html>
```

{{{body}}} 應該是這段程式中你唯一沒看過的東西。每個 view 的這個運算式都會被換成 HTML。注意，我們在建立 Handlebars 實例時指定了預設的 layout（defaultLayout: \'main'），這意味著，除非你指定其他的東西，否則任何 view 都會使用這個 layout。

接著為首頁 *views/home.handlebars* 建立 view 網頁：

```
<h1>Welcome to Meadowlark Travel</h1>
```

接下來是 About 頁，*views/about.handlebars*：

```
<h1>About Meadowlark Travel</h1>
```

接著是 Not Found 頁，*views/404.handlebars*：

```
<h1>404 - Not Found</h1>
```

最後是 Server Error 頁，*views/500.handlebars*：

```
<h1>500 - Server Error</h1>
```

 你一定希望編輯器可以連結 *.handlebars* 和 *.hbs*（Handlebars 檔的另一種常見的附檔名）與 HTML 來啟用語法突顯和其他編輯器功能，使用 vim 時，你可以在 *~/.vimrc* 檔案裡面加入 au BufNewFile,BufRead *.handlebars set filetype=html，至於其他編輯器的做法，請參考它們的文件。

設定 view 之後，我們將舊路由改為使用這些 view 的新路由（本書程式存放區的 *ch03/02-meadowlark.js*）：

```
app.get('/', (req, res) => res.render('home'))

app.get('/about', (req, res) => res.render('about'))

// 自訂 404 網頁
app.use((req, res) => {
  res.status(404)
  res.render('404')
})
```

```
// 自訂 500 網頁
app.use((err, req, res, next) => {
  console.error(err.message)
  res.status(500)
  res.render('500')
})
```

注意，我們不需要指定內容類型或狀態碼了：在預設情況下，view 引擎會回傳內容類型 text/html 以及狀態碼 200。在提供自訂的 404 網頁的統包處理式與 500 網頁處理式中，我們必須明確地設定狀態碼。

當你啟動伺服器並前往首頁或 About 網頁時，你會看到 view 被算繪出來了。查看原始碼可以看到裡面有來自 *views/layouts/main.handlebars* 的模板 HTML。

雖然你每次造訪首頁都會得到同一個 HTML，但這些路由屬於動態內容，因為我們可以在每次路由被呼叫時做出不同的決定（稍後介紹）。但是，固定的內容（也就是靜態內容）也很常見且重要，所以我們接下來要討論靜態內容。

## 靜態檔案與 view

Express 用中介函式來處理靜態檔案與 view。第 10 章會詳細討論中介函式這個概念。現在你只要知道中介函式可讓你進行模組化，方便你處理請求就可以了。

static 中介函式可以指定一或多個目錄儲存的東西是靜態資源，那些資源可以直接傳給用戶端，不需要做任何特殊的處理。你可以在那些目錄裡面放入圖像、CSS 檔，以及用戶端 JavaScript 檔。

在專案目錄中，建立一個稱為 *public* 的子目錄（稱為 *public* 是因為在這個目錄內的任何東西都會無條件地傳給用戶端）。接著，在宣告任何路由之前，加入 static 中介函式（本書程式存放區的 *ch03/02-meadowlark.js*）：

```
app.use(express.static(__dirname + '/public'))
```

static 中介函式的效果相當於──為你想要傳遞的各個靜態檔案建立一個路由來算繪檔案，並將它回傳給用戶端。我們在 *public* 裡面建立 *img* 子目錄，再將 *logo.png* 檔案放在裡面。

然後我們可以直接參考 */img/logo.png*（注意，我們並未指定 public，用戶端看不到那個目錄），static 中介函式會提供那個檔案，正確地設定內容型態，再修改 layout，讓 logo 出現在每一個網頁上：

```
<body>
  <header>
    <img src="/img/logo.png" alt="Meadowlark Travel Logo">
  </header>
  {{{body}}}
</body>
```

切記，中介函式是按照順序處理的，而 static 中介函式（通常會先宣告，或及早宣告）會覆寫其他的路由。例如，如果你將 *index.html* 檔放入 *public* 目錄（試試看！），你會發現你提供那個檔案的內容，而不是你設置的路由！所以如果你看到奇怪的結果，請查看你的靜態檔案，確保沒有任何東西非預期地匹配路由。

## 在 view 裡面的動態內容

view 並非只是一種傳遞靜態 HTML 的複雜方式（但是它們當然也可以做這件事），view 真正的威力在於它們可以容納動態資訊。

舉例來說，我們想要在 About 網頁傳遞「虛擬幸運餅乾」，所以在 *meadowlark.js* 檔案裡面定義幸運餅乾陣列：

```
const fortunes = [
  "Conquer your fears or they will conquer you.",
  "Rivers need springs.",
  "Do not fear what you don't know.",
  "You will have a pleasant surprise.",
  "Whenever possible, keep it simple.",
]
```

修改 view（*/views/about.handlebars*）來顯示一個 fortune（幸運餅乾）：

```
<h1>About Meadowlark Travel</h1>
{{#if fortune}}
  <p>Your fortune for the day:</p>
  <blockquote>{{fortune}}</blockquote>
{{/if}}
```

接著修改路由 /about 來傳遞隨機幸運餅乾：

```
app.get('/about', (req, res) => {
  const randomFortune = fortunes[Math.floor(Math.random()*fortunes.length)]
  res.render('about', { fortune: randomFortune })
})
```

現在當你重啟伺服器並載入 /about 網頁時，你會看到一個隨機餅乾，而且每當你重新載入網頁，你就會得到一個新的餅乾。製模非常實用，我們會在第 7 章深入研究。

## 總結

我們剛才用 Express 做了一個基本網站，雖然它很簡單，但它具備功能齊全的網站所需的任何東西。在下一章，我們要徹底處理一些細節，為加入更高級的功能做好準備。

# 整理

前兩章只是在做一些實驗，我們只是把腳伸入水裡試試水溫。在製作更複雜的功能之前，我們要做一些清潔工作，並且養成一些好習慣。

在這一章，我們要認真地執行 Meadowlark Travel 專案了。但是在建立網站之前，我們要先取得製作高品質產品的工具。

> 你不一定要跟著操作本書的主軸範例。如果你急著建構自己的網站，你可以使用主軸範例的框架，並且進行相應的修改，如此一來，當你看完這本書的時候，你就完成一個網站了！

## 檔案與目錄結構

應用程式該如何架構？大家對此有不同的看法，而且它沒有單一正確的做法。但是，有一些共同的規範對我們很有幫助。

通常我們會試著限制專案根目錄裡面的檔案數量，只在根目錄中放入組態檔（例如 *package.json*）、*README.md* 檔，以及一堆目錄，大多數的原始碼都在 *src* 目錄之下。為了簡單起見，本書不採取這種規範（奇怪的是，Express 鷹架 app 也不這樣做）。但是，如果你在進行真正的專案時將原始碼放在根目錄，最後你會發現它變得很凌亂，讓你想要將那些檔案全部放到 *src* 之類的目錄下面。

我說過，我喜歡用專案本身的名稱（*meadowlark.js*）來命名主 app 檔（有時稱為入口（*entry point*）），而不是使用一些籠統的名稱，例如 *index.js*、*app.js* 或 *server.js*。

具體的做法取決於你架構 app 的方式，建議你在 *README.md* 檔（或在它裡面提到的 readme）裡面提供目錄結構的路線圖。

我建議你至少在專案根目錄內放入這兩個檔案：*package.json* 與 *README.md*。其餘的東西可以按照你的想法安排。

# 最佳實踐法

**最佳實踐法**（*best practice*）是最近經常出現的一句話，它的意思是你應該「把事情做對」而不是「走捷徑」（我們稍後將具體說明它的含義）。你一定聽過這一句工程格言：你的選項有「快速」、「便宜」、還有「好」，但是你只能選擇其中的兩個。這種說法困擾我的地方在於，它沒有考慮正確做事的應計價值（*accrual value*）。當你第一次正確地做一件事的時候，你可能要用另一種簡單、取巧的做法的五倍時間來完成它，但是第二次只要三倍的時間，當你正確地完成那件事十幾次時，你會發現速度幾乎與簡單、取巧的做法一樣快。

我的西洋劍教練一直提醒我們，實踐（practice，或練習）不會成就完美，但實踐可以**養成習慣**。也就是說，當你不斷地做一件事情，它最後會變成自動反應。雖然這句話沒錯，但它沒有談到練習的品質。如果你練習不好的做法，不好的做法就會變成自動反應。你應該遵守「**完美地實踐成就完美**」這條規則。本著這種精神，我鼓勵你像製作真正的網站一樣跟隨本書其餘的例子操作，宛如結果的品質將決定你的名聲和報酬一般。這本書不但可以幫助你學會新的技能，也可以讓你培養良好的習慣。

我們接下來要關注的實踐法是版本控制與 QA，在這一章先討論版本控制，下一章再討論 QA。

# 版本控制

希望你不用我來告訴你版本控制的價值（如果需要，我可能要用整本書）。一般來說，版本控制有這些好處：

記錄

讓你可以穿越專案的歷史，查看之前做過的決定，以及元件的開發順序，這些紀錄都很寶貴。為你的專案記下技術的歷程是很有幫助的事情。

責任歸屬

　　如果你在團隊中工作，責任歸屬非常重要。當你發現程式有不清楚的地方，或是出問題時，知道修改的人是誰可以節省很多時間。與修改紀錄放在一起的註釋或許可以回答你的問題，即使不行，你也知道該去問誰。

實驗

　　好的版本控制系統可讓你進行實驗。你可以偏離主題，試一下新東西，不必擔心影響專案的穩定性。如果實驗成功，你可以把它併入專案，如果失敗，你可以捨棄它。

我在幾年前改用分散式版本控制系統（DVCS）。我將我的選項縮小到只剩下 Git 與 Mercurial，最後因為普遍性和靈活性而選擇了 Git。它們都是很優秀且免費的版本控制系統，建議你使用其中一種。本書將使用 Git，但你也可以使用 Mercurial（或其他版本控制系統）。

如果你不熟悉 Git，我推薦 Jon Loeliger 的傑作 *Version Control with Git*（O'Reilly），此外，GitHub 也有一份很棒的 Git 學習資源清單（*https://try.github.io*）。

# 如何在這本書中使用 Git

首先，你要確定是否已經有 Git 了，請輸入 `git --version`，如果它沒有回應並顯示版本號碼，你就要安裝 Git。安裝的方法請參考 Git 文件（*https://gitscm.com*）。

你可以用兩種方式跟著這本書操作。一種是自行輸入範例，並且跟著使用 Git 命令，另一種是複製（clone）本書程式存放區的所有範例，並且簽出（check out）各個範例的相關檔案。有些人認為透過輸入範例來學習的效果比較好，有些人喜歡只查看修改的地方並執行它，不喜歡全部輸入。

## 如果你要跟著操作

我們已經為專案製作一個粗略的框架了，現在有一些 view、一個 layout，一個 logo，一個主應用程式檔，以及一個 *package.json* 檔。接下來我們要建立一個 Git 存放區，並加入所有檔案。

我們先前往專案目錄，並且在那裡初始化一個 Git 存放區：

```
git init
```

在加入所有檔案之前，我們要建立一個 *.gitignore* 檔案來協助避免不小心加入不想加入的東西。在專案目錄中建立一個稱為 *.gitignore* 的文字檔，你可以在這個檔案裡面加入你希望 Git 預設忽略的任何檔案或目錄（每一個項目一行）。它也支援萬用字元，例如，編輯器在建立備份檔案時，會在結尾加上 ~（例如 *meadowlark.js~*），你可以在 *.gitignore* 檔裡面加入 *~。如果你使用 Mac，你也要在裡面放入 .DS_Store，以及 node_modules（原因稍後說明）。所以現在這個檔案長這樣：

```
node_modules
*~
.DS_Store
```

列在 *.gitignore* 檔案裡面的項目也會套用到子目錄。所以如果你在專案根目錄的 *.gitignore* 裡面放入 *~，所有這種備份檔都會被忽略，即使它們在子目錄中。

接下來要加入既有的檔案。Git 提供很多種做法，我通常使用 `git add -A`，它是所有做法裡面最全面性的一種。如果你剛接觸 Git，而且你只想要提交（commit）一或兩個檔案的話，建議你一次加入一個檔案（例如 `git add meadowlark.js`），如果你要加入所有的變動（包括你已經刪除的任何檔案），可使用 `git add -A`。因為我們想要加入所有已經完成的成果，所以使用：

```
git add -A
```

剛使用 Git 的人通常覺得 `git add` 命令很奇怪，其實它加入的是修改，不是檔案。所以如果你修改了 *meadowlark.js*，接著輸入 `git add meadowlark.js`，你加入的是你所做的變動。

Git 有個「預備區域」，當你執行 `git add` 時，那裡的變動就會被提交。所以我們的變動其實還沒有被提交，但它們已經準備好了。使用 `git commit` 來提交變動：

```
git commit -m "Initial commit."
```

你可以在 `-m "Initial commit."` 裡面撰寫關於這次提交的訊息，Git 甚至不允許你送出沒有訊息的變動，這是有原因的。務必撰寫有意義的提交訊息，簡單扼要地說明你完成的工作。

## 如果你使用官方存放區來跟著操作

要取得本書的官方存放區，請執行 git clone：

```
git clone https://github.com/EthanRBrown/web-development-with-node-and-express-2e
```

在這個存放區裡面，每一章都有一個目錄，裡面存有範例程式。例如，本章的原始碼在 ch04 目錄裡面。為了方便參考，每一章的範例程式都有編號。我在這個存放區裡面加入許多 *README.md* 檔，裡面有關於範例的說明。

本書的第一版使用不同的做法來安排存放區，當時使用線性歷史，就像你正在開發一個越來越複雜的專案一樣。雖然這種做法可以反映真實的專案開發方式，但也讓我和讀者遇到很多麻煩。每當 npm 程式包改變時，範例程式就要改變，除了改寫整個存放區的歷史紀錄之外，我沒有更好的辦法更新存放區或是用文字記錄變動。雖然把每一章放在一個目錄裡面不太自然，但它可讓文字與存放區更密切地保持同步，並且讓社群更容易做出貢獻。

隨著本書的改版與改善，存放區也會更新，當它更新時，我會加入版本標籤，讓你可以簽出你目前閱讀的書籍版本的相應存放區版本。目前的存放區版本是 2.0.0。我遵守**語意化版本**（*semantic versioning*）原則（本章稍後介紹）。遞增 PATCH（最後一個數字）代表小變動，這種變動應該不會影響你跟隨本書，也就是說，如果存放區是 2.0.15，它仍然對映本書的這個版本。但是增加 MINOR（第二個數字）就不一樣了（2.1.0），它代表存放區的內容可能與你正在閱讀的版本有分歧了，你可能要簽出 2.0 開頭的標籤。

存放區使用 *README.md* 檔來加入關於範例程式的額外解釋。

如果你想要進行實驗，切記，你簽出的標籤會讓你處於 Git 所謂的「detached HEAD」狀態。雖然你可以自由地編輯任何檔案，但是在沒有建立分支的情況下提交你做的任何事情都是不安全的。所以如果你真的想要從一個標籤分出一個實驗分支，你只要建立一個分支並將它簽出即可，這件事只要用一個命令就可以完成：git checkout -b experiment（experiment 是分支的名稱，你可以用任何一個名稱），接著你就可以在那個分支盡情且安全地編輯與提交。

# npm 程式包

你的專案使用的 npm 程式包位於 *node_modules* 目錄裡面（很不幸它稱為 *node_modules* 而不是 *npm_packages*，因為 Node 模組是相關但不同的概念）。你可以隨意探索那個目錄來滿足好奇心，或是為你的程式除錯，但絕對不要修改這個目錄裡面的任何程式碼，這不但是不好的做法，你的所有變動也有可能被 npm 撤銷。

如果你需要修改專案使用的程式包，正確的動作是為那個程式包建立你自己的分支。如果你採取這種做法，而且你認為你的改善可以幫助別人，恭喜你，你正參與一個開放原始碼專案！你可以提交你的變動，如果它們符合專案標準，它們會被納入官方程式包。本書不討論如何為既有的程式包做出貢獻以及建立自訂的版本，但如果你想要貢獻，坊間有許多充滿活力的開發社群可以協助你。

*package.json* 檔的兩大目的是描述你的專案以及列出它的依賴項目。看一下你的 *package.json* 檔，你應該可以看到這些內容（因為這些程式包經常更新，確切的版本號碼可能不同）：

```
{
  "dependencies": {
    "express": "^4.16.4",
    "express-handlebars": "^3.0.0"
  }
}
```

現在我們的 *package.json* 檔裡面只有關於依賴項目的資訊。在程式包版本前面的 ^ 代表從指定的版本號碼開始（到下一個主（major）版本號碼）的任何一個版本都可以。例如，這個 *package.json* 指出從 4.0.0 開始的任何一個 Express 版本都可以，所以 4.0.1 和 4.9.9 都可以，但 3.4.7 不行，5.0.0 也不行。這是當你使用 `npm install` 時的專屬預設版本，它通常是很安全的選項。採取這種做法，當你想要升級成新的版本時，你就要編輯這個檔案來指定新版本。這通常是很好的做法，因為它可以防止依賴項目的變動在你不知情的情況下破壞你的專案。在 npm 中，版本號碼是用一種稱為 *semver*（代表「semantic versioning」）的元件來解析的。如果你想要進一步瞭解 npm 的版本管理，可參考 Semantic Versioning Specification（*http://try.github.io/*）以及 Tamas Piros 為它寫的文章（*http://bit.ly/34Vr3lX*）。

Semantic Versioning Specification 指出，使用語意化版本系統的軟體都必須宣告「public API」，我認為這個用詞很奇怪，其實他們真正的意思是「必須有人關心和軟體之間的介面」。如果你廣義地思考這句話，它其實可以代表任何事情。所以不要卡在規格提到的這個部分，重點是格式。

因為 *package.json* 檔案裡面有所有的依賴項目，所以 *node_modules* 目錄其實是一個衍生的東西，也就是說，如果它被刪除，你只要執行 npm install 就可以讓專案恢復正常了，這個指令會重新建立目錄，並將所有必需的依賴項目放在裡面。基於這個理由，我建議將 node_modules 放入 *.gitignore* 檔案裡面，而且不要將它放入原始碼控制系統。但是，有些人認為執行專案必要的東西都必須放入存放區，所以喜歡把 node_modules 放入原始碼控制系統，我覺得它在存放區裡面是個「雜訊」，所以不喜歡將它放入。

 npm 第 5 版會建立一個額外的檔案 *package-lock.json*。*package.json* 可以用「寬鬆」的方式指定依賴項目版本（使用 ^ 與 ~ 版本修飾符號），但 *package-lock.json* 紀錄確切的安裝版本，如果你需要重建專案確切的依賴項目版本，這個檔案很方便。我建議你將這個檔案簽入原始碼控制系統，而且不要自己修改它。更多資訊請參考 *package-lock.json* 文件（*http://bit.ly/2O8IjNK*）。

## 專案詮釋資料

*package.json* 檔案的另一個目的是儲存專案詮釋資料，例如專案名稱、作者、授權資訊等。如果你用 npm init 來建立 *package.json* 檔，它會幫你在檔案裡面填入必要的欄位，你可以隨時更新它們。如果你要讓別人透過 npm 或 GitHub 使用你的專案，這個詮釋資料是不可或缺的。如果你想要進一步瞭解 *package.json* 裡面的欄位的資訊，可參考 *package.json* 文件（*http://bit.ly/2X7GVPs*）。另一個重要的詮釋資料是 *README.md* 檔。你可以在這個檔案裡面敘述網站的整體架構，以及專案的新人需要知道的任何重要資訊。它使用一種維基文字格式，稱為 Markdown。詳情請參考 Markdown 文件（*http://bit.ly/2q7BQur*）。

# Node 模組

如前所述，Node 模組與 npm 程式包是相關但不同的概念。*Node 模組*，顧名思義，提供一種模組化與封裝的機制。*npm 程式包*提供標準化方案，讓你儲存專案、管理專案版本，以及引用專案（不限於模組）。例如，我們在主應用程式檔裡面將 Express 本身當成模組匯入：

```
const express = require('express')
```

require 是用來匯入模組的 Node 函式，在預設情況下，Node 會在目錄 *node_modules* 裡面尋找模組（不奇怪的是，在 *node_modules* 裡面有個 *express* 目錄）。但是 Node 也可以讓你建立自己的模組（絕對不要在 *node_modules* 目錄裡面建立自己的模組）。除了用程式包管理器在 *node_modules* 裡面安裝的模組之外，Node 也提供超過 30 個「核心模組」，例如 fs、http、os 與 path。若要瞭解完整清單，請參考這個有啟發性的 Stack Overflow 問題（*http://bit.ly/2NDIkKH*），以及官方 Node documentation（*https://nodejs.org/en/docs/*）。

我們來看一下如何將上一章製作的幸運餅乾功能模組化。

我們先建立一個儲存模組的目錄。你可以讓它使用任何名稱，不過 *lib*（「library」的簡寫）是最常用的名稱。在那個目錄裡面建立一個稱為 *fortune.js* 的檔案（本書程式存放區的 *ch04/lib/fortune.js*）：

```
const fortuneCookies = [
  "Conquer your fears or they will conquer you.",
  "Rivers need springs.",
  "Do not fear what you don't know.",
  "You will have a pleasant surprise.",
  "Whenever possible, keep it simple.",
]

exports.getFortune = () => {
  const idx = Math.floor(Math.random()*fortuneCookies.length)
  return fortuneCookies[idx]
}
```

注意全域變數 exports 的用法，如果你想要讓某個東西可以被模組外面的環境看到，你就要將它加入 exports。在這個例子中，函式 getFortune 可以在模組外面使用，但我們的陣列 fortuneCookies 會完全隱藏。這是好事：封裝可產生較不容易出錯且較穩固的程式碼。

從模組匯出功能的方法有很多種。我們將在第 22 章探討本書介紹過的各種方法並進行總結。

現在我們可以移除 *meadowlark.js* 裡面的 **fortuneCookies** 陣列了（雖然放著不動沒有任何問題，它不會和 *lib/fortune.js* 定義的同名陣列發生衝突）。通常我們會在檔案的最上面進行匯入（但非必要），所以在 *meadowlark.js* 檔的最上面加入這幾行程式（本書程式存放區的 *ch04/meadowlark.js*）：

```
const fortune = require('./lib/fortune')
```

注意，我們在模組名稱前面加上 *./*，藉此，Node 可以知道不要在 *node_modules* 目錄裡面尋找模組；如果你省略它，這行程式就會失敗。

現在我們可以在 About 網頁的路由裡面使用模組的 **getFortune** 方法了：

```
app.get('/about', (req, res) => {
  res.render('about', { fortune: fortune.getFortune() } )
})
```

接著我們來提交這些變動：

```
git add -A git commit -m "Moved 'fortune cookie' into module."
```

模組是一種強大且方便的功能封裝機制，它可以改善整體專案的設計與可維護性，並且讓測試更輕鬆。要瞭解更多資訊，請參考官方的 Node 模組文件（*https://nodejs.org/api/modules.html*）。

 Node 模組有時稱為 *CommonJS*（*CJS*）模組，名稱來自啟發 Node 的早期規範。JavaScript 語言採取一種官方包裝機制，稱為 ECMAScript Modules（ESM）。如果你用 React 或其他先進的前端語言寫過 JavaScript，你可能已經很熟悉 ESM 了，它使用 **import** 與 **export**（而不是 **exports**、**module.exports** 與 **require**）。要瞭解更多資訊，請參考 Axel Rauschmayer 博士的部落格文章「ECMAScript 6 modules: the final syntax」（*http://bit.ly/2X8ZSkM*）。

# 總結

瞭解關於 Git、npm 與模組的資訊之後，我們要討論如何在寫程式的過程中使用良好的品保（QA）實踐法來製作更好的產品。

鼓勵你牢記本章的這些內容：

- 版本控制系統可讓軟體開發程序更安全且更可以預測，所以鼓勵你即使進行小專案也使用它，以養成好習慣！

- 模組化是管理軟體複雜性的重要技術。它除了可以讓你使用別人以 npm 開發的豐富模組生態系統之外，你也可以將自己的程式放入模組，讓專案的結構更好。

- Node 模組（也稱為 CJS）使用的語法與 ECMAScript 模組（ESM）不同，當你在前端與後端程式之間切換時，可能要在不同的語法之間切換。熟悉兩者是好事。

# 第五章

# 品保

很多開發人員聽到品保時都會背脊發涼，這是很遺憾的事情，難道你不希望寫出高品質的軟體嗎？你當然想。所以癥結不是品保的最終目標，而是品保造成的人際紛爭。我發現 web 開發有兩種常見的情況：

## 大型或資金充裕的機構

這種機構通常有 QA 部門，不幸的是，QA 與研發部門之間有敵對關係，這種情況再糟糕不過了，這兩個部門屬於同一個團隊，有相同的目標，但 QA 通常將「成功」定義成找出更多 bug，而研發部門則將成功定義為產生較少 bug，埋下衝突和競爭的種子。

## 小型和預算有限的機構

這種機構通常沒有 QA 部門，期望研發人員扮演 QA 與開發軟體的雙重角色，這不是荒謬的幻想，也不會造成利益衝突，但是 QA 是一門不一樣的學問，吸引不同個性的人才，這種做法並非絕不可行，而且一定有一些開發人員具備 QA 思維，但是當最後期限到來時，大家往往認為 QA 會拖累整個專案。

大多數真正的工作都需要多種技能，而且需要具備的技能越來越多，所以我們很難成為所有技能的專家。但是掌握一些你直接負責的領域之外的技能可以提升你的價值，也能讓團隊更有效地運作。擁有 QA 技能的開發人員就是一個很好的例子：因為這兩種學問緊密地交織，所以瞭解另一個領域很有價值。

我們也經常看到很多公司將通常由 QA 負責的工作交給開發部門執行，讓一些開發人員負責 QA。在這種模式之下，熟悉 QA 的軟體工程師經常扮演其他開發人員的顧問，協助他們將 QA 併入開發流程。無論 QA 角色是分開的還是整合的，瞭解 QA 對開發人員都是有利的。

本書是寫給開發者看的，不是寫給專業 QA 看的，所以我的目的不是讓你成為 QA 專家，而是讓你獲得一些 QA 領域的經驗。如果你的公司有專門的 QA 人員，這些內容將協助你更輕鬆地和他們溝通與合作，如果沒有專門的 QA 人員，我將提供一個起點，讓你為專案制定一個全方位的 QA 計畫。

在這一章，你將學會：

- 品質的基礎與有效的習慣
- 測試的類型（單元與整合）
- 如何用 Jest 編寫單元測試
- 如何用 Puppeteer 編寫整合測試
- 如何設置 ESLint 來協助防止常見的錯誤
- 什麼是持續整合，以及該怎麼學習？

# QA 計畫

整體而言，開發是一個創造性的過程：你要先構思一些東西，再將它變成事實。相較之下，QA 屬於驗證與秩序的領域。因此，QA 工作在很大程度上就是*知道需要完成什麼，並確保它已經完成了*。它是一門非常適合使用檢查清單、程序和文件的學科。我甚至可以說，QA 的主要工作不是測試軟體本身，而是**建立一個全面性、可重複的 *QA* 計畫**。

我建議你為每一個專案建立一個 QA 計畫，無論專案多大或多小（是的，即使它是你在週末進行的「好玩」專案！）。你不需要擬定太大或太複雜的 QA 計畫，你可以將它寫在文字檔或文字處理文件或 wiki 裡面。QA 計畫的目標是記錄你將執行的所有步驟，以確保你的產品按預期運作。

無論你採取哪種形式，QA 計畫不是不變的文件。你會在遇到這些事情時更新它：

- 加入新功能

- 改變既有的功能

- 移除功能

- 改變測試技術

- 發現 QA 計畫遺漏的缺陷

最後一點需要特別說明。無論你 QA 多麼強健，缺陷都會出現。當它發生的時候，你要自問「我該如何避免這種情況？」你可以在回答這個問題時，相應地修改 QA 計畫，以避免將來出現這種類型的缺陷。

到目前為止，你應該已經對 QA 涉及的重要工作有一定的瞭解了，你可能會問，你該投入多少精力？

# QA：值得嗎？

QA 的代價可能很高，有時非常昂貴，值得嗎？這個問題是一個複雜的公式，有很複雜的輸入。多數的機構都用某種「投資回報」模型來運作。當你花了一筆錢，你就希望至少回收同樣的金額（最好更多）。但是 QA 的投資和回報的關係可能很複雜。例如，比起新的、鮮為人知的專案，著名且口碑良好的產品可以用更長的時間來處理品質問題。顯然沒有人想要生產低品質的商品，但技術上的壓力很大，上市時間可能非常重要，有時先推出不完美的商品比幾個月之後再推出完美的商品更好。

在 web 開發，品質可以拆成四個維度：

接觸

　　接觸的意思是產品的市場滲透率，也就是瀏覽你的網站或使用你的服務的人數。接觸與獲利有直接的關係，訪問網站的人越多，購買產品或服務的人就越多。從開發的角度來看，搜尋引擎優化（SEO）對接觸的影響最大，這就是我們在 QA 計畫中加入 SEO 的原因。

功能性

　　當人們造訪你的網站或使用你的服務時，網站的功能性品質對留客量有很大的影響，用戶比較願意回訪品質與廣告一致的網站。有好的功能性就更有機會將測試自動化。

### 易用性

功能性與功能是否正確有關,易用性則是關於人機互動(HCI)。這方面的基本問題是「網站的功能是否以有利於目標受眾的方式傳遞的?」這句話通常可以翻譯成「它容易使用嗎?」易用性常常與彈性或功能性互相抵觸,程式員覺得簡單的東西可能與不懂技術的用戶覺得簡單的東西不同,換句話說,當你評估易用性時,你必須考慮目標用戶。因為評估易用性時採用的基本輸入是用戶,所以易用性通常無法自動化。但是你的 QA 計畫應該納入用戶測試。

### 美感

美感是四個維度中最主觀的一種,因此與開發的關係最小。雖然網站的美學與開發沒有太大關係,但是你應該在 QA 計畫中加入「定期復審網站美感」。請樣本用戶使用你的網站,瞭解他會不會覺得退流行了,或無法引起興趣。切記,美感與時間有很大的關係(美感的標準會隨著時間變化),它也與特定的對象有關(可以吸引某位對象的東西可能無法引起另一位對象的興趣)。

雖然 QA 計畫應該說明全部的四個維度,但功能性測試與 SEO 可以在開發期間自動測試,所以本章要專門探討它們。

## 邏輯 vs. 展示

一般來說,你的網站有兩個「領域」:邏輯(通常稱為商業邏輯,我避免使用它是因為它偏向商業目標)以及展示。你可以想像網站的邏輯屬於一種純粹的知識領域,例如,Meadowlark Travel 可能有一條規定:有駕照的顧客才能租機車。這是一條基於資料的規則,規定每一台機車都要取得用戶提供的有效駕照才可以預約。這條規則的展示是分離的(disconnected),或許它只是訂單網頁的最後一個表單的核選方塊,或許顧客必須提供有效駕照的號碼讓 Meadowlark Travel 驗證。這個區別很重要,邏輯領域的東西應該盡量簡單明瞭,而展示可能是複雜的,也可能是簡單的。展示也與易用性和美感有關,商業邏輯則非如此。

可能的話,你要在邏輯與展示之間找出清晰的界限,做法有很多種,本書將重點討論如何在 JavaScript 模組中封裝邏輯。另一方面,「展示」結合了 HTML、CSS、多媒體、JavaScript 與前端框架,例如 React、Vue 或 Angular。

## 測試的類型

本書要探討的測試有兩大類：單元測試與整合測試（我認為系統測試是一種整合測試）。單元測試非常細緻，它測試單一元件來確保它們正確運作，整合測試則測試多個元件之間的互動，甚至整個系統。

一般來說，單元測試比較實用，並且適合測試邏輯，整合測試則可在兩個領域使用。

## QA 技術概要

在這本書，我們將使用下列的技術與軟體來進行徹底的測試：

單元測試

　　單元測試涵蓋應用程式功能的最小單位，通常是單一函式。它們幾乎都是開發人員編寫的，不是 QA（不過 QA 應該有權瞭解單元測試的品質與覆蓋率）。這本書將使用 Jest 來進行單元測試。

整合測試

　　整合測試涵蓋功能的大型單位，通常涉及應用程式的多個部分（函式、模組、副系統等）。因為我們要建構 web app，「終極」整合測試是在瀏覽器算繪 app、操作那個瀏覽器，並確認 app 的行為是正確的。這些測試的設定與維護通常比較複雜，因為這本書的重點不是 QA，所以只提供一個簡單的範例，使用 Puppeteer 與 Jest。

*linting*

　　linting 的目的不是找到錯誤，而是找到可能的錯誤。linting 的概念是指出可能出現錯誤的區域，或可能導致將來錯誤的脆弱結構。我們將使用 ESLint 來進行 linting。

我們從 Jest 測試框架開始看起（它可以執行單元和整合測試）。

# 安裝與設置 Jest

其實我有點糾結該在本書使用哪一種測試框架。Jest 原本是測試 React app 的框架（目前仍然是這方面的主要選項），但 Jest 並非 React 專用的，它是傑出的通用測試框架，但它當然不是唯一的測試框架：Mocha（*https://mochajs.org*）、Jasmine（*https://jasmine.github.io*）、Ava（*https://github.com/avajs/ava*）與 Tape（*https://github.com/substack/tape*）也是很棒的選擇。

最後我選擇 Jest，因為我認為它提供最好的整體體驗（Jest 在 State of JavaScript 2018（*http://bit.ly/33ErHUE*）調查裡面的優秀成績可以支持我的看法）。話雖如此，上述的測試框架有很多相似之處，所以你應該可以將你學到的知識應用在你喜歡的測試框架中。

在你的專案根目錄中執行這個命令來安裝 Jest：

```
npm install --save-dev jest
```

（注意我們使用 `--save-dev` 來讓 npm 知道它是進行開發的依賴項目，app 本身不需要它即可正確運作；它會被列入 *package.json* 檔的 `devDependencies` 部分，而不是 `dependencies` 部分。）

在繼續工作之前，我們要先執行 Jest（它會執行專案的任何測試），做法是在 *package.json* 加入一個腳本。編輯 *package.json*（本書程式存放區的 *ch05/package.json*），修改 `scripts` 屬性（如果它不存在，就加入它）：

```
"scripts": {
  "test": "jest"
},
```

現在你只要輸入這個命令就可以執行專案的所有測試了：

```
npm test
```

如果你現在就執行它，你可能會看到錯誤訊息說你沒有設置任何測試…因為我們還沒有加入任何一個測試。所以我們來寫一些單元測試！

> 通常當你在 *package.json* 檔裡面加入腳本時，你要用 `npm run` 執行它。例如，如果你加入腳本 `foo`，你要輸入 `npm run foo` 來執行它。但是因為 `test` 腳本太常見了，所以 npm 知道只有 `npm test` 時，就要執行該腳本。

# 單元測試

接下來我們將目光轉向單元測試。因為單元測試的重點是孤立單一函式或元件,我們要先學習 mocking,這是一種重要的孤立技術。

## mocking

將來你會經常面對一種挑戰:如何寫出「可測試」的程式碼。一般來說,比起沒有或只有一些依賴項目的程式碼,試著做太多事情或依賴項目很多的程式碼比較難以測試。

當你有一個依賴項目時,你就多了一個需要 *mock*(模擬)才能有效測試的東西。例如,我們的主要依賴項目是 Express,它已經被徹底測試過了,所以我們不需要或不想要測試 Express 本身,只需要測試*我們使用它的方式*即可,要確定是否正確地使用 Express,唯一的做法就是模擬 Express 本身。

我們目前的路由(首頁、About 網頁、404 網頁及 500 網頁)都很難測試,因為它們都假設有三種與 Express 的關係:它們假設我們有 Express app(所以我們可以使用 `app.get`),以及請求和回應物件。幸好我們可以輕鬆地移除對於 Express app 本身的依賴(請求與回應物件比較難,稍後進一步說明)。幸好我們還沒有使用太多回應物件的功能(只用了 render 方法),所以模擬它很簡單,很快就會介紹。

## 為了方便測試而重構 app

我們的 app 還沒有太多需要測試的程式碼。到目前為止,我們只加入少量的路由處理式以及 getFortune 函式。

為了讓 app 更容易測試,我們要將實際的路由處理式放到它們自己的程式庫裡面:建立 *lib/handlers.js* 檔(本書程式存放區的 *ch05/lib/handlers.js*):

```
const fortune = require('./fortune')

exports.home = (req, res) => res.render('home')

exports.about = (req, res) =>
  res.render('about', { fortune: fortune.getFortune() })

exports.notFound = (req, res) => res.render('404')

exports.serverError = (err, req, res, next) => res.render('500')
```

接下來我們改寫 *meadowloark.js* 應用程式檔來使用這些處理式（本書程式存放區的 *ch05/meadowlark.js*）：

```
// 通常在檔案的最上面
const handlers = require('./lib/handlers')

app.get('/', handlers.home)

app.get('/about', handlers.about)

// 自訂 404 網頁
app.use(handlers.notFound)

// 自訂 500 網頁
app.use(handlers.serverError)
```

現在測試這些處理式很簡單：它們只是接收請求與回應物件的函式，我們要確認我們有正確使用這些物件。

## 編寫第一個測試

我們可以用很多方法讓 Jest 認出測試程式，最常見的兩種做法是將測試放在 __test__ 子目錄底下（在 *test* 前後各有兩條底線），以及讓檔案使用副檔名 *.test.js*。我喜歡同時使用這兩種技術，因為它們有不一樣的作用，將測試放入 __test__ 目錄可以避免測試程式弄亂我的原始目錄（否則在原始目錄裡面的所有東西看起來都多了一倍⋯每一個 *foo.js* 檔都有一個對應的 *foo.test.js*），使用 *.test.js* 副檔名代表當編輯器有一堆標籤（tab）時，我一眼就可以看出哪一個是測試，哪一個是原始碼。

我們來建立一個稱為 *lib/__tests__/handlers.test.js* 的檔案（本書程式存放區的 *ch05/lib/__tests__/handlers.test.js*）：

```
const handlers = require('../handlers')

test('home page renders', () => {
  const req = {}
  const res = { render: jest.fn() }
  handlers.home(req, res)
  expect(res.render.mock.calls[0][0]).toBe('home')
})
```

當你第一次編寫測試時，應該會覺得這段程式看起來很奇怪，我們來分析它。

我們先匯入將要測試的程式碼（在這個例子是路由處理式）。每一個測試都有一個敘述，可讓我們描述將要測試的東西是什麼，在這個例子中，我們想要確保首頁有被算繪出來。

我們要使用請求與回應物件來呼叫算繪式，如果我們必須模擬整個請求與回應物件，我們就要花一整個星期來編寫程式，幸好我們不需要它們的多少功能。在這個案例中，我們根本不需要請求物件的任何功能（所以直接使用一個空物件），至於回應物件，我們只需要它的算繪方法。注意我們是如何建構算繪函式的：我們直接呼叫稱為 *jest.fn()* 的 Jest 方法，它會建立一個通用的 mock 函式，用來追蹤它是如何被呼叫的。

最後是測試的重點部分：斷言（assertion）。費了這麼多心力來呼叫想要測試的程式碼之後，如何確定它做了該做的事情？

在這個例子中，程式碼的工作就是使用字串 home 來呼叫回應物件的 render 方法。Jest 的 mock 函式會追蹤它被呼叫的次數，所以我們只要確認它只有被呼叫一次就可以了（當它被呼叫兩次時可能有問題），這就是第一個 expect 做的事情，當我們呼叫它時，在第一個引數傳入 home（第一個陣列索引代表哪一次呼叫，第二個索引代表哪一個引數）。

每一次修改程式就必須重複執行測試很麻煩，幸好大部分的測試框架都有「watch」模式可以持續監控程式碼、測試你的修改，並自動回傳結果。你可以輸入 npm test -- --watch 在 watch 模式執行測試（你必須使用額外的雙短線來讓 npm 知道要將 --watch 引數傳給 Jest）。

接著修改你的 home 處理式來算繪非首頁 view 的東西；你可以發現測試失敗了，你抓到一個 bug！

接著我們為其他的路由加入測試：

```
test('about page renders with fortune', () => {
  const req = {}
  const res = { render: jest.fn() }
  handlers.about(req, res)
  expect(res.render.mock.calls.length).toBe(1)
  expect(res.render.mock.calls[0][0]).toBe('about')
  expect(res.render.mock.calls[0][1])
    .toEqual(expect.objectContaining({
      fortune: expect.stringMatching(/\W/),
    }))
```

```
  })

  test('404 handler renders', () => {
    const req = {}
    const res = { render: jest.fn() }
    handlers.notFound(req, res)
    expect(res.render.mock.calls.length).toBe(1)
    expect(res.render.mock.calls[0][0]).toBe('404')
  })

  test('500 handler renders', () => {
    const err = new Error('some error')
    const req = {}
    const res = { render: jest.fn() }
    const next = jest.fn()
    handlers.serverError(err, req, res, next)
    expect(res.render.mock.calls.length).toBe(1)
    expect(res.render.mock.calls[0][0]).toBe('500')
  })
```

留意，在「about」裡面有一些額外的功能以及伺服器錯誤測試程式。因為呼叫「about」render 函式時會傳入 fortune，所以我們加入一個 expect，期望它收到一個 fortune 字串，而且該字串至少包含一個字元。本書不說明 Jest 和它的 expect 方法的所有功能，但你可以在 Jest 首頁找到詳細的文件（*https://jestjs.io*）。注意，伺服器錯誤處理式接收四個引數，不是兩個，所以我們必須提供額外的 mock。

## 維護測試程式

你應該已經發現，測試不是「設（定）後不理」的工作。例如，如果我們因為某個合理的原因修改「home」view 的名稱，測試就會失敗，所以我們必須修改測試程式，以及修正程式碼。

因此，很多團隊投入大量的精力來研究什麼是測試，以及測試該多麼具體，以取得實際的期望。例如，我們不需要檢查「about」處理式被呼叫時是否有 fortune，所以不需要在捨棄那項功能時修改測試。

此外，關於如何徹底地測試程式碼，我無法提供太多建議。我認為測試航空電子設備或醫療設備的程式與測試行銷網站的程式有全然不同的標準。

我只能教你如何回答「我測試了多少程式碼？」這個問題，其答案是**代碼覆蓋率**（*code coverage*），我們繼續看下去。

## 代碼覆蓋率

代碼覆蓋率用具體的數字來讓你知道你測試了多少程式碼，但是就像程式設計的多數主題，它沒有那麼簡單。

Jest 提供了一些方便的代碼覆蓋率自動分析工具。要瞭解多少程式碼被測試，請執行這個命令：

```
npm test        coverage
```

如果你跟著操作，你應該會看到 *lib* 裡面的檔案都有令人安心的「100%」覆蓋率數字。Jest 會報告陳述式（Stmts）、分支、函式（Funcs）與行的覆蓋率。

陳述式是 JavaScript 陳述式，它是每一個運算式、流程控制陳述式等。注意，你可能得到 100% 行覆蓋率但沒有得到 100% 陳述式覆蓋率，因為你可以在 JavaScript 中將多個陳述式寫成一行。分支覆蓋率代表流程控制陳述式，例如 `if-else`。如果你有 `if-else` 陳述式，而且你的測試只處理 `if` 的部分，你會看到那個陳述式有 50% 的分支覆蓋率。

你應該可以發現 *meadowlark.js* 沒有 100% 覆蓋率，這不一定有問題，看一下重構後的 *meadowlark.js* 檔，你會發現裡面的程式碼大部分都只是在進行設定⋯我們只是將東西黏在一起。我們用中介函式設置 Express，並啟動伺服器。這種程式碼不但難以有意義地測試，也有很好的理由不需要測試，因為它的功能只是組合已經測試過的程式碼。

你甚至可以認定我們之前寫的測試都沒有實際的用途，它們只是確認我們正確地設定了 Express。

重述一遍，測試沒有那麼簡單，到頭來，你建構的程式類型、你的經驗、你的團隊規模與配置都會影響你究竟會陷入測試兔子洞多深。鼓勵你寧可錯誤地進行**太多**測試也不要做得**不夠多**，隨著經驗的累積，你會找到「嘟嘟好」的甜蜜點。

---

### 測試隨機的功能

測試隨機的功能是一項獨特的挑戰。我們可以為幸運餅乾產生器加入另一項測試來確保它可以隨機回傳幸運餅乾。但是該怎麼知道一樣東西是不是隨機的？有一種做法是產生大量的幸運餅乾，例如一千個，再測量它們的分布。如果函式真的隨機，它就不會產生任何突出的回應。這種做法的缺點是它是非確定性的，我們也可能得到某個幸運餅乾比任何其他幸運餅乾多 10 倍的結果（但機率很低），如果發生這種事，測試可能失敗（取決於你對於「隨機」的定義有多麼嚴格），但這個結果不代表被測試的系統是失敗的，它只是測試隨機的系統造成的結果。就我們的幸運餅乾產生器而言，合理的做法是產生 50 個幸運餅乾，並且期望至少看到三個不同的餅乾。另一方面，如果我們為一項科學模擬任務或安全防護元件開發隨機源，我們可能要做更詳細的測試。總之，測試隨機功能很難，需要考慮更多因素。

---

## 整合測試

目前我們的 app 還沒有什麼有趣的功能可以測試，我們只有一些網頁，而且不能互動。所以在編寫整合測試前，我們要先加入一些可以測試的功能。為了簡單起見，我們用連結來代表那個功能，該連結可以讓你從首頁跳到 About 頁。這個功能再簡單不過了！雖然它在用戶眼裡看起來很簡單，但是它是個真正的整合測試，因為它不僅處理兩個 Express 路由處理式，也處理 HTML 和 DOM 互動（用戶按下連結，以及前往結果頁面）。我們在 *views/home.handlebars* 加入一個連結：

```
<p>Questions?  Checkout out our
<a href="/about" data-test-id="about">About Us</a> page!</p>
```

你可能會問 `data-test-id` 屬性是什麼。為了進行測試，我們要設法認出連結，這樣才可以（虛擬地）按下它。雖然我們也可以使用 CSS 類別，但我比較喜歡把類別留起來處理樣式，用資料屬性來進行自動化。雖然我們也可以搜尋 *About Us* 文字，但是做這種 DOM 搜尋既脆弱且昂貴。我們也可以查詢 `href` 參數，這種做法比較合理（但是這樣子很難讓測試失敗，為了教學，我希望它失敗）。

接著繼續執行 app，並且用笨拙的雙手親自驗證功能是否一如預期運作，再做比較自動化的工作。

在安裝 Puppeteer 和編寫整合測試之前，我們要修改 app，把它變成可以 require 的模組（現在它的設計只能直接執行）。在 Node 裡面做這件事有點隱晦，你要在 *meadowlark.js* 的最下面，將呼叫 app.listen 的地方換成這些程式：

```
if(require.main === module) {
  app.listen(port, () => {
    console.log( `Express started on http://localhost:${port}` +
      '; press Ctrl-C to terminate.' )
  })
} else {
  module.exports = app
}
```

我跳過這個部分的技術說明，因為它很無聊，但如果你很好奇，可以仔細地閱讀 Node 模組的文件（*http://bit.ly/32BDO3H*）。重點在於，當你用 node 直接執行 JavaScript 檔案時，require.main 等於全域的 module；否則它是從其他的模組匯入的。

解決問題之後，我們要安裝 Puppeteer 了。Puppeteer 基本上是一種可控制、headless 版的 Chrome（headless 的意思是這種瀏覽器不需要在螢幕顯示 UI 即可運行）。安裝 Puppeteer：

```
npm install --save-dev puppeteer
```

我們也要安裝一個小型的工具程式來找出打開的連接埠，以免 app 無法在我們請求的連接埠啟動，因而產生大量的測試錯誤：

```
npm install --save-dev portfinder
```

接下來我們可以寫一個做這些工作的整合測試：

1. 在未被占用的連接埠啟動 app 伺服器

2. 啟動 headless Chrome 瀏覽器並打開一個網頁

3. 前往 app 的首頁

4. 用 data-test-id="about" 找到連結並按下它

5. 等待導覽發生

6. 確認我們到達 */about* 網頁

建立一個稱為 *integration-tests* 的目錄（歡迎將它稱為你喜歡的任何名稱），並且在那個
目錄建立一個稱為 *basic-navigation.test.js* 的檔案（本書程式存放區的 *ch05/integration-tests/basic-navigation.test.js*）：

```javascript
const portfinder = require('portfinder')
const puppeteer = require('puppeteer')

const app = require('../meadowlark.js')

let server = null
let port = null

beforeEach(async () => {
  port = await portfinder.getPortPromise()
  server = app.listen(port)
})

afterEach(() => {
  server.close()
})

test('home page links to about page', async () => {
  const browser = await puppeteer.launch()
  const page = await browser.newPage()
  await page.goto(`http://localhost:${port}`)
  await Promise.all([
    page.waitForNavigation(),
    page.click('[data-test-id="about"]'),
  ])
  expect(page.url()).toBe(`http://localhost:${port}/about`)
  await browser.close()
})
```

我們使用 Jest 的 beforeEach 與 afterEach，在每一次測試之前啟動伺服器，並且在每一
次測試之後停止它（現在我們只有一個測試，所以這項工作在加入更多測試時才有意
義）。我們可以改用 beforeAll 與 afterAll，這樣就不需要在每次測試時都要打開並關閉
伺服器，雖然這種做法或許可以提升測試速度，但它的代價是無法為每次測試提供「乾
淨」的環境。也就是說，如果你的測試做了會影響後續測試的變動，你就會引入難以維
護的依賴關係。

我們的測試使用 Puppeteer 的 API，它提供許多 DOM 查詢功能。注意，幾乎這裡的所有事情都是非同步的，我們使用 `await` 程式庫來讓測試更容易讀取與寫入（幾乎所有 Puppeteer API 都會回傳一個 promise）[1]。我們將導覽與點選（click）包在 `Promise.all` 呼叫式裡面，以防止 Puppeteer 文件提到的競態條件（race condition）。

Puppeteer API 還有許多無法在本書介紹的功能，幸好它的文件很棒（*http://bit.ly/2KctokI*）。

測試是確保產品品質的重要靠山，但除了這項工具之外，linting 也可以協助你在第一時間預防常見的錯誤。

# linting

有個好的 linter 就像擁有第二雙眼睛：它可以發現被人腦忽視的東西。原始的 JavaScript linter 是 Douglas Crockford 的 JSLint。Anton Kovalyov 在 2011 年 從 JSLint 分 出 JSHint。Kovalyov 發現 JSLint 變得太主觀了，所以想要製作一種比較可以自訂、社群開發的 JavaScript linter。在 JSHint 問世之後，Nicholas Zakas 的 ESLint（*https://eslint.org*）變成最流行的選項（它在 2017 年的 State of JavaScript 調查中獲得壓倒性的勝利（*http://bit.ly/2Q7w32O*））。除了普遍性之外，ESLint 看起來是最受到積極維護的 linter，比起 JSHint，我更喜歡它那靈活的設置，這也是我推薦的優點。

你可以分別為專案安裝 ESLint，也可以全域性地安裝它。為了避免在無意間造成破壞，我都會避免全域安裝（例如，如果我全域安裝 ESLint 並且經常更新它，舊的專案可能會因為破壞性變動而再也無法成功地 lint 了，導致我們必須多做一些工作，更新專案）。

在專案中安裝 ESLint：

```
npm install --save-dev eslint
```

ESLint 需要一個設置檔來得知該採用哪些規則，從頭開始製作它很浪費時間，幸好 ESLint 提供一種工具來建立。在你的專案根目錄執行：

```
./node_modules/.bin/eslint --init
```

---

1　如果你不知道 await，我推薦 Tamas Piros 寫的這篇文章（*http://bit.ly/2rEXU0d*）。

全域性地安裝 ESLint 之後，我們只要使用 `eslint --init` 即可。若要直接運行在本地安裝的工具，你就要使用彆扭的 `./node_modules/.bin` 路徑，但是我們很快就會看到，將工具加入 *package.json* 檔的 `scripts` 段落就不需要這樣做，建議你用這種方式處理常做的事情。但是，每個專案都只要建立 ESLint 組態一次。

ESLint 會問你一些問題。大部分的問題都可以放心地選擇預設值，但有一些問題需要特別注意：

**你的專案使用哪一種模組？**（*What type of modules does your project use?*）

因為我們使用 Node（而不是在瀏覽器運行的程式），你要選擇「CommonJS (require/exports)」。你的專案可能也有用戶端 JavaScript，此時你可能要用一個分開的 lint 組態，最簡單的做法是用兩個分開的專案，但你也可以在同一個專案使用多個 ESLint 組態。詳情請參考 ESLint 文件（*https://eslint.org/*）。

**你的專案使用哪一種框架？**（*Which framework does your project use?*）

選擇「None of these」，除非你在那裡看到 Express（我寫到這裡時還沒有）。

**你的程式在哪裡運行？**（*Where does your code run?*）

選擇 Node。

設定 ESLint 之後，我們要用一種方便的方式執行它。在你的 *package.json* 裡面的 `scripts` 段落加入這一行：

```
"lint": "eslint meadowlark.js lib"
```

注意，我們必須明確地告訴 ESLint 我們想要 lint 哪些檔案與目錄，這也是我建議你將所有原始碼放在一個目錄底下（通常是 *src*）的原因之一。

接著執行：

```
npm run lint
```

你應該會看到一些不太順眼的錯誤——這種事情通常會在第一次執行 ESLint 時發生。但是，如果你有跟著操作 Jest 測試，你會看到一些與 Jest 有關的謬誤錯誤訊息，它們長得像這樣：

```
 3:1    error   'test' is not defined     no-undef
 5:25   error   'jest' is not defined     no-undef
 7:3    error   'expect' is not defined   no-undef
 8:3    error   'expect' is not defined   no-undef
11:1    error   'test' is not defined     no-undef
13:25   error   'jest' is not defined     no-undef
15:3    error   'expect' is not defined   no-undef
```

ESLint（相當明智地）不喜歡未被定義的全域變數，而 Jest 會注入全域變數（特別是 test、describe、jest 與 expect）。幸好這是很容易修正的問題。在專案根目錄打開 *.eslintrc.js* 檔（這是 ESLint 設置檔），在 env 區域加入：

```
"jest": true,
```

再次執行 npm run lint，錯誤應該少很多。

剩下的錯誤該怎麼處理？雖然我可以在這裡提供見解，但無法提供具體的指引。一般來說，linting 錯誤有三種原因：

- 它是真正問題，而且你應該修正它。有時你無法立刻知道它的原因，此時你可以參考 ESLint 文件中的特定錯誤。

- 它是你不同意的規則，你可以輕鬆地停用它。ESLint 的許多規則都是見仁見智的。我很快就會告訴你怎麼停用規則。

- 你同意那條規則，但是在某些情況下無法修正它，或修正它需要付出很大的代價。在這些情況下，你可以只為檔案中的特定幾行停用規則，接下來也有一個範例。

如果你一直跟著操作，現在你應該會看到這些錯誤：

```
/Users/ethan/wdne2e-companion/ch05/meadowlark.js
  27:5   error   Unexpected console statement   no-console

/Users/ethan/wdne2e-companion/ch05/lib/handlers.js
  10:39  error   'next' is defined but never used   no-unused-vars
```

ESLint 不喜歡主控台紀錄（logging），因為它不一定都適合為你的 app 提供輸出，logging 可能會很煩人，而且不一致，可能會掩蓋輸出，取決於你如何執行它。但是，在這個例子中，假設它沒有吵到我們，而且我們想要停用那條規則。打開你的 *.eslintrc* 檔，找到 rules 區域（如果沒有 rules 區域，在匯出的物件的頂層建立一個）：

```
"rules": {
  "no-console": "off",
},
```

現在再次執行 `npm run lint` 時,那個錯誤消失了!下一個錯誤更麻煩…

打開 *lib/handlers.js* 並且看一下這一行:

```
exports.serverError = (err, req, res, next) => res.render('500')
```

ESLint 是對的,雖然我們提供了 `next` 引數,但沒有用它做任何事情(我們也沒有用 `err` 和 `req` 做任何事情,但是出於 JavaScript 處理函式引數的方式,我們必須在那裡放東西才可以到達想要使用的 `res`)。

你可能想要直接移除 `next` 引數,「有差嗎?」你可能這樣想。事實上,這樣做不會造成執行期錯誤,你的 linter 會很開心…但是你會造成一個難以看到的損害:你的自訂錯誤處理式會停止運作!(如果你想要確認,你可以從其中一個路由丟出例外並試著造訪它,接著移除 `serverError` 處理式的 `next` 引數。)

Express 在這裡做了一些微妙的事情:它使用你實際傳給它的引數數量來辨識它應該是個錯誤處理式。如果沒有 `next` 引數(無論你有沒有使用它),Express 就無法認出它是錯誤處理式了。

Express 團隊處理錯誤處理式的方式無疑「很聰明」,但聰明的程式碼往往也令人困惑,容易出錯或難以理解。雖然我喜歡 Express,但我認為他們做了一個錯誤的選擇。我認為他們應該找一種比較正常的,而且比較明確的方式來指定錯誤處理式。

雖然我們無法改變處理式的程式碼,而且我們需要錯誤處理式,但我們喜歡這條規則,而且不想要停用它。我們可以容忍那個錯誤,但是錯誤會不斷累積,不斷地刺激你,最終腐蝕使用 linter 的初衷。幸運的是,我們可以幫那一行停用那條規則。編輯 *lib/handlers.js* 並且在你的錯誤處理式周圍加入這些東西:

```
// Express 用錯誤處理式的四個引數
// 來辨識它,所以我們必須停用 ESLint 的 no-unused-vars 規則
/* eslint-disable no-unused-vars */
exports.serverError = (err, req, res, next) => res.render('500')
/* eslint-enable no-unused-vars */
```

linting 最初可能讓你倍感挫折，你可以放心地停用不適合你的規則，最終，當你學會避免 linting 經常抓到的錯誤時，你將會發現它造成的挫折感越來越少。

測試與 linting 都很實用，但是唯有真正使用工具才能發揮它的價值！花費時間與精力編寫單元測試並且設定 linting 有時令人覺得不可思議，尤其是在壓力很大的情況之下，幸好有一種方式可以確保這些實用的工具不會被忘記：持續整合。

# 持續整合

接下來要讓你知道另一種很實用的 QA 概念：持續整合（CI）。如果你在團隊中工作的話，它特別重要，但是即使你自己一個人工作，它也可以提供一些實用的紀律。

基本上，每當你將程式碼加入原始碼存放區時，CI 就會執行你的一些或全部測試（你可以控制套用在哪個分支）。通常當所有測試都通過時，什麼事都不會發生（或許你會收到一封 email 說「幹得好」，取決於你如何設置 CI）。

但如果有失敗的情況，後果通常比較…公開化，同樣取決於你如何設置 CI，但通常整個團隊都會收到一封 email，說你「破壞組建版本了」。如果你的整合主機有虐待狂，你的老闆可能也會在郵寄名單上！我甚至知道有些團隊會在有人破壞組建版本時點亮警示燈並且發出警報，有一間極富創造力的辦公室甚至設置一台微型飛彈發射器，向違規的開發人員發射軟飛彈！這會強烈促使你在提交程式碼之前執行 QA 工具鏈。

本書沒辦法詳細介紹如何安裝與設置 CI 伺服器，但是在探討 QA 的章節之中不介紹 CI 的話，這一章就不完整了。

目前對 Node 專案而言，最流行的 CI 伺服器是 Travis CI（*https://travis-ci.org/*）。Travis CI 是一種很有吸引力的代管（hosted）解決方案（可讓你免於設置自己的 CI 伺服器）。如果你使用 GitHub，它也提供優秀的整合支援。CircleCI（*https://circleci.com*）是另一個選項。

如果你自行執行專案，你應該無法從 CI 伺服器得到太多好處，但如果你在團隊中工作，或正在進行開放原始碼專案，我強烈建議你為專案設定 CI。

## 總結

本章介紹了很多東西，但我認為它們在任何開發框架裡面都是非常重要的技術。JavaScript 生態系統大得令人眼花繚亂，如果你剛接觸它，你可能不知道如何入門。希望這一章可以為你指引正確的方向。

獲得關於這些工具的經驗之後，我們要把目光轉向涵蓋 Express app 內的每件事的 Node 與 Express 物件：請求與回應物件。

# 第六章

# 請求與回應物件

在這一章，我們要學習請求與回應物件的重要細節 —— 這兩種物件幾乎是在 Express app 裡面發生的每一件事的起點與終點。當你用 Express 建構 web 伺服器時，你做的事情幾乎都是始於請求物件，終於回應物件。

這兩種物件起源於 Node，並由 Express 擴展。在我們深入研究這些物件提供什麼功能之前，我們要稍微瞭解用戶端（通常是瀏覽器）如何向伺服器請求網頁，以及那個網頁如何被回傳。

## URL 的各個部分

我們經常看到 URL，但我們通常不會停下來研究它們的各個部分。我們來看三個 URL，檢視它們的元件部分：

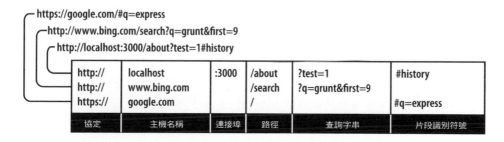

**協定**

協定決定請求將會如何傳輸。我們接下來要專門處理 *http* 與 *https*，其他常見的協定還有 *file* 與 *ftp*。

**主機**

主機代表伺服器。在你的電腦上（localhost）或本地網路上的伺服器可能直接用一個單字或一個數字 IP 位址來指示。在網際網路上，主機的結尾是最頂層網域（TLD），例如 *.com* 或 *.net*。此外可能也有子域，它在主機的前面，*www* 是常見的子域，雖然它可以是任何東西。子域是選用的。

**連接埠**

每一個伺服器都有一組連接埠編號。有些連接埠號碼是特殊的，例如 80 和 443。如果你省略連接埠，HTTP 假設使用 80，HTTPS 則是 443。一般來說，如果你不使用80 或 443 埠，你就應該使用大於 1023 的連接埠號碼 [1]，通常使用容易記住的號碼，例如 3000、8080 與 8088。一個連接埠只能指派給一個伺服器，即使有很多號碼可供選擇，如果你使用的是常用連接埠號碼，你可能會被迫更改連接埠號碼。

**路徑**

路徑通常是你的 app 關心的 URL 的第一個部分（它也有可能根據協定、主機、連接埠進行決定，但這不是好的做法）。路徑應該用來唯一地辨識網頁或 app 的其他資源。

**查詢字串**

查詢字串是選用的名稱／值集合。查詢字串以問號（?）開頭，以 & 分開每一對名稱／值。名稱與值應該是 *URL 編碼*（*URL encoded*）。JavaScript 有個內建函式可以做這件事：encodeURIComponent。例如，將空格換成加號（+），將其他特殊字元換成數字字元參考。有時查詢字串被稱為**搜尋字串**（*search string*）或**搜尋**（*search*）。

**片段識別符號**

片段識別符號（fragment 或 *hash*）完全不會被傳給伺服器；它是完全供瀏覽器使用的。有些單頁 app 使用片段識別符號來控制 app 導覽。最初，片段識別符號的唯一目的是讓瀏覽器顯示文件中用 anchor 標籤來標記的特定部分（例如 <a id="chapter06">）。

---

[1]　0–1023 埠是保留給常見服務的「著名連接埠」（*http://bit.ly/33InJu7*）。

# HTTP 請求方法

HTTP 協定定義了一組請求方法（通常稱為 HTTP 動詞），可讓用戶端用來和伺服器溝通。最常見的方法是 GET 與 POST。

當你在瀏覽器輸入 URL 時（或按下一個連結時），瀏覽器就會發出一個 HTTP GET 請求給伺服器。傳給伺服器的重要資訊有 URL 路徑與查詢字串。你的 app 就是使用這個方法、路徑與查詢字串的組合來決定如何回應的。

就網站而言，大部分的網頁都會回應 GET 請求。POST 請求通常是用來將資訊回傳給伺服器（例如處理表單）。當伺服器處理請求裡面的資訊（例如表單）之後，POST 請求通常會回應與對應的 GET 請求一樣的 HTML。瀏覽器主要使用 GET 與 POST 方法來與你的伺服器溝通。但是你的 app 發出的 Ajax 請求可以使用任何 HTTP 動詞。例如，有一種稱為 DELETE 的 HTTP 方法可讓刪除東西的 API call 使用。

使用 Node 與 Express 時，你可以充分掌握想要回應哪些方法。在 Express 中，你通常會幫特定的方法編寫處理式。

## 請求標頭

當你瀏覽網頁時，除了 URL 之外，你還會傳送很多東西給伺服器。每當你造訪網站時，你的瀏覽器都會傳送許多「看不到」的資訊，我指的不是你很怕洩漏出去的個人資訊（雖然你的瀏覽也有可能被惡意軟體感染）。瀏覽器會告訴伺服器它比較喜歡收到哪一種語言（例如，如果你在西班牙下載 Chrome，它會請求你造訪的網頁的西班牙語版本，如果有的話）。它也會傳送關於用戶代理人（*user agent*）（瀏覽器、作業系統與硬體）的資訊和其他資訊。所有的資訊就會用請求標頭來傳送，你可以用請求物件的 headers 屬性來使用它。如果你很想知道瀏覽器傳送什麼資訊，你可以建立一個簡單的 Express 路由來顯示那個資訊（本書程式存放區的 *ch06/00-echo-headers.js*）：

```
app.get('/headers', (req, res) => {
  res.type('text/plain')
  const headers = Object.entries(req.headers)
    .map(([key, value]) => `${key}: ${value}`)
  res.send(headers.join('\n'))
})
```

# 回應標頭

如同瀏覽器以請求標頭的形式傳送看不見的資訊給伺服器,當伺服器回應時,它也會回傳不一定會被瀏覽器算繪或顯示的資訊。詮釋資料與伺服器資訊是經常被放在回應標頭裡面的資訊。我們已經看過 Content-Type 標頭了,它告訴瀏覽器傳過來的是哪一種內容(HTML、圖像、CSS、JavaScript 等)。注意,無論 URL 路徑是什麼,瀏覽器都會服從 Content-Type 標頭。所以你可以從 *image.jpg* 路徑提供 HTML,或是從 *text.html* 路徑提供圖像(但是沒有理由這樣做,我只是為了強調路徑是抽象的,以及瀏覽器使用 Content-Type 來決定如何算繪內容)。除了 Content-Type 之外,標頭還可以指出回應是否被壓縮,以及它使用哪一種編碼。你也可以在回應標頭裡面放一些提示,告訴瀏覽器它可以快取資源多久,這是優化網站的重要事項,第 17 章會更詳細討論。

回應標頭也經常包含一些關於伺服器的資訊,指出伺服器是哪一種類型,有時甚至有一些關於作業系統的細節。回傳伺服器資訊有個壞處是它會讓駭客有一個破解網站的起點,有高度安全意識的伺服器通常會省略這項資訊,甚至提供假資訊。停用 Express 預設的 X-Powered-By 標頭很簡單(本書程式存放區的 *ch06/01-disable-x-powered-by.js*):

```
app.disable('x-powered-by')
```

如果你想要看看回應標頭,你可以在瀏覽器的開發工具裡面找到它們。例如,要在 Chrome 中查看回應標頭:

1. 打開 JavaScript 主控台。

2. 按下 Network 標籤。

3. 重新載入網頁。

4. 在請求清單中選擇 HTML(它是第一個)。

5. 按下 Headers 標籤,你就可以看到所有回應標頭了。

## 網際網路媒體類型

Content-Type 標頭非常重要,如果沒有它,用戶端就必須痛苦地猜測如何算繪內容。Content-Type 標頭的格式是網際網路媒體類型,它包含類型、副類型,以及一些選用的參數。例如,text/html; charset=UTF-8 代表類型是「文字」,子類型是「HTML」,字元編碼是「UTF-8」。 Internet Assigned Numbers Authority 有一個官方的網際網路媒體類型清單（*https://www.iana.org/assignments/media-types/media-types.xhtml*）可供參考。人們會交換使用「內容類型（content type）」、「網際網路媒體類型（Internet media type）」以及「MIME 類型」。MIME（Multipurpose Internet Mail Extensions，多用途網際網路郵件擴展）是網際網路媒體類型的先驅，在多數情況下是等效的。

## 請求內文

除了標頭之外，請求物件也可以有**內文**（就像回應物件的內文就是實際回傳的內容）。一般的 GET 請求沒有內文，但是 POST 請求通常有。POST 內文最常見的媒體類型是 application/x-www-form-urlencoded，它是以 & 號分隔的、編碼過的多對名稱 / 值（基本上與查詢字串同一種格式）。如果 POST 需要支援檔案上傳，媒體類型是 multipart/form-data，它是比較複雜的格式。最後，Ajax 請求可以讓內文使用 application/json。第 8 章將進一步瞭解請求內文。

## 請求物件

**請求物件**（用請求處理式的第一個參數來傳遞，也就是說，你可以用任何名稱來為它命名，通常它的名稱是 req 或 request）起源於 http.IncomingMessage，它是一種核心的 Node 物件。Express 加入其他的功能。請求物件最實用的屬性與方法包括（Express 加入這些的所有方法，除了 req.headers 與 req.url 之外，它源起於 Node）：

req.params

　　含有**具名路由參數**的陣列，第 14 章會更深入說明。

req.query

　　包含形式為一對名稱 / 值的查詢字串參數（有時稱為 GET 參數）的物件。

req.body

　　這種物件裡面有 POST 參數，它使用這個名稱的原因是 POST 參數是用請求的內文（body）來傳遞的，而不是像查詢字串參數那樣在 URL 中傳遞。為了使用 req.body，你必須使用可以解析內文內容類型的中介函式，第 10 章會介紹。

req.route

關於目前符合的路由的資訊。它主要的用途是路由除錯。

req.cookies/req.signedCookies

這種物件裡面有用戶端傳來的 cookie 值。見第 9 章。

req.headers

從用戶端收到的請求標頭。這個物件的鍵是標頭名稱，值是標頭值。注意，它來自底下的 http.IncomingMessage 物件，所以你無法在 Express 文件裡面找到它。

req.accepts(types)

這種方便的方法可用來確定用戶端是否收到指定的類型（選用的 types 可以是單一 MIME 類型，例如 application/json，或是一個以逗號分隔的串列或陣列）。這個方法對編寫公用 API 的人來說非常重要；我們假設瀏覽器在預設情況下都接收 HTML。

req.ip

用戶端的 IP 位址。

req.path

請求路徑（沒有協定、主機、連接埠或查詢字串）。

req.hostname

這個方便的方法可以回傳用戶端回報的主機名稱。這個資訊可能是偽造的，所以不能用於安全防護。

req.xhr

這個方便的屬性會在請求源自 Ajax 呼叫時回傳 true。

req.protocol

製作這個請求時使用的協定（就我們的用途而言，它是 http 或 https）。

req.secure

這個方便的屬性會在連結是安全的時候回傳 true。它相當於 req.protocol === 'https'。

`req.url/req.originalUrl`

這些屬性的名字取得不太好，它們會回傳路徑與查詢字串（不包含協定、主機或連接埠）。`req.url` 可能因為內部路由而被改寫，但 `req.originalUrl` 會維持原始的請求與查詢字串。

# 回應物件

*回應物件*（用請求處理式的第二個參數傳遞，也就是說你可以讓它使用任何名稱，常見的名稱包括 `res`、`resp` 和 `response`）起源於 `http.ServerResponse` 的實例，它是個核心的 Node 物件。Express 加入其他的功能。我們來看一下回應物件最實用的屬性與功能有哪些（它們都是 Express 加入的）：

`res.status(code)`

設定 HTTP 狀態碼。Express 的預設值是 200（OK），所以你會用這個方法來回傳 404（Not Found）或 500（Server Error）的狀態碼，或你想要使用的任何其他狀態碼。轉址（狀態碼 301、302、303 與 307）有個更適合的 `redirect` 方法可用。注意，`res.status` 可回傳回應物件，也就是說你可以將呼叫式接起來：`res.status(404).send('Not found')`。

`res.set(name, value)`

設定回應標頭。通常你不會手動做這件事，為了一次設定多個標頭，你也可以傳入一個物件引數，將它的多個鍵設為標頭名稱，將多個值設為標頭值。

`res.cookie(name, value, [options])`, `res.clearCookie(name, [options])`

設定或清除將會被存放在用戶端的 cookie。它需要中介函式的支援，見第 9 章。

`res.redirect([status], url)`

轉址瀏覽器。預設的轉址碼是 302（Found）。一般來說，你應該盡量減少轉址，除非你要永遠移動一個網頁，此時使用 301（Moved Permanently）。

`res.send(body)`

傳送回應給用戶端。Express 預設的內容類型是 `text/html`，所以如果你想要將它改成 `text/plain`（舉例），你要在呼叫 `res.send` 之前呼叫 `res.type('text/plain')`。如果 body 是個物件或陣列，回應會用 JSON 來傳遞（內容類型被正確地設定），不過，如果你想發送 JSON，我建議你改成呼叫 `res.json` 來明確地做這件事。

`res.json(json)`

將 JSON 送給用戶端。

`res.jsonp(json)`

將 JSONP 送給用戶端。

`res.end()`

結束連結且不傳送回應。要更深入瞭解 `res.send`、`res.json` 和 `res.end` 的區別，你可以參考 Tamas Piros 寫的這篇文章（*https://blog.fullstacktraining.com/res-json-vs-res-send-vs-res-end-in-express/*）。

`res.type(type)`

這個方便的方法可以設定 `Content-Type` 標頭，它基本上相當於 `res.set(\'Content-Type ', type)`，但是如果你提供一個內含斜線的字串，它也會試著將副檔名對映至一種網際網路媒體類型。例如，`res.type(\'txt ')` 會產生 `text/plain` 的 `Content-Type`。這個功能在一些領域非常方便（例如自動提供不同的多媒體檔案），但一般來說，你應該明確地設定正確的網際網路媒體類型，盡量不要使用它。

`res.format(object)`

這個方法可讓你根據 `Accept` 請求標頭傳送不同的內容。這是 API 的主要用途，第 15 章會更詳細介紹。這是個簡單的例子：`res.format({'text/plain': 'hi there', 'text/html': '<b>hi there</b>'})`。

`res.attachment([filename])`, `res.download(path, [filename], [callback])`

這兩個方法都會將稱為 `Content-Disposition` 的回應標頭設為 `attachment`；它會提示瀏覽器下載內容，而不是在瀏覽器中顯示它。你可以指定 `filename` 來提示瀏覽器。使用 `res.download` 時，你可以指定要下載的檔案，而 `res.attachment` 只會設定標頭，你仍然必須傳送內容給用戶端。

`res.sendFile(path, [options], [callback])`

這個方法會讀取以 `path` 指定的檔案，並將其內容傳給用戶端。這個方法的用途不大，因為使用 `static` 中介函式，並將你想要讓用戶端使用的檔案放在 *public* 目錄比較簡單。但是如果你想要根據一些條件從同一個 URL 提供不同的資源，這個方法就派得上用場了。

`res.links(links)`

設定 Links 回應標頭。這是個專用的標頭，多數 app 都不太用得到。

`res.locals, res.render(view, [locals], callback)`

`res.locals` 是一個包含算繪 view 的預設背景（context）的物件。`res.render` 會用設置好的製模引擎來算繪 view（不要把傳給 `res.render` 的 `locals` 和 `res.locals` 搞混了：它會覆寫 `res.locals` 內的背景，但未被覆寫的背景仍然有效）。注意，`res.render` 的預設回應碼是 200；你可以使用 `res.status` 來指定不同的回應碼。第 7 章會深入介紹 view 的算繪。

# 取得更多資訊

因為 JavaScript 的原型繼承，有時你很難知道你正在處理什麼。Node 提供一些 Express 擴展的物件，你加入的程式包可能也會擴展它們。有時你很難找出你究竟可以使用哪些東西。通常我會建議你反向操作：當你研究某項功能時，先查看 API 文件（*http://expressjs.com/api.html*）。Express API 非常完整，你很有機會在那裡找到你想要的東西。

如果你需要未被記載的資訊，有時你必須研究 Express 原始碼（*https://github.com/expressjs/express*）。鼓勵你做這件事！你應該可以發現它沒有你想像的那麼可怕。以下是幫助你在 Express 原始碼更快找到東西的路線圖：

*lib/application.js*

主 Express 介面。如果你想要瞭解中介函式如何連接，或 view 如何算繪，請在這裡尋找。

*lib/express.js*

相對較短的檔案，主要提供 `createApplication` 函式（這個檔案的預設匯出），它會建立一個 Express app 實例。

*lib/request.js*

擴展 Node 的 `http.IncomingMessage` 物件來提供強健的請求物件。若要知道所有請求物件屬性與方法，請查看這個地方。

*lib/response.js*

> 擴展 Node 的 `http.ServerResponse` 物件來提供回應物件。若要知道關於回應物件屬性與方法的資訊,請查看這個地方。

*lib/router/route.js*

> 提供基本的路由。雖然路由是 app 的核心,但這個檔案不到 230 行;你會發現它既簡單且優雅。

當你挖掘 Express 原始碼時,你也可以參考 Node 文件(*https://nodejs.org/en/docs/*),尤其是在介紹 HTTP 模組的章節。

# 摘要

本章簡單地介紹了請求與回應物件,它們是 Express app 的基本元素。但是你往往只會使用這些功能的一小部分,所以接下來要根據你會經常使用的功能來分解它。

## 算繪內容

算繪內容時通常會使用 `res.render`,它會在 layout 中算繪 view,提供最大價值。有時你可能想要寫一個簡單的測試網頁,所以如果你只想要做一個測試網頁,你可能使用 `res.send`。你可能使用 `req.query` 來取得查詢字串值,用 `req.session` 來取得 session 值,或使用 `req.cookie`/`req.signedCookies` 來取得 cookie。範例 6-1 至範例 6-8 展示常見的內容算繪任務。

範例 6-1　基本用法(*ch06/02-basic-rendering.js*)

```
// 基本用法
app.get('/about', (req, res) => {
  res.render('about')
})
```

範例 6-2　除了 200 之外的回應碼(*ch06/03-different-response-codes.js*)

```
app.get('/error', (req, res) => {
  res.status(500)
  res.render('error')
})
```

```
// 或是用一行…

app.get('/error', (req, res) => res.status(500).render('error'))
```

範例 6-3　將內容傳給 *view*，包括查詢字串、*cookie* 和 *session* 值（*ch06/04-view-with-content.js*）

```
app.get('/greeting', (req, res) => {
  res.render('greeting', {
    message: 'Hello esteemed programmer!',
    style: req.query.style,
    userid: req.cookies.userid,
    username: req.session.username
  })
})
```

範例 6-4　算繪沒有 *layout* 的 *view*（*ch06/05-view-without-layout.js*）

```
// 下面的 layout 沒有 layout 檔，
// 所以 views/no-layout.handlebars 必須包含所有必要的 HTML
app.get('/no-layout', (req, res) =>
  res.render('no-layout', { layout: null })
)
```

範例 6-5　算繪有自訂 *layout* 的 *view*（*ch06/06-custom-layout.js*）

```
// 使用 layout 檔 views/layouts/custom.handlebars
app.get('/custom-layout', (req, res) =>
  res.render('custom-layoul', { layout: 'custom' })
)
```

範例 6-6　算繪純文字輸出（*ch06/07-plaintext-output.js*）

```
app.get('/text', (req, res) => {
  res.type('text/plain')
  res.send('this is a test')
})
```

範例 6-7　加入錯誤處理式（*ch06/08-error-handler.js*）

```
// 這應該放在所有的路由「之後」
// 注意，即使你不需要「next」函式，你也要
// 加入它，好讓 Express 可以認出它是錯誤處理式
app.use((err, req, res, next) => {
```

```
      console.error('** SERVER ERROR: ' + err.message)
      res.status(500).render('08-error',
        { message: "you shouldn't have clicked that!" })
  })
```

範例 6-8　加入 404 處理式（*ch06/09-custom-404.js*）

```
// 這應該放在所有的路由「之後」
app.use((req, res) =>
  res.status(404).render('404')
)
```

## 處理表單

當你處理表單時，來自表單的資訊通常在 `req.body` 裡面（偶爾在 `req.query` 裡面）。你可以使用 `req.xhr` 來確定請求究竟是個 Ajax 請求，還是瀏覽器請求（第 8 章會探討）。見範例 6-9 至範例 6-10。在接下來的例子中，你需要連接內文解析中介函式：

```
const bodyParser = require('body-parser')
app.use(bodyParser.urlencoded({ extended: false }))
```

第 8 章會進一步介紹內文解析中介函式。

範例 6-9　基本表單處理（*ch06/10-basic-form-processing.js*）

```
app.post('/process-contact', (req, res) => {
  console.log(`received contact from ${req.body.name} <${req.body.email}>`)
  res.redirect(303, '10-thank-you')
})
```

範例 6-10　比較穩健的表單處理（*ch06/11-more-robust-form-processing.js*）

```
app.post('/process-contact', (req, res) => {
  try {
    // 我們在這裡試著將 contact 存至資料庫或
    // 其他持久保存機制…目前我們只模擬一個錯誤
    if(req.body.simulateError) throw new Error("error saving contact!")
    console.log(`contact from ${req.body.name} <${req.body.email}>`)
    res.format({
      'text/html': () => res.redirect(303, '/thank-you'),
      'application/json': () => res.json({ success: true }),
    })
  } catch(err) {
    // 在這裡處理任何持久保存失敗
    console.error(`error processing contact from ${req.body.name} ` +
```

```
        `<${req.body.email}>`)
      res.format({
        'text/html': () =>  res.redirect(303, '/contact-error'),
        'application/json': () => res.status(500).json({
          error: 'error saving contact information' }),
      })
    }
  })
```

# 提供 API

當你提供 API 時，如同處理表單，參數通常在 req.query 裡面，不過你也可以使用 req.body。處理 API 不同的地方在於你通常會回傳 JSON、XML 甚至純文字，而不是 HTML，而且不會經常使用常見的 HTTP 方法，例如 PUT、POST 和 DELETE。第 15 章會介紹如何提供 API。範例 6-11 至範例 6-12 使用下列的「產品」陣列（通常是從資料庫取出的）：

```
const tours = [
  { id: 0, name: 'Hood River', price: 99.99 },
  { id: 1, name: 'Oregon Coast', price: 149.95 },
]
```

 端點（*endpoint*）這個詞通常代表 API 裡面的單一功能。

範例 *6-11*　只回傳 *JSON* 的簡單 *GET* 端點（*ch06/12-api.get.js*）

```
app.get('/api/tours', (req, res) => res.json(tours))
```

範例 6-12 使用 Express 的 res.format 方法來根據用戶端的偏好設定來回應。

範例 *6-12*　回傳 *JSON*、*XML* 或文字的 *GET* 端點（*ch06/13-api-json-xml-text.js*）

```
app.get('/api/tours', (req, res) => {
  const toursXml = '<?xml version="1.0"?><tours>' +
    tours.map(p =>
      `<tour price="${p.price}" id="${p.id}">${p.name}</tour>`
    ).join('') + '</tours>'
  const toursText = tours.map(p =>
    `${p.id}: ${p.name} (${p.price})`
    ).join('\n')
  res.format({
```

```
        'application/json': () => res.json(tours),
        'application/xml': () => res.type('application/xml').send(toursXml),
        'text/xml': () => res.type('text/xml').send(toursXml),
        'text/plain': () => res.type('text/plain').send(toursXml),
    })
  })
```

在範例 6-13 中，PUT 端點會更新一個產品並回傳 JSON。參數是放在請求內文中傳遞的
（路由字串中的 :id 會要求 Express 在 req.params 加入 id 屬性）。

*範例 6-13    用來更新的 PUT 端點（ch06/14-api-put.js）*

```
app.put('/api/tour/:id', (req, res) => {
  const p = tours.find(p => p.id === parseInt(req.params.id))
  if(!p) return res.status(404).json({ error: 'No such tour exists' })
  if(req.body.name) p.name = req.body.name
  if(req.body.price) p.price = req.body.price
  res.json({ success: true })
})
```

最後，範例 6-14 是 DELETE 端點。

*範例 6-14    用於刪除的 DELETE 端點（ch06/15-api-del.js）*

```
app.delete('/api/tour/:id', (req, res) => {
  const idx = tours.findIndex(tour => tour.id === parseInt(req.params.id))
  if(idx < 0) return res.json({ error: 'No such tour exists.' })
  tours.splice(idx, 1)
  res.json({ success: true })
})
```

## 總結

希望本章的小範例可以讓你感受一下 Express app 中常見的功能。這些例子只是為了讓
你複習的快速參考。

在下一章，我們要更深入瞭解製模，本章的算繪範例已經稍微介紹它了。

# 第七章

# Handlebars 製模

本章將探討**製模**（*templating*），這是一種建構和格式化內容來顯示給用戶觀看的技術。製模可以說是從形式信函（form letter）演變過來的；「親愛的 [ 人名 ]：很抱歉通知您，現在已經沒有人使用 [ 過時的技術 ] 了，但製模仍然有效且正常！」如果你要把這封信寄給一群人，你只要將 [ 人名 ] 和 [ 過時的技術 ] 換掉即可。

這個將欄位換掉的技術有時稱為插值（*interpolation*），它在這個背景之下只是「提供欠缺的資訊」的花俏術語。

雖然 React、Angular 與 Vue 等前端框架正在迅速取代伺服器端製模，但伺服器端製模仍然有些用途，例如建立 HTML email。此外，Angular 和 Vue 都使用模板形式的做法來編寫 HTML，所以你學到的伺服器端製模技術也可以轉換到這些前端框架。

如果你有 PHP 背景，你可能會問何必這樣小題大做？因為 PHP 是第一種可真正視為製模語言的語言之一。雖然幾乎所有主流語言都已經為 web 加入某種形式的製模支援了，但是現在不同的地方在於，**製模引擎**已經和語言分離了。

那麼，製模究竟長怎樣？我們先來瞭解製模替換的是什麼。首先，我們看一下如何用最清楚且最直接的方式用一種語言產生另一種語言（具體來說，我們要用 JavaScript 產生 HTML）：

```
document.write('<h1>Please Don\'t Do This</h1>')
document.write('<p><span class="code">document.write</span> is naughty,\n')
document.write('and should be avoided at all costs.</p>')
document.write('<p>Today\'s date is ' + new Date() + '.</p>')
```

也許它看起來「很清楚」的唯一原因是它就是我們學習編寫程式的方式：

```
10 PRINT "Hello world!"
```

在命令式語言中，我們習慣說「做這件事，接著做那件事，接著做其他事。」這種做法很適合處理某些事情，如果你用 500 行 JavaScript 來執行複雜的計算，最後產生單一數字，而且每一個步驟都需要前一個步驟，這種做法是可行的。但如果不是這樣呢？假如你有 500 行 HTML 與 3 行 JavaScript，此時撰寫 document.write 500 次合理嗎？完全不合理。

事實上，問題的根源在於「切換背景非常麻煩」，將大量的 JavaScript 和 HTML 混合在一起不但很不方便，也令人困惑。另一種做法是在 <script> 裡面編寫 JavaScript，雖然看起來好一些，但是這樣也有背景切換。無論你編寫 HTML，還是在 <script> 裡面編寫 JavaScript 都是如此。用 JavaScript 輸出 HTML 有很多問題：

- 你要關心哪些字元必須轉義（escape），以及怎麼做這件事。

- 使用 JavaScript 來產生包含 JavaScript 的 HTML 很快就會讓你失去理智。

- 你通常會失去編輯器提供的語法突顯和其他方便的語言專屬功能。

- 更難認出畸形的 HTML。

- 程式碼很難直觀地解析。

- 別人更難瞭解你的程式碼。

製模可以解決這些問題，因為它可以讓你使用目標語言來編寫，也可以讓你插入動態資料。我們用 Mustache 模板來改寫上面的例子：

```
<h1>Much Better</h1>
<p>No <span class="code">document.write</span> here!</p>
<p>Today's date is {{today}}.</p>
```

現在我們只要提供 {{today}} 的值就可以了，這就是製模語言的主要目的。

## 絕對的規則只有這一條

我不是說你*永遠*不*要*用 JavaScript 撰寫 HTML，而是你應該盡量避免這樣做。具體來說，在前端程式中這樣做比較可行，尤其是當你使用穩健的前端框架時。例如，我對這種寫法沒什麼意見：

```
document.querySelector('#error').innerHTML =
  'Something <b>very bad</b> happened!'
```

但是，如果它後來變成這樣：

```
document.querySelector('#error').innerHTML =
  '<div class="error"><h3>Error</h3>' +
  '<p>Something <b><a href="/error-detail/' + errorNumber +
  '">very bad</a></b> ' +
  'happened.  <a href="/try-again">Try again<a>, or ' +
  '<a href="/contact">contact support</a>.</p></div>'
```

我就認為使用模板的時候到了。重點是，你應該養成良好的判斷力，在「在字串中使用 HTML」和「使用模板」之間畫下一條明確的界限。但是我比較喜歡使用模板，並且避免使用 JavaScript 來產生 HTML，除非是最簡單的情況。

# 選擇模板引擎

在 Node 世界中，你可以使用很多種模板引擎，如何選擇？這是個複雜的問題，在很大程度上取決於你的需求。不過，你可以考慮一些準則：

性能

顯然你希望模板引擎越快越好。你不希望它降低網站的速度。

用戶端、伺服器，還是兩者？

大多數（但非全部）的製模引擎都可以在伺服器和用戶端上使用。如果你需要在這兩個地方使用模板（你會的），建議你選擇在這兩個地方都具備相同功能的引擎。

抽象

你喜歡使用熟悉的東西（例如，長得像一般的 HTML，裡面有大括號），還是私底下很討厭 HTML，喜歡可以把那些角括號藏起來的選項？製模（尤其是伺服器端製模）提供你一些選擇。

這些只是選擇製模語言時，比較明顯的一些標準。現在製模引擎已經相當成熟了，無論你選擇哪一種應該都不會有太大的失誤。

Express 可讓你使用任何一種製模引擎,所以如果你不喜歡 Handlebars,你可以輕鬆地換掉它。如果你想要瞭解有哪些選項,你可以使用有趣且實用的 Template-Engine-Chooser(*http://bit.ly/2CExtK0*)(雖然它現在不再更新了,但它仍然很實用)。

在討論 Handlebars 之前,我們來看一種特別抽象的製模引擎。

# Pug:一種不同的做法

大部分的製模引擎都採取以 HTML 為中心的做法,但 Pug 特立獨行,將 HTML 的細節抽象化了。值得一提的是,Pug 也是 Express 的作者 TJ Holowaychuk 的作品。不奇怪的是,Pug 和 Express 的整合做得非常好。Pug 採取高尚的做法:它打心裡認為親手編寫 HTML 是一種繁瑣且沉悶的工作。我們來看一下 Pug 模板長怎樣,以及它輸出的 HTML(來自 Pug 首頁(*https://pugjs.org*),並且稍作修改,使其符合本書的格式):

```
doctype html
html(lang="en")
  head
    title= pageTitle
    script.
      if (foo) {
        bar(1 + 5)
      }
  body

    h1 Pug
    #container
      if youAreUsingPug
        p You are amazing
      else
        p Get on it!
      p.
        Pug is a terse and
        simple templating
        language with a
        strong focus on
        performance and
        powerful features.
```

```
<!DOCTYPE html>
<html lang="en">
<head>
<title>Pug Demo</title>
<script>
    if (foo) {
        bar(1 + 5)
    }
</script>
<body>
<h1>Pug</h1>
<div id="container">

<p>You are amazing</p>


<p>
  Pug is a terse and
  simple templating
  language with a
  strong focus on
  performance and
  powerful features.
</p>
</body>
</html>
```

Pug 顯然省下很多打字動作（沒有角括號與結束標籤了）。它採取縮排與一些常識性的規則，讓你更容易表達你的意思。Pug 還有一項優點：理論上，當 HTML 本身改變時，你可以直接讓 Pug 重新指向最新版的 HTML，可防止內容過時。

儘管我欣賞 Pug 的理念與執行上的優雅，但我不希望 HTML 的細節被抽象化。作為一位 web 開發者，HTML 是我的每項工作的核心，如果使用它的代價是把角括號從我的鍵盤移除，那就算了。我認識的許多前端開發者都有同樣的感受，或許這個世界還沒做好接納 Pug 的準備。

所以，我們在此跟 Pug 說再見，你接下來不會看到它了。但是如果你喜歡這種抽象，你當然可以同時使用 Pug 和 Express，外面也有很多資源可以協助你。

# Handlebars 基本知識

*Handlebars* 是另一種流行的製模引擎 Mustache 的擴展引擎。我推薦 Handlebars 是因為它可以和 JavaScript 輕鬆整合（包括前端與後端），以及它有熟悉的語法。對我來說，它取得所有正確的平衡，這也是本書的重點。不過，我們討論的概念也可以廣泛地用在其他的製模引擎，所以如果你不喜歡 Handlebars，你也可以嘗試別的製模引擎。

瞭解製模的關鍵在於瞭解 *context*（背景）的概念。當你算繪一個模板時，你要將一個稱為 *context* 物件的東西傳給模板引擎，它是讓替換得以進行的原因。

例如，如果 context 物件是

```
{ name: 'Buttercup' }
```

而且模板是

```
<p>Hello, {{name}}!</p>
```

那麼 {{name}} 會被換成 Buttercup。如果你想要傳遞 HTML 給模板呢？例如，如果將 context 改成

```
{ name: '<b>Buttercup</b>' }
```

那麼使用上面的模板會產生 `<p>Hello, &lt;b&gt;Butter cup&lt;b&gt;</p>`，它應該不是你要的東西。你只要使用三個大括號，而不是兩個，就可以解決這個問題了：{{{name}}}。

我們已經知道必須避免在 JavaScript 中編寫 HTML 了，但「使用三個大括號來關閉 HTML 轉義」這項功能還有一些重要的用途。例如，如果你要用「所見即所得（WYSIWYG）」編輯器來建立內容管理系統（CMS），你應該希望能夠傳遞 HTML 給 view。此外，對 *layout* 與 *section* 來說，算繪 context 的屬性且不使用 HTML 轉義非常重要，你很快就會看到。

我們可以從圖 7-1 知道 Handlebars 如何使用 context（橢圓形）和模板的組合來算繪 HTML。

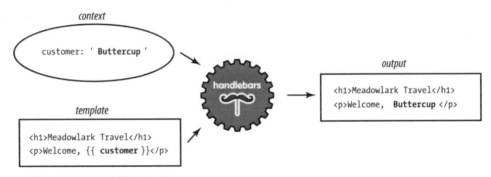

圖 7-1　用 Handlebars 來算繪 HTML

## 註釋

Handlebars 的註釋長得像 `{! comment goes here }}`。瞭解 Handlebars 的註釋與 HTML 的註釋之間的差異非常重要。考慮這個模板：

```
{{! super-secret comment }}
<!-- 不太機密的註釋 -->
```

如果這是個伺服器端模板，極機密的註釋永遠不會被傳給瀏覽器，但是當用戶查看 HTML 原始碼時，不太機密的註釋就會被看到。你應該盡量使用 Handlebars 註釋來編寫任何公開實作細節的資訊，或你不想要公開的任何東西。

## 區塊

當你開始考慮區塊（*block*）時，事情就開始複雜了。區塊提供流程控制、條件執行，以及擴展能力。考慮下面的 context 物件：

```
{
  currency: {
    name: 'United States dollars',
    abbrev: 'USD',
  },
  tours: [
    { name: 'Hood River', price: '$99.95' },
    { name: 'Oregon Coast', price: '$159.95' },
  ],
  specialsUrl: '/january-specials',
  currencies: [ 'USD', 'GBP', 'BTC' ],
}
```

接著是一個可以傳入 context 的模板：

```
<ul>
  {{#each tours}}
    {{! I'm in a new block...and the context has changed }}
    <li>
      {{name}} - {{price}}
      {{#if ../currencies}}
        ({{../currency.abbrev}})
      {{/if}}
    </li>
  {{/each}}
</ul>
{{#unless currencies}}
  <p>All prices in {{currency.name}}.</p>
{{/unless}}
{{#if specialsUrl}}
  {{! I'm in a new block...but the context hasn't changed (sortof) }}
  <p>Check out our <a href="{{specialsUrl}}">specials!</p>
{{else}}
  <p>Please check back often for specials.</p>
{{/if}}
<p>
  {{#each currencies}}
    <a href="#" class="currency">{{.}}</a>
  {{else}}
    Unfortunately, we currently only accept {{currency.name}}.
  {{/each}}
</p>
```

這個模板裡面發生了很多事情，我們來分解一下。程式開頭有個 each helper，它可以迭代陣列。重點在於，在 {{#each tours}} 和 {{/each tours}} 之間，context 有改變，在第一回，它變成 { name: 'Hood River', price: '$99.95' }，在第二回，context 是 { name: 'Oregon Coast', price: '$159.95' }。所以在那個區塊裡面，我們可以引用 {{name}} 和 {{price}}，但是，如果我們想要存取當前的物件，我們就必須使用 ../ 來存取父 context。

如果 context 屬性本身是個物件，我們可以用句點來存取它的屬性，例如 {{currency.name}}。

if 與 each 都有選用的 else 區塊（使用 each 時，如果陣列裡面沒有元素，else 區塊就會執行）。我們也用了 unless helper，它基本上是 if helper 的相反：它只會在引數是 false 時執行。

關於這個模板的最後一件事是在 {{#each currencies}} 區塊裡面使用的 {{.}}。{{.}} 代表當前的 context；在這個例子中，當前的 context 單純是我們想要印出來的陣列裡面的字串。

 用一個句點來存取當前的 context 有另一個用途：它可以區分 helper（很快就會介紹）與當前的 context 的屬性。例如，如果你有個 helper 稱為 foo，在當前的 context 也有一個屬性稱為 foo，{{foo}} 代表 helper，{{./foo}} 代表屬性。

## 伺服器端模板

**伺服器端模板**可讓你先算繪 HTML 再將它送給用戶端。知道如何查看 HTML 原始碼的用戶可以查看用戶端模板，但是你的用戶絕對無法看到伺服器端模板，以及用來產生最終 HTML 的 context 物件。

伺服器端模板除了可以隱藏實作細節之外，也支援模板**快取**，這對性能來說非常重要。製模引擎會快取編譯過的模板（當模板本身改變時才會重新編譯與重新快取），可改善模板化的 view 的性能。在預設情況下，view 快取在開發模式之下是停用的，在生產模式之下是啟用的。你也可以明確地啟用 view 快取：

```
app.set('view cache', true)
```

Express 內定支援 Pug、EJS 和 JSHTML。因為我們已經介紹過 Pug 了，所以我不太想推薦 EJS 和 JSHTML（它們的語法都不符合我的口味）。所以我們要加入一個 Node 程式包，來讓 Express 可以使用 Handlebars：

```
npm install express-handlebars
```

接著將它連接到 Express 裡面（本書程式存放區的 *ch07/00/meadowlark.js*）：

```
const expressHandlebars = require('express-handlebars')
app.engine('handlebars', expressHandlebars({
  defaultLayout: 'main',
}))
app.set('view engine', 'handlebars')
```

 express-handlebars 期 望 Handlebars 模 板 使 用 *.handlebars* 副 檔 名。我已經習慣使用它了，但如果你覺得它太長了，你可以在建立 express-handlebars 實例時，將副檔名改成也很常見的 *.hbs*：app. engine('handlebars', expressHandlebars({ extname: '.hbs' }))。

## view 與 layout

一個 *view* 通常代表網站的單一網頁（不過它也可以代表網頁、email 或任何其他東西之中，以 Ajax 載入的部分）。在預設情況下，Express 會在 *views* 子目錄裡面尋找 view。*layout* 是一種特殊的 view，基本上，它就是模板的模板。layout 非常重要，因為網站的大部分（或全部）網頁都有幾乎一模一樣的版面配置。例如，它們必須有個 <html> 元素與一個 <title> 元素，它們通常都載入同一組 CSS 檔案等。我們不想在每一個網頁裡面重複使用那些程式碼，所以要使用 layout。我們來看一個基本的 layout 檔案：

```
<!doctype html>
<html>
  <head>
    <title>Meadowlark Travel</title>
    <link rel="stylesheet" href="/css/main.css">
  </head>
  <body>
    {{{body}}}
  </body>
</html>
```

注意在 <body> 標籤裡面的文字：{{{body}}}，它可讓 view 引擎知道要在哪裡算繪 view 的內容。使用三個大括號而不是兩個很重要：我們的 view 很有可能包含 HTML，但我們不希望 Handlebars 試著轉義它。你可以將 {{{body}}} 欄位放在任何地方。例如，如果你要在 Bootstrap 裡面建立一個反應靈敏的 layout，你應該會將 view 放在 <div> 裡面。此外，頁首（header）與頁尾（footer）等常見的網頁元素通常在 layout 裡面，不是在 view 裡面。舉例：

```
<!-- ... -->
<body>
  <div class="container">
    <header>
      <div class="container">
        <h1>Meadowlark Travel</h1>
        <img src="/img/logo.png" alt="Meadowlark Travel Logo">
      </div>
    </header>
    <div class="container">
      {{{body}}}
    </div>
    <footer>&copy; 2019 Meadowlark Travel</footer>
  </div>
</body>
```

圖 7-2 展示模板引擎如何結合 view、layout 與 context。這張圖清楚地展示一件重要的事情：作業順序。*view* 會在 layout 之前**先被算繪**。乍看之下，這個順序有點奇怪：既然 view 是在 layout **裡面**算繪的，為什麼不先算繪 layout？雖然在技術上可以這樣做，但採取反向的做法有很多好處。特別是，它可讓 view 本身進一步自訂 layout，這在我們稍後討論 *section* 時很方便。

因為這種作業順序，你可以將一種稱為 body 的屬性傳入 view，它會在 view 裡面正確地算繪。但是，當 layout 被算繪時，body 的值會被算繪出來的 view 覆寫。

## 在 Express 中使用（或不使用）layout

你的網頁極可能大部分（或全部）都會使用同一個 layout，所以不需要在每一次算繪 view 時都指定 layout。你將會看到，當我們建立 view 引擎時，我們會指定預設 layout 的名稱：

**第 1 步：算繪 view**

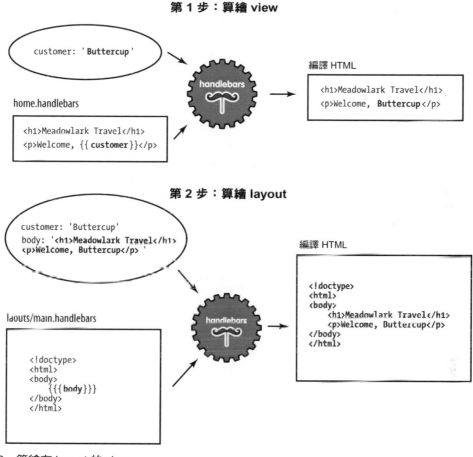

**第 2 步：算繪 layout**

圖 7-2　算繪有 layout 的 view

```
app.engine('handlebars', expressHandlebars({
  defaultLayout: 'main',
}))
```

在預設情況下，Express 會在 *views* 子目錄裡面尋找 view，在 *views/layouts* 裡面尋找 layout。所以如果你有一個 view *views/foo.handlebars*，你可以這樣子算繪它：

```
app.get('/foo', (req, res) => res.render('foo'))
```

它會將 *views/layouts/main.handlebars* 當成 layout。如果你完全不想要使用 layout（也就是說你必須在 view 裡面使用所有相同的程式碼（boilerplate）），你可以在 context 物件中指定 `layout: null`：

```
app.get('/foo', (req, res) => res.render('foo', { layout: null }))
```

或者，如果你想要使用不同的模板，你可以指定模板名稱：

```
app.get('/foo', (req, res) => res.render('foo', { layout: 'microsite' }))
```

它會用 *views/layouts/microsite.handlebars* layout 來算繪 view。

請記得，模板越多，你要維護的基本 HTML layout 就越多。另一方面，如果你有很多網頁有不同的 layout，這種做法可能值得採用，你要找到適合專案的平衡點。

## section

*section* 是我從 Microsoft 的 *Razor* 模板引擎借來的技術。如果所有 view 都在 layout 的一個元素裡面整齊地排列，layout 很方便，但如果 view 需要將它自己注入 layout 的多個不同部分呢？有一種常見的情況是 view 需要在 `<head>` 元素裡面加入一些東西，或插入 `<script>`，這通常是在 layout 裡面做的最後一件事，為了提升性能。

對此，Handlebars 與 `express-handlebars` 都沒有內建的做法。幸好你可以用 Handlebars helper 輕鬆地做到。我們在實例化 Handlebars 物件時，加入一個稱為 `section` 的 helper（本書程式存放區的 *ch07/01/meadowlark.js*）：

```
app.engine('handlebars', expressHandlebars({
  defaultLayout: 'main',
  helpers: {
    section: function(name, options) {
      if(!this._sections) this._sections = {}
      this._sections[name] = options.fn(this)
      return null
    },
  },
}))
```

接著我們可以在 view 裡面使用 section helper。我們添加一個 view（*views/sectiontest.handlebars*），在 `<head>` 與腳本中加入一些東西：

```
{{#section 'head'}}
  <!-- 我們希望 Google 忽略這個網頁 -->
  <meta name="robots" content="noindex">
```

```
{{/section}}

<h1>Test Page</h1>
<p>We're testing some script stuff.</p>

{{#section 'scripts'}}
  <script>
    document.querySelector('body')
      .insertAdjacentHTML('beforeEnd', '<small>(scripting works!)</small>')
  </script>
{{/section}}
```

現在在 layout 裡面，我們可以像放入 {{{body}}} 一樣放入 section：

```
{{#section 'head'}}
  <!-- 我們希望 Google 忽略這個網頁 -->
  <meta name="robots" content="noindex">
{{/section}}

<h1>Test Page</h1>
<p>We're testing some script stuff.</p>

{{#section 'scripts'}}
  <script>
    const div = document.createElement('div')
    div.appendChild(document.createTextNode('(scripting works!)'))
    document.querySelector('body').appendChild(div)
  </script>
{{/section}}
```

# partial

有一些元件需要在不同的網頁中重複使用（在前端環境有時稱為 *widget*）。用模板做這件事的其中一種方式是使用 *partial*（使用這個名稱是因為它們不會算繪整個 view 或整個網頁）。假設我們要讓 Current Weather 元素顯示 Portland、Bend 和 Manzanita 目前的天氣狀況。因為我們希望這個元件可以重複使用，以便將它放在任何網頁上，所以我們將使用 partial。首先，我們建立一個 partial 檔，*views/partials/weather.handlebars*：

```
<div class="weatherWidget">
  {{#each partials.weatherContext}}
    <div class="location">
      <h3>{{location.name}}</h3>
      <a href="{{location.forecastUrl}}">
        <img src="{{iconUrl}}" alt="{{weather}}">
```

```
      {{weather}}, {{temp}}
    </a>
  </div>
{{/each}}
<small>Source: <a href="https://www.weather.gov/documentation/services-web-api">
  National Weather Service</a></small>
</div>
```

注意，我們用 partials.weatherContext 來當成 context 的名稱空間。因為我們希望可以在任何一個網頁使用 partial，所以無法幫每一個 view 傳遞 context，因此我們使用 res.locals（讓每一個 view 都可以使用它）。但是因為我們不想干擾個別的 view 指定的 context，所以我們將所有 partial context 放入 partials 物件。

 express-handlebars 可以讓你將 partial 模板當成 context 的一部分傳入。例如，將 partials.foo = "Template!" 加入 context 之後，你可以用 {{> foo}} 算繪這個 partial。這種用法會覆寫任何 *.handlebars* view 檔，這正是我們之前使用 partials.weatherContext 而不是 partials.weather 的原因，它會覆寫 *views/partials/weather.handlebars*。

在第 19 章，我們將瞭解如何從免費的 National Weather Service API 取得氣象資訊。目前我們先使用一個稱為 getWeatherData 的函式回傳的假資料。

在這個例子中，我們希望這個氣象資料可讓任何 view 使用，為此，最佳的機制是中介函式（我們將在第 10 章探討）。我們的中介函式會將天氣資料注入 res.locals.partials 物件，讓它成為 partial 的 context。

為了更容易測試中介函式，我們將它放在我們自己的檔案，*lib/middleware/weather.js*（本書程式存放區的 *ch07/01/lib/middleware/weather.js*）：

```
const getWeatherData = () => Promise.resolve([
  {
    location: {
      name: 'Portland',
      coordinates: { lat: 45.5154586, lng: -122.6793461 },
    },
    forecastUrl: 'https://api.weather.gov/gridpoints/PQR/112,103/forecast',
    iconUrl: 'https://api.weather.gov/icons/land/day/tsra,40?size=medium',
    weather: 'Chance Showers And Thunderstorms',
    temp: '59 F',
  },
```

```
  {
    location: {
      name: 'Bend',
      coordinates: { lat: 44.0581728, lng: -121.3153096 },
    },
    forecastUrl: 'https://api.weather.gov/gridpoints/PDT/34,40/forecast',
    iconUrl: 'https://api.weather.gov/icons/land/day/tsra_sct,50?size=medium',
    weather: 'Scattered Showers And Thunderstorms',
    temp: '51 F',
  },
  {
    location: {
      name: 'Manzanita',
      coordinates: { lat: 45.7184398, lng: -123.9351354 },
    },
    forecastUrl: 'https://api.weather.gov/gridpoints/PQR/73,120/forecast',
    iconUrl: 'https://api.weather.gov/icons/land/day/tsra,90?size=medium',
    weather: 'Showers And Thunderstorms',
    temp: '55 F',
  },
])

const weatherMiddleware = async (req, res, next) => {
  if(!res.locals.partials) res.locals.partials = {}
  res.locals.partials.weatherContext = await getWeatherData()
  next()
}

module.exports = weatherMiddleware
```

完成設定之後，我們要在 view 裡面使用 partial。例如，我們編輯 *views/home.handlebars* 來將 widget 放到首頁：

```
<h2>Home</h2>
{{> weather}}
```

{{> partial_name}} 語法可以在 view 裡面放入 partial：express-handlebars 知道要在 *views/partials* 裡面尋找一個稱為 *partial_name.handle-bars* 的 view（或在我們的例子中，它是 *weather.handlebars*）。

 express-handlebars 支援子目錄，所以如果你有許多 partial，你可以用子目錄來安排它們。例如，如果你有一些社交媒體 partial，你可以將它們放入 *views/partials/social* 目錄，並使用 {{> social/facebook}}, {{> social/twitter}} 來加入它們。

## 完善你的模板

模板是網站的核心。好的模板結構可以節省開發時間，促進網站的一致性，並且減少 layout 怪癖（quirk）可以藏匿的地方。但是你必須花一些時間仔細地建構模板才可以取得這些好處。決定該使用多少模板是一門藝術，一般來說，越少越好，但也有一個收益拐點，這取決於網頁之間的一致性。模板也是抵禦跨瀏覽器相容問題以及 HTML 有效性的第一道防線。它們應該由精通前端開發的人員負責精心製作和維護。HTML5 Boilerplate（*http://html5boilerplate.com*）是很棒的入門資源（尤其是你剛開始學習時）。在之前的例子中，為了符合這本書的格式，我們用了一個精簡的 HTML5 模板，但是在實際的專案中，我們會使用 HTML5 Boilerplate。

開啟你的模板旅程的另一個熱門地點是第三方主題（theme）。Themeforest（*http://bit.ly/34Tdkfj*）與 WrapBootstrap（*https://wrapbootstrap.com*）等網站有上百個立即可用的 HTML5 主題，你可以將它們當成你使用模板的起點。在使用第三方主題時，你要先取得主檔（通常是 *index.html*），將它改名為 *main.handlebars*（或是看你要怎樣稱呼你的 layout 檔），並將任何資源（CSS、JavaScript、圖像）放在公開的靜態檔案目錄內，接著編輯模板檔，看看要在哪裡放入 {{{body}}}。

你可能要將一些資源移入 partial，取決於模板的元素。*hero* 是一個很棒的例子（一種用來吸引用戶注意力的高大橫幅），如果每一個網頁都有 hero（應該不是好的設計），你就要把 hero 放入模板檔案。如果它只出現在一個網頁上（通常是首頁），它就只應該待在那個 view 裡面。如果它出現在一些（但不是全部）網頁上，你可能要將它放入 partial。選擇權在你，這是製作獨特、迷人網站的一門藝術。

## 總結

我們看了模板如何讓我們更容易撰寫、閱讀和維護程式碼。因為有模板，我們不必費力地用 JavaScript 字串拼湊 HTML；我們可以在喜愛的編輯器裡面編寫 HTML，並且使用紮實且易讀的製模語言來讓它有動態的性質。

知道如何將內容格式化來顯示之後，我們要把目光轉向如何用 HTML 表單讓系統接收資料。

# 第八章

# 表單處理

要收集用戶資訊，最常見的做法是使用 HTML 表單。無論你採取一般的做法讓瀏覽器提交表單，還是使用 Ajax 或花俏的前端控制項，它們底層的機制都是個 HTML 表單。在這一章，我們要探討各種表單處理、表單驗證和檔案上傳方法。

## 將用戶端資料傳給伺服器

一般來說，將用戶端資料傳給伺服器的方式有兩種：使用查詢字串或請求內文。如果你使用查詢字串，通常你會發出一個 GET 請求，如果你使用請求內文，你會使用 POST 請求（雖然 HTTP 協定沒有規定你不能用另一種方式做這兩件事情，但那樣做沒有意義：此時最好按照標準實踐法做事）。

很多人以為 POST 是安全的，GET 不是，其實如果你使用 HTTPS，它們都是安全的，不使用 HTTPS 就都不安全。如果你不使用 HTTPS，入侵者窺探 POST 的內文資料和窺探 GET 請求的查詢字串一樣簡單。但是當你使用 GET 請求時，用戶就可以在查詢字串中看到他們的所有輸入（包括隱藏欄位），既不美觀且雜亂。此外，瀏覽器通常會限制查詢字串長度（但不限制內文長度）。因此，我建議使用 POST 來進行表單提交。

# HTML 表單

雖然本書的重點是伺服器端，但瞭解一些關於建構 HTML 表單的基本知識也很重要。看一下這個簡單的例子：

```
<form action="/process" method="POST">
    <input type="hidden" name="hush" val="hidden, but not secret!">
    <div>
        <label for="fieldColor">Your favorite color: </label>
        <input type="text" id="fieldColor" name="color">
    </div>
    <div>
        <button type="submit">Submit</button>
    </div>
</form>
```

注意，我們在 `<form>` 標籤裡面明確地將 method 設為 POST。action 屬性是將會接收被 post 出去的表單的 URL。如果你省略這個欄位，表單會被送到載入表單的同一個 URL。我建議你一定要提供有效的 action，即使使用 Ajax（為了避免你遺失資料，詳情見第 22 章）。

從伺服器的觀點來看，在 `<input>` 欄位裡面最重要的屬性是 name 屬性：伺服器會用它們來辨認欄位。切記，name 屬性與 id 屬性不一樣，後者只能用於樣式設定和前端功能（不會被傳給伺服器）。

特別注意隱藏（hidden）欄位，雖然它不會被算繪在用戶的瀏覽器上，但是不要用它來處理機密或敏感資訊，否則用戶只要查看網頁原始碼就可以看到隱藏欄位了。

HTML 沒有規定你不能在同一個網頁使用多個表單（很遺憾有一種早期的伺服器框架有這個限制，ASP，就是你）。建議你讓表單的邏輯保持一致；表單應該包含你想要一次提交的所有欄位（選用 / 空的欄位也 OK），並且沒有你不想提交的欄位。如果你要在一個網頁做兩個不同的動作，你就要使用兩個不同的表單。例如用一個表單來進行網站搜尋，另一個表單來註冊新聞 email。你也可以用一個大型的表單，並且根據哪個按鈕被按下來決定該採取哪一種行動，但是這種做法對身障人士來說不太方便（由於無障礙瀏覽器算繪表單的方式）。

當用戶提交這個範例的表單時，/process URL 就會被呼叫，欄位值會被放在請求內文中傳給伺服器。

# 編碼

當表單被提交出去時（無論是被瀏覽器還是用 Ajax），它必須以某種方式編碼。如果你沒有明確地指定編碼類型，它就會使用 application/x-www-form-urlencoded（這只是個很長的媒體類型，代表「URL 已編碼」）。它是 Express 內建支援的一種基本的、容易使用的編碼類型。

上傳檔案比較麻煩。你無法用 URL 編碼輕鬆地傳送檔案，必須使用 multipart/form-data 編碼類型，Express 可以直接處理它。

# 不同的表單處理做法

如果你不使用 Ajax，你唯一的選擇就是用瀏覽器送出表單，它會重新載入網頁，但是網頁如何重新載入是由你決定的。處理表單時必須考慮兩件事：用哪個路徑處理這個表單（或動作），以及要將哪個回應送給瀏覽器。

如果你的表單使用 method="POST"（建議），我們通常使用同一個路徑來顯示表單與處理表單：因為前者是 GET 請求，後者是 POST 請求，所以兩者是可以區分的。如果你採取這種做法，你可以省略表單的 action 屬性。

另一個選項是使用單獨的路徑來處理表單。例如，如果你的聯繫（contact）網頁使用路徑 /contact，或許你可以使用路徑 /process-contact 來處理表單（藉著指定 action="/process-contact"）。當你使用這種做法時，你可以用 GET 來提交表單（但我不建議，這會沒必要地在 URL 公開表單欄位）。如果有多個 URL 使用同一個提交機制（例如，網站的多個網頁都有一個 email 註冊框），最好使用單獨的端點來進行表單提交。

無論你使用什麼路徑來處理表單，你都必須決定要將哪些回應送回去給瀏覽器。你的選項有：

直接傳送 *HTML* 回應

　　在處理表單之後，你可以將 HTML 直接送回去給瀏覽器（例如一個 view）。這種做法可能會在用戶重新載入網頁時產生警告，也可能干擾書籤加入和返回（Back）按鈕，因此不建議採取這種做法。

### 302 轉址

雖然這是常見的做法，但是它誤用 302 (Found) 回應碼的原意了。HTTP 1.1 加入 303 (See Other) 回應碼，你應該使用這個。除非你的目標用戶端是 1996 年之前製作的瀏覽器，否則你要改用 303。

### 303 轉址

303 (See Other) 回應碼是在 HTTP 1.1 加入的，目的是處理 302 轉址的誤用。HTTP 規格明確指出，瀏覽器在執行 303 轉址時，都要使用 GET 請求，無論原始的方法如何。建議在回應表單提交請求時採取這種做法。

我們建議你用 303 轉址來回應表單提交，下一個問題是「轉址指向何方？」答案由你決定，這些是常見的做法：

### 轉址到專用的成功 / 失敗網頁

這種方法必須為適當的功能或失敗訊息指定 URL。例如，當用戶註冊促銷 email，但出現資料庫錯誤時，你可以轉址到 */error/database*。如果用戶的 email 地址是無效的，你可以轉址到 */error/invalid-email*，如果每件事都成功了，你可以轉址到 */promo-email/thank-you*。這種方法有一種優點是它可以讓分析工作更容易：造訪 */promo-email/thank-you* 網頁的次數應該會與註冊促銷 email 的人數差不多。它也很容易製作。但是它也有一些缺點，你必須為每一種可能性安排 URL，這意味著你要設計網頁、為它們撰寫複本，以及維護它們。另一個缺點是它的用戶體驗可能不是最好的，雖然用戶喜歡被感謝，但是接下來他們必須回到原本的地方，或接下來想去的地方，這是我們現在的做法，但我們會在第 9 章改用快閃（flash）訊息（不要跟 Adobe Flash 搞混了）。

### 使用快閃訊息，並轉址到原始位置

對遍布整個網站的小型表單（例如 email 註冊）而言，最佳用戶體驗是不要打斷用戶的瀏覽流程。也就是說，你要設法讓他們在不離開網頁的情況下送出 email 地址。當然，其中一種做法是 Ajax，但如果你不想要使用 Ajax（或是你希望讓後備機制提供好的用戶體驗），你可以轉址回去用戶原本的網頁。最簡單的做法是在表單裡面使用一個填入目前 URL 的隱藏欄位。因為你希望提供一些回饋，讓用戶知道你收到他們送出去的東西了，你可以使用快閃訊息。

使用快閃訊息，並轉址到新地點

大型表單通常有它們自己的網頁，在送出表單之後停在那個網頁通常很奇怪。此時，你必須聰明地猜出用戶接下來想去哪裡，並且轉址到那裡。例如，假設你在建構一個管理介面，裡面有一個建立新渡假方案的表單，你可以合理地猜到用戶送出表單之後希望前往列出所有渡假方案的管理網頁。但是你也要提供一個快閃訊息來回饋提交的結果。

如果你使用 Ajax，我建議你使用專用的 URL。很多人喜歡為 Ajax 處理式加上前綴詞（例如 */ajax/enter*），但是我不鼓勵這樣做，因為這會在 URL 洩漏實作細節。此外，稍後會看到，你的 Ajax 處理式應該以 fail-safe（故障自動防護）的方式來處理一般的瀏覽器提交。

# 用 Express 處理表單

如果你用 GET 來處理表單，你可以用 req.query 物件來使用欄位。例如，如果你有一個 HTML 輸入欄位，它的 name 屬性是 email，它的值會被傳給 req.query.email。這個部分沒有什麼需要解釋的，它就是如此簡單。

如果你使用 POST（建議），你就要連接中介函式來解析被編碼為 URL 內文。先安裝 body-parser 中介函式（npm install body-parser），再連接它（本書程式存放區的 *ch08/meadowlark.js*）：

```
const bodyParser = require('body-parser')
app.use(bodyParser.urlencoded({ extended: true }))
```

連接 body-parser 之後，你就可以使用 req.body 了，它裡面有所有可用的表單欄位。注意，req.body 沒有不允許你使用查詢字串。我們在 Meadowlark Travel 加入一個表單來讓用戶註冊 email 名單。為了展示的需要，我們將在 */views/newsletter-signup.handlebars* 裡面使用查詢字串、隱藏欄位，以及可見欄位：

```
<h2>Sign up for our newsletter to receive news and specials!</h2>
<form class="form-horizontal" role="form"
    action="/newsletter-signup/process?form=newsletter" method="POST">
  <input type="hidden" name="_csrf" value="{{csrf}}">
  <div class="form-group">
    <label for="fieldName" class="col-sm-2 control-label">Name</label>
    <div class="col-sm-4">
      <input type="text" class="form-control"
      id="fieldName" name="name">
```

```
        </div>
      </div>
      <div class="form-group">
        <label for="fieldEmail" class="col-sm-2 control-label">Email</label>
        <div class="col-sm-4">
          <input type="email" class="form-control" required
              id="fieldEmail" name="email">
        </div>
      </div>
      <div class="form-group">
        <div class="col-sm-offset-2 col-sm-4">
          <button type="submit" class="btn btn-primary">Register</button>
        </div>
      </div>
    </form>
```

注意，我們使用 Bootstrap 風格，在本書其餘的內容都會如此。如果你不熟悉 Bootstrap，你可以參考 Bootstrap 文件（*http://getbootstrap.com*）。

連接內文解析器之後，我們要加入新聞 email 註冊網頁、處理函式，以及感謝您網頁的處理式（本書程式存放區的 *ch08/lib/handlers.js*）：

```
exports.newsletterSignup = (req, res) => {
  // 稍後會介紹 CSRF，現在先
  // 提供一個虛擬值
  res.render('newsletter-signup', { csrf: 'CSRF token goes here' })
}
exports.newsletterSignupProcess = (req, res) => {
  console.log('Form (from querystring): ' + req.query.form)
  console.log('CSRF token (from hidden form field): ' + req.body._csrf)
  console.log('Name (from visible form field): ' + req.body.name)
  console.log('Email (from visible form field): ' + req.body.email)
  res.redirect(303, '/newsletter-signup/thank-you')
}
exports.newsletterSignupThankYou = (req, res) =>
  res.render('newsletter-signup-thank-you')
```

（建立 *views/newsletter-signup-thank-you.handlebars* 檔，如果你還沒有這樣做的話。）

最後，我們將處理式接到 app 裡面（本書程式存放區的 *ch08/meadowlark.js*）：

```
app.get('/newsletter-signup', handlers.newsletterSignup)
app.post('/newsletter-signup/process', handlers.newsletterSignupProcess)
app.get('/newsletter-signup/thank-you', handlers.newsletterSignupThankYou)
```

以上就是全部的工作。注意，在處理式裡面，我們轉換到一個「thank you」view。我們也可以在那裡算繪 view，但是如果這樣做，在訪客的瀏覽器裡面的 URL 欄位會維持 /process，造成困擾。發出轉址可以解決這個問題。

在這個例子中使用 303（或 302）轉址而不是 301 轉址很重要。301 轉址是「permanent」，意思就是瀏覽器可能會快取轉址目的地。如果你使用 301 轉址，並且試著第二次提交表單，瀏覽器可能會完全繞過 /process 處理式，直接前往 /thank-you，因為它正確地認為轉址是常駐的。另一方面，303 轉址會讓瀏覽器知道「你的請求是有效的，你可以在這裡找到回應」，並且不會快取轉址目的地。

在多數的前端框架中，表單資料通常是用 fetch API 和 JSON 表單來傳送的，我們接下來會看到。但是瞭解瀏覽器在預設情況下如何處理表單提交仍然是件好事，因為你仍然可以看到用這種方式來製作的表單。

接下來要介紹以 fetch 進行表單提交。

## 使用 fetch 來傳送表單資料

使用 fetch API 來傳送 JSON 編碼的表單資料是比較現代的做法，可讓你更能夠掌握用戶端 / 伺服器的通訊，並且減少網頁更新（refresh）。

因為我們沒有對伺服器發出往返請求，所以我們不需要處理轉址和多用戶 URL（但我們仍然讓「表單處理」本身使用單獨的 URL），因此，我們將整個「新聞 email 註冊體驗」放在單一 URL /newsletter 底下。

我們從前端程式看起。HTML 表單本身的內容不需要修改（欄位與 layout 都一樣），但我們不需要指定 action 或 method，而且我們要將表單包在 <div> 元素裡面，用更輕鬆的方式顯示「thank you」訊息：

```
<div id="newsletterSignupFormContainer">
  <form class="form-horizontal role="form" id="newsletterSignupForm">
    <!-- 表單其餘的地方都一樣 ... -->
  </form>
</div>
```

接著用一個腳本來攔截表單提交事件並取消它（使用 Event#preventDefault），以便自行進行表單處理（本書程式存放區的 *ch08/views/newsletter.handlebars*）：

```
<script>
  document.getElementById('newsletterSignupForm')
    .addEventListener('submit', evt => {
      evt.preventDefault()
      const form = evt.target
      const body = JSON.stringify({
        _csrf: form.elements._csrf.value,
        name: form.elements.name.value,
        email: form.elements.email.value,
      })
      const headers = { 'Content-Type': 'application/json' }
      const container =
        document.getElementById('newsletterSignupFormContainer')
      fetch('/api/newsletter-signup', { method: 'post', body, headers })
        .then(resp => {
          if(resp.status < 200 || resp.status >= 300)
            throw new Error(`Request failed with status ${resp.status}`)
          return resp.json()
        })
        .then(json => {
          container.innerHTML = '<b>Thank you for signing up!</b>'
        })
        .catch(err => {
          container.innerHTML = `<b>We're sorry, we had a problem ` +
            `signing you up. Please <a href="/newsletter">try again</a>`
        })
    })
</script>
```

接下來在伺服器檔案（*meadowlark.js*）裡面確保已經連接了可以解析 JSON 內文的中介函式，再指定兩個端點：

```
app.use(bodyParser.json())

//...

app.get('/newsletter', handlers.newsletter)
app.post('/api/newsletter-signup', handlers.api.newsletterSignup)
```

注意，我們將表單處理端點放在開頭為 api 的 URL；這種技術經常被用來區別用戶（瀏覽器）端點與應該用 fetch 來存取的 API 端點。

接著將這些端點加入 *lib/handlers.js* 檔：

```
exports.newsletter = (req, res) => {
  // 稍後會介紹 CSRF，現在先
  // 提供一個虛擬值
  res.render('newsletter', { csrf: 'CSRF token goes here' })
}
exports.api = {
  newsletterSignup: (req, res) => {
    console.log('CSRF token (from hidden form field): ' + req.body._csrf)
    console.log('Name (from visible form field): ' + req.body.name)
    console.log('Email (from visible form field): ' + req.body.email)
    res.send({ result: 'success' })
  },
}
```

我們可以在表單處理式裡面進行任何工作，通常是將資料存入資料庫。如果有問題，我們可以回傳包含 err 屬性的 JSON 物件（而不是 result: *success*）。

> 在這個例子中，我們假設所有的 Ajax 請求都在尋找 JSON，但 Ajax 不一定要使用 JSON 來溝通（事實上，Ajax 曾經是個縮寫，裡面的「X」代表 XML），只是這種做法很適合 JavaScript，因為 JavaScript 擅長處理 JSON。如果你想要讓 Ajax 端點更通用，或你知道 Ajax 請求可能使用 JSON 之外的東西，你就要只根據 Accepts 標頭回傳適當的回應，我們可以用方便的 req.accepts helper 方法讀取它。如果你只根據 Accepts 標頭進行回應，你也可以瞭解一下 res.format（*http://bit.ly/33Syx92*），這種方便的方法可讓你根據用戶端的期望回傳適當的回應。如果你採取這種做法，當你使用 JavaScript 發出 Ajax 請求時，務必設定 dataType 或 accepts 屬性。

## 檔案上傳

我們說過，檔案上傳不太容易處理。幸好有些優秀的專案可讓你快速地處理檔案。

目前有四種流行且穩健的多部分（multipart）表單處理選項：busboy、multiparty、formidable 與 multer。我用過全部的四種，它們都很棒，但我覺得 multiparty 的維護做得最好，所以我們在此使用它。

我們來為 Meadowlark Travel 假期攝影比賽建立檔案上傳表單（*views/contest/vacation-photo.handlebars*）：

```
<h2>Vacation Photo Contest</h2>

<form class="form-horizontal" role="form"
    enctype="multipart/form-data" method="POST"
    action="/contest/vacation-photo/{{year}}/{{month}}">
  <input type="hidden" name="_csrf" value="{{csrf}}">
  <div class="form-group">
    <label for="fieldName" class="col-sm-2 control-label">Name</label>
    <div class="col-sm-4">
      <input type="text" class="form-control"
      id="fieldName" name="name">
    </div>
  </div>
  <div class="form-group">
    <label for="fieldEmail" class="col-sm-2 control-label">Email</label>
    <div class="col-sm-4">
      <input type="email" class="form-control" required
          id="fieldEmail" name="email">
    </div>
  </div>
  <div class="form-group">
    <label for="fieldPhoto" class="col-sm-2 control-label">Vacation photo</label>
    <div class="col-sm-4">
      <input type="file" class="form-control" required  accept="image/*"
          id="fieldPhoto" name="photo">
    </div>
  </div>
  <div class="form-group">
    <div class="col-sm-offset-2 col-sm-4">
      <button type="submit" class="btn btn-primary">Register</button>
    </div>
  </div>
</form>
```

注意，我們必須設定 enctype="multipart/form-data" 來啟用檔案上傳功能。我們也使用 accept 屬性（它是選用的）來限制可以上傳的檔案類型。

接著建立路由處理式，但我們遇到一件兩難的事情。我們希望可以同樣輕鬆地測試路由處理式，但是因為我們進行多部分表單處理，所以這件事變得很複雜（與我們討論處理式之前，使用中介函式來處理其他類型的內文編碼一樣）。因為我們不想要自行測試多部分表單編碼（我們可以假設別人已經詳細地測試了），我們要傳遞已經處理過的資訊給處理式，來維持它們的「單純」。因為我們還不知道它長怎樣，所以先使用 *meadowlark.js* 裡面的 Express 管道：

```
const multiparty = require('multiparty')

app.post('/contest/vacation-photo/:year/:month', (req, res) => {
  const form = new multiparty.Form()
  form.parse(req, (err, fields, files) => {
    if(err) return res.status(500).send({ error: err.message })
    handlers.vacationPhotoContestProcess(req, res, fields, files)
  })
})
```

我們用 multiparty 的 parse 方法來將請求資料解析成資料欄位與檔案。這個方法會將檔案儲存在伺服器的臨時目錄內，而那個資訊會被放在 files 陣列裡面回傳。

現在我們有額外的資訊可以傳給（可測試的）路由處理式了：欄位（因為我們使用內文解析器，所以不會像之前的範例那樣在 req.body 裡面）與關於收到的檔案的資訊。知道它的長相之後，我們就可以編寫路由處理式了：

```
exports.vacationPhotoContestProcess = (req, res, fields, files) => {
  console.log('field data: ', fields)
  console.log('files: ', files)
  res.redirect(303, '/contest/vacation-photo-thank-you')
}
```

（年與月是用**路由參數**來指定的，第 14 章會介紹。）執行它並查看主控台 log。你會看到表單欄位就像你想像的那樣：成為一個物件，裡面的屬性對映欄位的名稱。files 物件裡面有更多資料，但它相對簡單。對於每一個上傳的檔案，你會看到對映大小、它被上傳到哪個路徑（通常是在臨時目錄內的隨機名稱），以及用戶上傳檔案時的原始名稱（出於安全防護與隱私原因，只有檔名，沒有完整的路徑）的屬性。

接下來你可以隨意處理這個檔案：你可以將它放在資料庫內、將它複製到比較永久性的地方，或將它上傳到雲端檔案存放系統。請記得，如果你用本地存放系統儲存檔案，你的 app 將無法很好地擴展，所以當你用雲端代管時，這種做法非常不好。我們會在第 13 章回到這個例子。

# 用 fetch 上傳檔案

令人開心的是，使用 fetch 來上傳檔案與讓瀏覽器處理它幾乎一模一樣。處理檔案上傳最困難的地方是編碼，中介函式可以幫我們處理這件事。

考慮這個使用 fetch 來傳送表單內容的 JavaScript：

```
<script>
  document.getElementById('vacationPhotoContestForm')
    .addEventListener('submit', evt => {
      evt.preventDefault()
      const body = new FormData(evt.target)
      const container =
        document.getElementById('vacationPhotoContestFormContainer')
      const url = '/api/vacation-photo-contest/{{year}}/{{month}}'
      fetch(url, { method: 'post', body })
        .then(resp => {
          if(resp.status < 200 || resp.status >= 300)
            throw new Error(`Request failed with status ${resp.status}`)
          return resp.json()
        })
        .then(json => {
          container.innerHTML = '<b>Thank you for submitting your photo!</b>'
        })
        .catch(err => {
          container.innerHTML = `<b>We're sorry, we had a problem processing ` +
            `your submission.  Please <a href="/newsletter">try again</a>`
        })
    })
</script>
```

這裡要注意的重點是我們將表單元素轉換成 FormData 物件（*https://mzl.la/2CErVzb*），fetch 可以用請求內文直接接受它。事情就這麼簡單！因為編碼與我們讓瀏覽器處理它的時候完全相同，所以我們的處理式幾乎完全相同。我們只是希望回傳 JSON 回應，而不是轉址：

```
exports.api.vacationPhotoContest = (req, res, fields, files) => {
  console.log('field data: ', fields)
  console.log('files: ', files)
  res.send({ result: 'success' })
}
```

# 改善檔案上傳 UI

從 UI 的角度來看，瀏覽器內建的檔案上傳 <input> 控制項⋯有點簡陋。你應該看過拖曳介面，以及具備漂亮樣式的檔案上傳按鈕。

好消息是，你在這裡學到的技術也適用於幾乎所有流行的「華麗」檔案上傳元件。畢竟它們絕大多數都在同一個表單上傳機制上面展現最好的一面。

以下是一些流行的檔案上傳前端：

- jQuery File Upload（*http://bit.ly/2Qbcd6I*）
- Uppy（*http://bit.ly/2rEFWeb*）（它有一個好處是支援許多熱門的上傳目標）
- file-upload-with-preview（*http://bit.ly/2X5fS7F*）（它讓你有百分之百的控制權，你可以讀取一個檔案物件陣列，用它來建構一個 FormData 物件，與 fetch 一起使用）

# 總結

本章介紹處理表單的各種技術。我們探討了傳統的做法，由瀏覽器處理表單（讓瀏覽器發出 POST 請求給伺服器，裡面有表單內容，並算繪伺服器回傳的回應，通常是轉址）以及越來越流行的做法：用 fetch 阻止瀏覽器提供表單，由我們自行處理。

我們學到常見的表單編碼方式：

application/x-www-form-urlencoded
　　預設且容易使用的編碼，傳統的表單處理方式通常使用它

application/json
　　用 fetch 傳送的資料（非檔案）經常使用它

multipart/form-data
　　需要傳輸檔案時經常使用的編碼

瞭解如何將用戶的資料傳到伺服器之後，接下來要探討 *cookie* 與 *session*，它們也可以促進伺服器與用戶端之間的同步。

# cookie 與 session

這一章要教你如何使用 cookie 與 session 來記住每一頁的用戶偏好設定,甚至不同瀏覽器 session 之間的偏好,以提供更好的用戶體驗。

HTTP 是無狀態協定。也就是說,當你在瀏覽器載入網頁,接著前往同一個網站的另一個網頁時,伺服器和瀏覽器都沒有固有的機制可以知道那是同一個瀏覽器造訪同一個網站。另一種說法是,web 的運作方式是讓*每一個 HTTP 請求都攜帶可讓伺服器滿足請求的資訊*。

但是這個機制有一些問題,如果故事到此結束,我們就永遠無法登入任何東西,串流媒體無法運作。網站在你從一個網頁到下一個網頁之間無法記得你的偏好設定。所以我們要設法在 HTTP 上面建立狀態,這就是 cookie 與 session 的用途。

遺憾的是,因為很多人用 cookie 幹了很多壞事,cookie 已經名譽掃地了。這是很不幸的事情,因為 cookie 對運作「現代 web」而言非常重要(不過 HTML5 加入一些新功能,像是本地儲存機制,它可以用來做同樣的事情)。

cookie 的概念很簡單:伺服器會傳送一些資訊,瀏覽器在一段可設置的時間之內儲存它。具體的資訊完全取決於伺服器。通常它只是個用來辨識特定瀏覽器的獨特 ID 數字,藉以創造 web 可以保持狀態的假象。

你必須知道一些關於 cookie 的重要事項：

**對用戶而言，*cookie* 不是秘密**

伺服器送給用戶端的所有 cookie 都可以被用戶端看到。你當然可以傳送加密的東西來保護其內容，但很少需要如此（除非你要幹任何壞事！）。雖然稍後介紹的 *signed*（已簽章）cookie 可以混淆 cookie 的內容，但它不是安全的加密方式。

**用戶可以刪除或駁回 *cookie***

用戶可以完全控制 cookie，他們可以用瀏覽器刪除所有或個別的 cookie。除非你令人討厭，否則用戶沒有理由這樣做，但它在測試期間很方便。用戶也可以駁回 cookie，這件事的問題比較大，因為只有最簡單的 web app 可以在沒有 cookie 的情況下運作。

**常規的 *cookie* 可以篡改**

如果瀏覽器對你的伺服器發出一個帶 cookie 的請求，而且你盲目地相信那個 cookie 的內容，你就等於打開大門等別人來攻擊。舉例來說，最愚蠢的事情就是執行 cookie 裡面的程式碼。如果你要確保 cookie 不被篡改，請使用 signed cookie。

**_cookie_ 可以用來進行攻擊**

近年來出現一種稱為跨站腳本（XSS）的攻擊方式，XSS 攻擊有一項技術使用惡意 JavaScript 來修改 cookie 的內容。這是不能相信伺服器回收的 cookie 內容的另一個理由。使用 signed cookie 有很大的幫助（篡改 signed cookie 很容易被發現，無論是用戶還是惡意的 JavaScript 改的），此外也有一項設定可以指定哪些 cookie 只能被伺服器修改，雖然施加限制會減少那些 cookie 的用途，但它們絕對更安全。

**用戶可以發現 *cookie* 被濫用**

如果你在用戶的電腦設定太多 cookie 或儲存許多資料，它們會惹惱用戶，你要避免這種情況。盡量不要使用太多 cookie。

**優先使用 *session* 而非 *cookie***

在多數情況下，你都可以使用 session 來保持狀態，這也是聰明的做法。它比較簡單，你不需要擔心濫用你的用戶的儲存機制，而且更安全。當然，session 需要依賴 cookie，但使用 session 時，Express 可以幫你處理所有麻煩的工作。

cookie 並不神奇：當伺服器要讓用戶端儲存 cookie 時，它會傳送一個稱為 Set-Cookie 的標頭，裡面有一對名稱 / 值，當用戶端傳送一個含有 cookie 的請求給伺服器時，它會傳送多個 Cookie 請求標頭，裡面有 cookie 的值。

# 將憑證外化

為了讓 cookie 更安全，你必須使用 *cookie secret*。cookie secret 是一個伺服器知道的字串，用來對安全 cookie 進行加密，再送給用戶端。它不是必須記住的密碼，所以它可以是個隨機字串。我通常會使用 xkcd（*http://bit.ly/2QcjuDb*）介紹的隨機密碼產生器來產生 cookie secret 或亂數。

很多人都會將第三方憑證外化（externalize），那些憑證包括 cookie secret、資料庫密碼、API 權杖（Twitter、Facebook 等）。這不僅讓維護工作更方便進行（因為更容易找到與更新憑證），也可以免於將憑證檔案放入版本控制系統。如果你使用 GitHub 的開放原始碼存放區或其他公開的原始碼控制存放區，這種做法至關重要。

為此，我們要將憑證放到 JSON 檔案裡面。建立一個稱為 *.credentials.development.json* 的檔案：

```
{
  "cookieSecret": "...your cookie secret goes here"
}
```

這是我們的開發工作的憑證檔。藉此，你可以讓生產、測試或其他環境使用不同的憑證檔，這是很方便的做法。

我們要在這個憑證檔的上面加入一層抽象，以方便隨著 app 的成長管理依賴項目。我們的版本將會非常簡單。建立一個稱為 *config.js* 的檔案：

```
const env = process.env.NODE_ENV || 'development'
const credentials = require(`./.credentials.${env}`)
module.exports = { credentials }
```

接著，為了避免不小心將憑證加入存放區，在 *.gitignore* 檔案裡面加入 *.credentials.\**。你只要這樣就可以將憑證匯入 app 了：

```
const { credentials } = require('./config')
```

稍後會用同一個檔案來儲存其他的憑證，目前只需要放入 cookie secret。

 如果你使用本書存放區跟著操作，你要建立你自己的憑證檔，因為存放區裡面沒有這個檔案。

# 在 Express 裡面的 cookie

在你開始設定與存取 app 裡面的 cookie 之前，你要先加入 cookie-parser 中介函式。先使用 npm install cookie-parser，接著（本書程式存放區的 *ch09/meadowlark.js*）：

```
const cookieParser = require('cookie-parser')
app.use(cookieParser(credentials.cookieSecret))
```

完成之後，你就可以在「可以存取回應物件的任何地方」設定 cookie 或 signed cookie 了：

```
res.cookie('monster', 'nom nom')
res.cookie('signed_monster', 'nom nom', { signed: true })
```

 signed cookie 的優先順序在非 signed cookie 前面。如果你將 signed cookie 稱為 signed_monster，你就不能讓非 signed cookie 使用同一個名稱（它會退回去成為 undefined）。

只要讀取請求物件的 **cookie** 或 **signedCookie** 屬性，即可取出用戶端送來的 cookie 值（如果有）：

```
const monster = req.cookies.monster
const signedMonster = req.signedCookies.signed_monster
```

 你可以將任何字串當成 cookie 的名稱。例如，你可以將 \'signed_monster' 換成 \'signed monster'，但是如此一來，你就要使用括號來取得 cookie：req.signedCookies[\'signed monster']。因此，建議你不要用特殊字元為 cookie 命名。

你可以使用 req.clearCookie 來刪除 cookie：

```
res.clearCookie('monster')
```

設定 cookie 時可以指定下面的選項：

## domain

控制 cookie 的網域；它可讓你將 cookie 指派給特定的子域。注意，你不能將 cookie 設為與伺服器網域不同的網域，它會直接不做任何事情。

## path

控制 cookie 的應用路徑。注意，路徑的後面有個隱形的萬用字元；如果你使用 / 路徑（預設），它會套用至你的網站的所有網頁。如果你使用 /foo 路徑，它會套用至 /foo、/foo/bar 等路徑。

## maxAge

指定用戶端應該保留 cookie 多久才刪除它，單位為毫秒。如果你忽略它，cookie 會在瀏覽器關閉時刪除（你也可以用 expires 選項來指定到期日，但它的語法很麻煩，我建議使用 maxAge）。

## secure

指定這個 cookie 只能用安全連結（HTTPS）來傳送。

## httpOnly

將它設為 true 代表這個 cookie 只能被伺服器修改。也就是說，用戶端 JavaScript 無法修改它，有助於防止 XSS 攻擊。

## signed

將它設為 true 會將 cookie 變成 signed，所以你要用 res.signedCookies 來存取它，而不是 res.cookies。伺服器會拒絕被篡改過的 signed cookie，並且將 cookie 的值設為它的原始值。

# 檢查 cookie

在進行測試期間，你可能想要檢視系統的 cookie。大部分的瀏覽器都可以讓你查看個別 cookie 以及它們儲存的值。在 Chrome，打開開發人員工具，選擇 Application 標籤，你可以在左邊的選項看到 Cookies。展開它之後，你會看到你正在訪問的網站。按下它，你會看到與該網站有關的所有 cookie。你也可以在 domain 按下右鍵來刪除所有 cookie，或是在個別的 cookie 按下右鍵來移除它。

# session

*session* 其實只是比較方便的狀態維持方式。要製作 session 就要在用戶端儲存某些東西，否則伺服器就無法在一個請求和下一個請求之間辨識用戶端。那個東西通常是含有獨特識別碼的 cookie。伺服器會用那個識別碼來取得適當的 session 資訊。

但是除了 cookie 之外，我們也可以採取其他做法：在「cookie 恐慌」最嚴重的時候（當時 cookie 的濫用十分猖獗），許多用戶會直接關閉 cookie，所以有人設計其他維持狀態的方法，例如在 URL 加上 session 資訊。這些技術很混亂、困難、低效，所以讓它們停留在過去是最好的做法。HTML5 提供另一種 session 選項，稱為 *local storage*，它比 cookie 好用，如果你需要儲存大量的資料的話。關於這個選項的更多資訊請參考 `Window.localStorage` 的 MDN 文件（*https://mzl.la/2CDrGo4*）。

一般來說，製作 session 的方法有兩種：將所有東西存放在 cookie 裡面，或只在 cookie 裡面儲存獨有的識別碼，把其他東西都放在伺服器上。前者稱為 *cookie-based session*，它只是 cookie 的一種方便用法，但是，它仍然代表你加入 session 的所有東西都會被存放在用戶端瀏覽器，我不推薦這種做法，除非你只會儲存少量的資訊，而且你不介意用戶看到那些資訊，而且它不會隨著時間而成長到失控。如果你想要採取這種做法，請參考 cookie-session（*http://bit.ly/2qNv9h6*）。

## 記憶儲存機制

如果你想要將 session 資訊存放在伺服器上（這也是我推薦的做法）你就要找個地方儲存它。此時記憶體 session 是入門級的選項。它們很容易設定，但它們有很大的缺點：當你重啟伺服器時（在操作本書範例期間你會經常做這件事！），你的 session 資訊就會消失。更糟的是，如果你擴展成多台伺服器（見第 12 章），同一個請求每一次可能會被不同的伺服器處理，session 資料將有時存在，有時不存在。這顯然是不合格的用戶體驗。但是對我們的開發和測試需求而言，使用它就夠了。我們將會在第 13 章看到如何永遠儲存 session 資訊。

首先，安裝 express-session（npm install express-session）；接著在連接 cookie 解析器之後，連接 express-session（本書程式存放區的 *ch09/meadowalrk.js*）：

```
const expressSession = require('express-session')
// 在連接 session 中介函式之前，
// 確保你已經連接 cookie 中介函式！
app.use(expressSession({
    resave: false,
    saveUninitialized: false,
    secret: credentials.cookieSecret,
}))
```

express-session 中介函式接收一個組態物件，它有下列選項：

resave

即使請求沒有被修改，也會將 session 存回去。將它設成 false 通常比較好；詳情見 express-session 文件。

saveUninitialized

將它設成 true 會將新的（未初始化的）session 存到儲存體，即使它們沒有被修改。將它設成 false 通常比較好，而且當你需要取得用戶的同意才能設定 cookie 時，這是必要的做法。詳情見 express-session 文件。

secret

用來簽署 session ID cookie 的金鑰（一或多個）。它可以和 cookie-parser 的金鑰一樣。

key

將儲存專屬 session 識別碼的 cookie 的名稱。預設值是 connect.sid。

store

session 存放（store）的實例。預設是 MemoryStore 的實例，就目前的目的而言，它是很好的選項。第 13 章會介紹如何使用資料庫來儲存。

cookie

> session cookie 的 cookie 設定（path、domain、secure 等）。預設使用一般的 cookie 設定。

## 使用 session

設定好 session 之後，使用它們就再簡單不過了，你只要使用請求物件的 session 變數的屬性即可：

```
req.session.userName = 'Anonymous'
const colorScheme = req.session.colorScheme || 'dark'
```

注意，在處理 session 時，我們不必使用請求物件來取得值，也不必使用回應物件來設定值，它們都是用請求物件來操作的（回應物件沒有 session 屬性）。你可以使用 JavaScript 的 delete 來刪除 session：

```
req.session.userName = null        // 這會將 'userName' 設成 null，
                                   // 但不會移除它

delete req.session.colorScheme     // 這會移除 'colorScheme'
```

# 使用 session 來實作快閃訊息

快閃（*flash*）訊息（不要跟 Adobe Flash 混為一談）是一種不干擾用戶的瀏覽過程的回饋方式。製作快閃訊息最簡單的做法是使用 session（你也可以使用查詢字串，但是它們除了造成醜陋的 URL 之外，也會將快閃訊息加入書籤，應該不是你想看到的效果）。我們先來設定 HTML。我們將使用 Bootstrap 的警告（alert）訊息來顯示快閃訊息，所以你要先連接 Bootstrap（見 Bootstrap 的「getting started」文件（*http://bit.ly/36YxeYf*）；你可以在主模板裡面連接 Bootstrap CSS 與 JavaScript 檔案，在本書的程式存放區有一個例子）。在你的模板檔案裡面找一個明顯的地方（通常在網站的頁首的下面）加入：

```
{{#if flash}}
  <div class="alert alert-dismissible alert-{{flash.type}}">
    <button type="button" class="close"
      data-dismiss="alert" aria-hidden="true">&times;</button>
    <strong>{{flash.intro}}</strong> {{{flash.message}}}
  </div>
{{/if}}
```

注意，我們讓 flash.message 使用三個大括號，這樣才可以在訊息裡面提供一些簡單的
HTML（可能想要強調某些單字，或加入超連結）。接著加入一些中介函式，來將 flash
加入 context，如果在 session 裡面有的話。我們想要在顯示一次快閃訊息之後，將它
從 session 移除，以免下一個請求將它顯示出來。我們將要製作一些中介函式來檢查
session，看看裡面有沒有快閃訊息，如果有，就將它轉換成 res.locals 物件，讓 view
可以使用它。我們將中介函式放在 *lib/middleware/flash.js* 檔裡面：

```
module.exports = (req, res, next) => {
  // 如果有快閃訊息，將它
  // 轉換成 context，再刪除它
  res.locals.flash = req.session.flash
  delete req.session.flash
  next()
})
```

我們也要在 *meadowalrk.js* 檔裡面連接快閃訊息中介函式，在任何 view 路由之前：

```
const flashMiddleware = require('./lib/middleware/flash')
app.use(flashMiddleware)
```

我們來看看如何實際使用快閃訊息。假如我們要讓用戶註冊新聞 email，而且想要在他
們註冊之後，將他們轉址到新聞存檔區。這是表單處理式：

```
// 稍微修改官方的 W3C HTML5 email regex：
// https://html.spec.whatwg.org/mullipage/forms.html#valid-e-mail-address
const VALID_EMAIL_REGEX = new RegExp('^[a-zA-Z0-9.!#$%&\'*+\/=?^_`{|}~-]+@' +
  '[a-zA-Z0-9](?:[a-zA-Z0-9-]{0,61}[a-zA-Z0-9])?' +
  '(?:\.[a-zA-Z0-9](?:[a-zA-Z0-9-]{0,61}[a-zA-Z0-9])?)+$')

app.post('/newsletter', function(req, res){
    const name = req.body.name || '', email = req.body.email || ''
    // 輸入驗證
    if(VALID_EMAIL_REGEX.test(email)) {
      req.session.flash = {
        type: 'danger',
        intro: 'Validation error!',
        message: 'The email address you entered was not valid.',
      }
      return res.redirect(303, '/newsletter')
    }
    // NewsletterSignup 是你可能會建立的物件範例，
    // 因為每一個實作都可能不同，
    // 如何編寫這些專案專屬的介面由你決定。
```

```
// 這個例子只是為了展示在專案中的典型 Express 實作可能長怎樣。
new NewsletterSignup({ name, email }).save((err) => {
    if(err) {
      req.session.flash = {
        type: 'danger',
        intro: 'Database error!',
        message: 'There was a database error; please try again later.',
      }
      return res.redirect(303, '/newsletter/archive')
    }
    req.session.flash = {
      type: 'success',
      intro: 'Thank you!',
      message: 'You have now been signed up for the newsletter.',
    };
    return res.redirect(303, '/newsletter/archive')
  })
})
```

留意我們小心地區分輸入驗證與資料庫錯誤。切記,即使我們在前端做了輸入驗證(而且必須做),你也要在後端做這件事,因為惡意用戶可能繞過前端驗證。

快閃訊息是很適合讓網站使用的機制,即使有其他的方法比較適合某些領域(例如快閃訊息不一定適合有多種形式的「wizard」,或購物車登出流程)。快閃訊息也很適合在開發期間使用,因為它們可以輕鬆地提供回饋,即使你之後會將它換成不同的技術。當我設定網站時,加入快閃訊息提供機制是我最先做的工作之一,本書接下來的內容也會使用這項技術。

因為快閃訊息是在中介函式裡面從 session 轉換成 res.locals.flash,你必須為快閃訊息執行轉址。如果你在顯示快閃訊息時不想要轉址,可設定 res.locals.flash 而非 req.session.flash。

本章的範例使用瀏覽器表單提交和轉址,原因是使用 Ajax 來做表單提交的 app 通常不會這樣子使用 session 來控制 UI。若是如此,你要在表單處理式回傳的 JSON 裡面指出任何錯誤,並且讓前端修改 DOM 來動態顯示錯誤訊息。我不是說 session 不適合前端算繪 app 使用,而是它們很少用來處理這種事情。

## 該用 session 來做什麼

session 在你想要儲存套用在多個網頁的用戶偏好設定很好用。session 最常見的用途是提供用戶身分驗證資訊：當你登入時，就會建立一個 session。之後，你不需要在每次重新載入網頁時再次登入。不過即使沒有用戶帳號，session 也很實用。網站經常需要記得用戶希望東西如何排序，或喜歡哪種日期格式，這些都不需要登入。

雖然我建議你優先使用 session 而非 cookie，但瞭解 cookie 如何運作也很重要（特別是因為它們是 session 運作的要素），這可以協助你診斷問題，以及瞭解 app 的安全防護和隱私考量。

## 總結

瞭解 cookie 和 session 可讓我們更瞭解 web app 如何在底下的協定（HTTP）是無狀態的情況下維持假象的狀態。我們已經學會一些用 cookie 和 session 來控制用戶體驗的技術了，也在過程中寫了中介函式，但是還沒有深入介紹中介函式。在下一章，我們要探討中介函式，並且學習關於它的一切！

# 第十章

# 中介函式

目前我們已經對中介函式有初步的認識了：我們用過既有的中介函式（body-parser、cookie-parser、static 和 express-session，僅列出部分），也自己寫了一些（將氣象資料加入模板 context、設置快閃訊息，以及 404 處理式）。但究竟什麼是中介函式？

從概念上講，**中介函式**是一種封裝功能的機制，那些功能是處理 app 收到的 HTTP 請求的功能。中介函式其實是個接收三個引數的函式：一個請求物件，一個回應物件，與一個 next() 函式，稍後會解釋它們（它也有一種接收四個引數的形式，用來處理錯誤，本章結尾會介紹）。

中介函式是在所謂的 *pipeline*（管線）裡面執行的。你可以將它想成實際的水管，水從一端被打入，經過一些儀表和閥門之後，到達目的地。這個比喻有一個重點，順序很重要，例如，將壓力表放在閥門前面的效果，與將它放在閥門後面是不一樣的。同樣的，如果你有一個閥門會在水裡注入一些東西，那個閥的「下游」的任何東西都會有添加物。在 Express app 中，你可以呼叫 app.use 來將中介函式插入 pipeline。

在 Express 4.0 之前，由於你必須在**路由式**（*router*）裡面明確地連接 pipeline，所以 pipeline 很複雜。根據你在路由式裡面進行連接的地方，路由可能沒有按照順序連接，讓 pipeline 在你混合使用中介函式和路由處理式時不那麼清楚。在 Express 4.0，中介函式與路由處理式會按照它們被連接的順序呼叫，所以順序清楚多了。

通常我們會用 pipeline 的最後一個中介函式來處理沒有被任何其他路由抓到的任何請求。這個中介函式通常回傳狀態碼 404 (Not Found)。

那麼在 pipeline 裡面的請求是如何「終止」的？這就是你傳給各個中介函式的 next 函式的作用：如果你**沒有**呼叫 next()，請求就會在那個中介函式終止。

## 中介函式規則

要瞭解 Express 如何運作，你一定要知道如何靈活地看待中介函式和路由處理式。這些是必須記住的重點：

- 路由處理式（app.get、app.post 等 —— 通常統稱為 app.METHOD）可視為只處理特定 HTTP 動詞（GET、POST 等）的中介函式。反過來說，中介函式可視為處理所有 HTTP 動詞的路由處理式（基本上相當於 app.all，它可處理任何 HTTP 動詞；它們在處理 PURGE 這類外來動詞有一些細微的差異，但是處理一般動詞的效果是相同的）。

- 路由處理式的第一個參數必須是路徑。如果你想要讓那個路徑匹配任何路由，可直接使用 \*。中介函式可以用第一個參數接收路徑，不過這是選擇性的（如果它被忽略，它會匹配任何路徑，就像你指定 * 一樣）。

- 路由處理式與中介函式都接收一個回呼函式，該回呼函式接收兩個、三個或四個參數（技術上，你也可以用零個或一個參數，但是這種形式沒有什麼合理的用處）。如果參數有兩個或三個，前兩個參數是請求與回應物件，第三個參數是 next 函式。如果參數有四個，它就變成錯誤處理中介函式，第一個參數變成錯誤物件，接下來是請求、回應與接下來的物件。

- 如果你沒有呼叫 next()，pipeline 將會終止，再也不會處理其他路由處理式或中介函式。你應該在沒有呼叫 next() 時傳送回應給用戶端（res.send、res.json、res.render 等），若非如此，用戶端會當機最終超時（time out）。

- 如果你有呼叫 next()，一般不建議傳送回應給用戶端。如果你這樣做，在 pipeline 下游的中介函式或路由處理式會被執行，但它們傳送的任何用戶端回應將會被忽略。

## 中介函式範例

如果你想要看中介函式執行的情況，可以嘗試一些非常簡單的中介函式（本書程式存放區的 *ch10/00-simple-middleware.js*）：

```
app.use((req, res, next) => {
  console.log(`processing request for ${req.url}....`)
  next()
})

app.use((req, res, next) => {
```

```
    console.log('terminating request')
    res.send('thanks for playing!')
    // 注意我們在這裡沒有呼叫 next() ... 它會終止請求
})

app.use((req, res, next) => {
  console.log(`whoops, i'll never get called!`)
})
```

這裡有三個中介函式，第一個先 log 訊息到主控台，再呼叫 next() 來將請求交給 pipeline 的下一個中介函式，接著下一個中介函式會實際處理請求，注意，省略 res. send 就不會將任何回應回傳給用戶端，最後用戶端會超時。最後一個中介函式永遠不會執行，因為所有的請求都在上一個中介函式終止了。

接著我們來看一個比較複雜且完整的範例（本書程式存放區的 *ch10/01-routing-example.js*）：

```
const express = require('express')
const app = express()

app.use((req, res, next) => {
  console.log('\n\nALLWAYS')
  next()
})

app.get('/a', (req, res) => {
  console.log('/a: route terminated')
  res.send('a')
})
app.get('/a', (req, res) => {
  console.log('/a: never called');
})
app.get('/b', (req, res, next) => {
  console.log('/b: route not terminated')
  next()
})
app.use((req, res, next) => {
  console.log('SOMETIMES')
  next()
})
app.get('/b', (req, res, next) => {
  console.log('/b (part 2): error thrown' )
  throw new Error('b failed')
})
app.use('/b', (err, req, res, next) => {
  console.log('/b error detected and passed on')
```

```
    next(err)
  })
  app.get('/c', (err, req) => {
    console.log('/c: error thrown')
    throw new Error('c failed')
  })
  app.use('/c', (err, req, res, next) => {
    console.log('/c: error detected but not passed on')
    next()
  })

  app.use((err, req, res, next) => {
    console.log('unhandled error detected: ' + err.message)
    res.send('500 - server error')
  })

  app.use((req, res) => {
    console.log('route not handled')
    res.send('404 - not found')
  })

  const port = process.env.PORT || 3000
  app.listen(port, () => console.log( `Express started on http://localhost:${port}` +
    '; press Ctrl-C to terminate.'))
```

在執行這個範例之前,先想一下結果是什麼。有哪些不同的路由?用戶端會看到什麼?
主控台會顯示什麼?如果你可以正確回答這些問題,你就掌握 Express 的訣竅了!特
別注意送到 /b 與送到 /c 的請求的區別,它們都有錯誤,但一個產生 404,另一個產生
500。

注意,中介函式**必須**是個函式 <sup>譯註</sup>。請記得,在 JavaScript 中,從一個函式回傳函式很
簡單(而且很常見)。例如,你可以看到 express.static 是個函式,但我們實際呼叫它
時,它必定會回傳另一個函式。考慮:

```
  app.use(express.static)          // 這不會像你想的那樣運作

  console.log(express.static())    // 這會 log "function",
                                   // 代表 express.static 是一個
                                   // 回傳函式的函式
```

---

<sup>譯註</sup> 原文是「middleware must be a funtion」。因為 middleware 必定是函式,所以譯者從一開始就直接將它譯
為「中介函式」,而不是另一種常見的譯法「中介軟體」。

另一個要注意的地方是模組可匯出函式，那個函式可以直接當成中介函式來使用。例如，這是個稱為 *lib/tourRequiresWaiver.js* 的模組（Meadowlark Travel 的攀岩行程需要免責聲明）：

```
module.exports = (req,res,next) => {
  const { cart } = req.session
  if(!cart) return next()
  if(cart.items.some(item => item.product.requiresWaiver)) {
    cart.warnings.push('One or more of your selected ' +
      'tours requires a waiver.')
  }
  next()
}
```

我們這樣連接中介函式（本書程式存放區的 *ch10/02-item-waiver.example.js*）：

```
const requiresWaiver = require('./lib/tourRequiresWaiver')
app.use(requiresWaiver)
```

不過，更常見的情況是匯出一個物件，物件裡面的屬性是中介函式。例如，我們將所有購物車驗證碼都放在 *lib/cartValidation.js* 裡面：

```
module.exports = {

  resetValidation(req, res, next) {
    const { cart } = req.session
    if(cart) cart.warnings = cart.errors = []
    next()
  },

  checkWaivers(req, res, next) {
    const { cart } = req.session
    if(!cart) return next()
    if(cart.items.some(item => item.product.requiresWaiver)) {
      cart.warnings.push('One or more of your selected ' +
        'tours requires a waiver.')
    }
    next()
  },

  checkGuestCounts(req, res, next) {
    const { cart } = req.session
    if(!cart) return next()
    if(cart.items.some(item => item.guests > item.product.maxGuests )) {
      cart.errors.push('One or more of your selected tours ' +
        'cannot accommodate the number of guests you ' +
```

```
        'have selected.')
    }
    next()
  },

}
```

接著你可以這樣連接中介函式（本書程式存放區的 *ch10/03-more-cart-validation.js*）：

```
const cartValidation = require('./lib/cartValidation')

app.use(cartValidation.resetValidation)
app.use(cartValidation.checkWaivers)
app.use(cartValidation.checkGuestCounts)
```

 在上一個例子中，我們用 `return next()` 來讓中介函式提前中止。Express 不期望中介函式回傳值（也不會用任何回傳值做任何事情），所以它只是 `next(); return` 的簡寫。

## 常見的中介函式

npm 有上千種中介函式專案，其中很多是常見且基本的專案，有一些可以在任何一個稍具複雜性的 Express 專案中發現。有些中介函式因為太常見所以曾經和 Express 綁在一起，但是它們已經被移到單獨的程式包一段時間了。目前仍然與 Express 同捆的中介函式只有 static。

以下是常見的中介函式：

basicauth-middleware

提供基本的訪問授權。切記，基本的授權只提供最基本的安全防護，你只能在 HTTPS 上面使用基本授權（否則帳號與密碼會以明文傳輸）。你只能在你需要使用快速且簡單的東西，而且正在使用 HTTPS 時使用基本授權。

body-parser

提供 URL 內文、JSON 內文以及其他格式的解析中介函式。

busboy, multiparty, formidable, multer

這些中介函式都可以解析以 multipart/form-data 編碼的請求內文。

## compression

用 gzip 或 deflate 來壓縮回應資料。這是好東西，用戶將會感謝你，尤其是他們使用緩慢的網路或行動網路時你應該儘早連接它，在任何可能送出回應的中介函式之前。在 compress 的前面，我認為只能連接除錯或 log 中介函式（不會送出回應的那些）。注意，在大多數的生產環境中，壓縮是用 NGINX 之類的 proxy 來處理的，所以這個中介函式派不上用場。

## cookie-parser

提供 cookie 支援。見第 9 章。

## cookie-session

提供以 cookie 進行儲存的 session 支援。我通常不建議這種 session 做法，它必須接在 cookie-parser 後面。見第 9 章。

## express-session

提供 session ID（儲存在 cookie 裡面）session 支援。預設使用記憶體儲存，這不適合生產環境，可以設置為使用資料庫儲存。見第 9 章與第 13 章。

## csurf

提供針對跨站請求偽造（CSRF）攻擊的防禦。它使用 session，所以必須接在 express-session 中介函式後面。遺憾的是，只連接這個中介函式無法神奇地防禦 CSRF 攻擊，詳情見第 18 章。

## serve-index

提供靜態檔案的目錄列表支援。除非你特別需要目錄列表，否則不需要加入這個中介函式。

## errorhandler

提供 stack trace 與錯誤訊息給用戶端。我不建議你在生產伺服器上連接它，因為它會公開實作細節，可能帶來安全或隱私方面的問題。詳情見第 20 章。

## serve-favicon

提供 favicon（出現在瀏覽器的標題欄的小圖示）。你不一定要使用它，因為你只要在靜態目錄的根目錄放一個 favicon.ico 就可以了，但這個中介函式可以改善性能。如果你使用它，你要將它接在中介函式堆疊的高處。它也可以讓你指定 favicon.ico 之外的檔名。

morgan

提供自動記錄支援，所有請求都會被 log。詳情見第 20 章。

method-override

提供 x-http-method-override 請求標頭的支援，它可讓瀏覽器使用 GET 與 POST 之外的 HTTP 標頭來「仿冒」。它很適合用來除錯。它只在編寫 API 時用得到。

response-time

將 X-Response-Time 標頭加入回應，提供毫秒單位的回應時間。除非你要調整性能，否則不需要使用這個中介函式。

static

提供傳遞靜態（公開）檔案的支援。你可以連接這個中介函式多次，指定不同的目錄。詳情見第 17 章。

vhost

虛擬主機（vhost），這是來自 Apache 的名詞，可讓你在 Express 裡面更容易管理子域。詳情見第 14 章。

# 第三方中介函式

目前還沒有第三方中介函式的詳細「倉庫」或索引。但是你幾乎可以在 npm 使用所有的 Express 中介函式，所以在 npm 搜尋「Express」或「middleware」通常可以得到不錯的清單。Express 的官方文件也有實用的中介函式清單（*http://bit.ly/36UrbnL*）。

# 總結

在這一章，我們探討什麼是中介函式、如何寫自己的中介函式，以及如何將它當成 Express app 的一部分來處理。如果你開始認為 Express app 只不過是一堆中介函式的集合，那就代表你已經誤會 Express 了！即使我們截至目前為止用過的路由處理式也只是中介函式的特例。

在下一章，我們要看另一種常見的基本需求：寄 email（你最好相信有一些中介函式牽涉其中！）。

# 第十一章

# 寄 email

email 是你的 app 與全世界溝通的主要媒介之一。從用戶註冊到密碼重設指示或促銷 email，寄 email 這項能力是非常重要的功能。在這一章，你將學會如何使用 Node 和 Express 來格式化與寄送 email，以促進和用戶的溝通。

Node 和 Express 都沒有內建的 email 寄送機制，所以我們必須使用第三方模組。我推薦的程式包是 Andris Reinman 的傑作 *Nodemailer*（*http://bit.ly/2Ked7vy*）。在探討如何設置 Nodemailer 之前，我們先來暸解一下 email 的基本知識。

## SMTP、MSA 與 MTA

發送 email 的通用語言是簡單郵件傳輸協定（SMTP）。雖然你可以使用 SMTP 將 email 直接寄到收件者的郵件伺服器，但是這種做法通常不好：除非你是像 Google 或 Yahoo! 那種受信任的寄件者，否則你的 email 有很大的機會被直接丟到垃圾筒。比較好的做法是使用郵件提交代理（mail submission agent，MSA），它可以透過廣受信任的管道寄送 email，降低 email 被標為垃圾郵件的機會。MSA 除了可以確保 email 抵達目的地之外，它也可以處理臨時停機或 email 被退回等麻煩。email 等式的最後一個元素是郵件傳輸代理（mail transfer agent，MTA），它是實際寄送 email 至最終目的地的服務。就本書的目的而言，*MSA*、*MTA* 和 *SMTP* 伺服器基本上是等效的。

所以你需要使用 MSA。雖然我們也可以使用 Gmail、Outlook 或 Yahoo! 等免費的 email 服務，但是這些服務已經不像以前那樣寬容地看待自動 email 了（為了防止濫用）。幸好我們還有一些傑出的 email 服務可以選擇，它們都提供免費的低容量選項：Sendgrid （*https://sendgrid.com*）與 Mailgun（*https://www.mailgun.com*）。我用過這兩種服務，也喜歡它們兩者。本書的範例將使用 SendGrid。

如果你是某家機構的員工，你的機構本身可能已經有 MSA 了，你可以問一下 IT 部門有沒有 SMTP 中繼設施可以用來寄送自動 email。

如果你使用 SendGrid 或 Mailgun，現在就去設定你的帳號。使用 SendGrid 時，你要建立一個 API 金鑰（它將會是你的 SMTP 密碼）。

# 收 email

大部分的網站都只需要寄送 email 的功能，例如寄出密碼重設說明以及促銷 email。但是有些 app 也需要接收 email。其中一個好例子就是問題追蹤系統，它需要在有人更新問題時寄出 email，並且在收件者回覆那封 email 時，用他的回應自動更新該問題。

遺憾的是，接收 email 複雜許多，本書不討論這個主題。如果你需要這項功能，你必須允許 email 供應者維護信箱，並且使用 imap-simple（*http://bit.ly/2qQK0r5*）之類的 IMAP agent 處理程序定期訪問它。

# email 標頭

email 訊息有兩個部分：標頭與內文（很像 HTTP 請求）。**標頭**裡面有關於 email 的資訊：誰寄出它、它被寄到哪裡、它被收到的日期、主題，及其他。它們都是 email app 經常顯示給用戶看的標頭，但此外還有許多其他的標頭。大部分的 email 用戶端都允許你查看標頭；如果你沒有看過，我建議你去看一下。標頭會提供關於「email 是怎麼寄給你」的所有資訊，email 經歷的每一個伺服器與 MTA 都會被列在標頭裡面。

可能嚇到一些人的是，寄件者可以任意設定一些標頭，例如「from」地址。將「from」地址改成寄出該 email 的帳號之外的東西稱為**電子欺騙**（*spoofing*）。你可以將一封 email 的「from」地址設成 Bill Gates <*billg@microsoft.com*> 並寄出。我不是在鼓勵你做這件事，只是為了讓你知道——你可以將一些標頭設成任何內容。有時這樣做是有正當理由的，但你絕不能濫用它。

但是你寄出的 email **必須**有「from」地址，這會在你寄送自動 email 時造成一些問題，這就是為什麼你會看到 return 地址是 DO NOT REPLY <*do-not-reply@meadowlarktravel.com*> 之類的 email。

你可以自行決定究竟要採取這種做法，還是讓自動 email 使用 Meadowlark Travel
*<info@meadowlarktravel.com>* 之類的地址；如果你選擇後者，你就要做好準備回應
*info@meadowlarktravel.com* 收到的 email。

## email 格式

當網際網路剛出現時，所有 email 都只是 ASCII 文字。但是從那時候開始，世界有很大
的改變，大家希望寄出各種語言的 email，以及做更精密的事情，例如加入格式化的文
字、圖像與附件。從此之後，email 開始變醜了：眾多的 email 格式與編碼都是糟糕的技
術和標準。

幸好我們不必解決這些複雜的事情，Nodemailer 可以處理它們。你要知道的重點是
email 可以使用純文字（Unicode）或 HTML。

幾乎所有現代的 email app 都支援 HTML email，所以讓你的 email 使用 HTML 格式通
常是非常安全的選擇。但是也有一些「文字純粹主義者」對 HTML email 敬謝不敏，所
以我建議你始終同時納入文字和 HTML email。如果你不想編寫文字或 HTML email，
Nodemailer 提供一種捷徑可以自動為 HTML 產生純文字版本。

## HTML email

HTML email 是可以用整本書來探討的主題。遺憾的是，它不像為網站編寫 HTML 那麼
簡單：大部分的 email 用戶端都只支援一小部分的 HTML。多數情況下，你要採取 1996
年的 HTML 寫法，這一點都不好玩。尤其是，你必須使用表格來排版（飄來悲傷的背景
音樂）。

如果你遇過關於 HTML 的瀏覽器相容問題，你就知道這有多麼頭痛了。email 相容問題
更是麻煩。幸好有些東西可以提供幫助。

首先，我鼓勵你閱讀 MailChimp 關於編寫 HTML email 的傑出文章（*http://bit.
ly/33CsaXs*）。他在裡面探討基本知識，並解釋你在撰寫 HTML email 時必須記住的事情。

接下來的東西可以節省你的時間：HTML Email Boilerplate（*http://bit.ly/2qJ1XIe*）。它基
本上是一個寫得非常好、經過嚴格測試的 HTML email 模板。

最後是測試。雖然你已經知道如何編寫 HTML email，並且開始使用 HTML Email Boilerplate 了，但是你只能藉由測試來確保 email 不會在 Lotus Notes 7（是的，還有人使用它）上面爆炸。你喜歡安裝 30 個不同的郵件用戶端來測試一封 email 嗎？應該不會吧！幸好有一種很棒的服務可以幫你做這件事：Litmus（*http://bit.ly/2NI6JPo*）。這個服務不便宜，它的方案從每個月 100 美元起算。但是如果你要寄出大量的促銷 email，這是很合理的價格。

但是如果你的格式比較簡單，你就不需要 Litmus 這種昂貴的測試服務了，如果你堅持使用標頭、粗體 / 斜體文字、水平線規則，以及一些圖像連結，你就十分安全。

## Nodemailer

我們先安裝 Nodemailer 程式包：

```
npm install nodemailer
```

接著 require nodemailer 程式包並建立一個 Nodemailer 實例（按照 Nodemailer 的用語，就是一個 *transport*）：

```
const nodemailer = require('nodemailer')

const mailTransport = nodemailer.createTransport({

  auth: {
    user: credentials.sendgrid.user,
    pass: credentials.sendgrid.password,
  }
})
```

注意我們用了在第 9 章設定的憑證模組。你必須相應地更新你的 *.credentials.development. json* 檔：

```
{
  "cookieSecret": "your cookie secret goes here",
  "sendgrid": {
    "user": "your sendgrid username",
    "password": "your sendgrid password"
  }
}
```

SMTP 常見的組態選項有連接埠、身分驗證類型和 TLS 選項。但是大部分的 email 服務都使用預設的選項。若要瞭解該使用哪些設定，請參考你的郵件服務文件（試著搜尋 *sending SMTP email* 或 *SMTP configuration* 或 *SMTP relay*）。如果你無法寄出 SMTP email，你可能要檢查一下各個選項，參考 Nodemailer 文件（*https://nodemailer.com/smtp*）來瞭解完整的支援選項清單。

> 如果你一直跟著操作本書存放區的程式，你會發現在憑證檔裡面沒有任何設定。以前有很多讀者問我為什麼沒有那個檔案或它是空的，其實我是故意不提供有效的憑證，原因和「你應該小心地處理你的憑證」一樣！親愛的讀者，雖然我信任你，但還不到讓你知道我的 email 密碼的程度！

## 寄送 email

建立郵件 transport 實例之後，我們可以寄出郵件了。我們先來看一個簡單的例子，它只將文字郵件寄給一位收信者（本書程式存放區的 *ch11/00-smtp.js*）：

```
try {
  const result = await mailTransport.sendMail({
    from: '"Meadowlark Travel" <info@meadowlarktravel.com>',
    to: 'joecustomer@gmail.com',
    subject: 'Your Meadowlark Travel Tour',
    text: 'Thank you for booking your trip with Meadowlark Travel.  ' +
      'We look forward to your visit!',
  })
  console.log('mail sent successfully: ', result)
} catch(err) {
  console.log('could not send mail: ' + err.message)
}
```

> 在這一節的範例程式中，我使用 *joecustomer@gmail.com* 這種偽 email 地址，為了進行驗證，你要將這些 email 地址改成你可以控制的 email，看看會發生什麼事。否則，可憐的 *joecustomer@gmail.com* 將會收到許多沒意義的郵件！

雖然我們在此有處理錯誤，但你必須知道，沒有錯誤不代表 email 已經成功地送給收件者了。回呼的 error 參數只會在你和 MSA 溝通時出現問題時（例如網路或身分驗證錯誤）設定。如果 MSA 無法寄出 email（例如，因為無效的 email 地址，或未知的用戶），你必須在郵件服務中檢查帳戶活動，你可以藉由管理介面或 API 來進行檢查。

如果你需要讓系統自動確定 email 是否已被成功寄出，你就要使用郵件服務的 API。詳情請參考你的 email 服務的 API 文件。

## 將 email 寄給多位收信者

Nodemail 可讓你使用逗號來將 email 寄給多位收信者（本書程式存放區的 *ch11/01-multiple-recipients.js*）：

```
try {
  const result = await mailTransport.sendMail({
    from: '"Meadowlark Travel" <info@meadowlarktravel.com>',
    to: 'joe@gmail.com, "Jane Customer" <jane@yahoo.com>, ' +
      'fred@hotmail.com',
    subject: 'Your Meadowlark Travel Tour',
    text: 'Thank you for booking your trip with Meadowlark Travel.  ' +
      'We look forward to your visit!',
  })
  console.log('mail sent successfully: ', result)
} catch(err) {
  console.log('could not send mail: ' + err.message)
}
```

請注意，在這個例子中，我們混合一般 email 地址（*joe@gmail.com*）與指定收信者姓名的 email 地址（"Jane Customer" *<jane@yahoo.com>*）。這是有效的語法。

在寄送 email 給多位收信者時，你必須小心地查看 MSA 的限制。例如，SendGrid 建議限制收信者的數量（SendGrid 建議一封信不要超過一千位）。如果你要寄送大量 email，你可能希望寄出多個訊息，每一個訊息都有多位收信者（本書程式存放區的 *ch11/02-many-recipients.js*）：

```
// largeRecipientList 是個 email 地址陣列
const recipientLimit = 100
const batches = largeRecipientList.reduce((batches, r) => {
  const lastBatch = batches[batches.length - 1]
  if(lastBatch.length < recipientLimit)
    lastBatch.push(r)
  else
    batches.push([r])
  return batches
}, [[]])
try {
  const results = await Promise.all(batches.map(batch =>
    mailTransport.sendMail({
      from: '"Meadowlark Travel", <info@meadowlarktravel.com>',
```

```
      to: batch.join(', '),
      subject: 'Special price on Hood River travel package!',
      text: 'Book your trip to scenic Hood River now!',
    })
  ))
  console.log(results)
} catch(err) {
  console.log('at least one email batch failed: ' + err.message)
}
```

# 寄送大量 email 的更好方法

雖然你可以用 Nodemailer 或適當的 MSA 寄出大量 email，但是在採取這種做法之前要仔細考慮一下。負責任的 email 活動必須提供管道來讓人們退訂你的促銷 email，這不是簡單的工作。而且這些工作還要乘以你手上的每一份訂閱名單（例如，你可能有週報與特別公告活動）。在這個領域裡面，我們最好不要重新發明輪子。Emma（*https://myemma. com*）、Mailchimp（*http://mailchimp.com*）與 Campaign Monitor（*http://www.campaignmonitor. com*）都提供你需要的每一項功能，包括可以監測 email 活動是否成功的工具。它們都很便宜，我建議你在建構促銷郵件、時事通訊時使用它們。

# 寄出 HTML email

到目前為止，我們都在寄送純文字 email，但現在大部分的人都希望看到更漂亮的東西。Nodemailer 可讓你寄出同一封 email 的 HTML 和純文字版本，讓 email 用戶端選擇要顯示的版本（本書程式存放區的 *ch11/03-html-email.js*）：

```
const result = await mailTransport.sendMail({
  from: '"Meadowlark Travel" <info@meadowlarktravel.com>',
  to: 'joe@gmail.com, "Jane Customer" <jane@yahoo.com>, ' +
    'fred@hotmail.com',
  subject: 'Your Meadowlark Travel Tour',
  html: '<h1>Meadowlark Travel</h1>\n<p>Thanks for book your trip with ' +
    'Meadowlark Travel.  <b>We look forward to your visit!</b>',
  text: 'Thank you for booking your trip with Meadowlark Travel.  ' +
    'We look forward to your visit!',
})
```

同時提供 HTML 與文字版本需要大量的工作,尤其是只有少數的用戶比較喜歡純文字 email 時。如果你想要節省一些時間,你可以用 HTML 撰寫 email,再使用 html-to-formatted-text(*http://bit.ly/34RX8Lq*)之類的程式包來自動用 HTML 產生文字(但你要知道,它做出來的品質不如手寫文字;HTML 不一定都可以乾淨地轉換)。

## 在 HTML email 裡面的圖像

雖然你可以在 HTML 裡面嵌入圖像,但我強烈反對這件事。這會讓你的 email 腫起來,通常是不好的做法。你應該將 email 的圖像放在 web 伺服器上,並在 email 裡面連接它。

你最好可以在靜態資產資料夾裡面為 email 圖像安排一個位置。你甚至應該將網站和 email 使用的資產分開存放,以降低 email 的版面被破壞的機會。

我們在 Meadowlark Travel 專案裡面加入一些 email 資源。在你的 *public* 目錄裡面建立一個稱為 *email* 的子目錄。你可以將 *logo.png* 以及任何其他想要在 email 裡面使用的圖像放在那裡。接著在 email 裡面直接使用這些圖像:

```
<img src="//meadowlarktravel.com/email/logo.png"
  alt="Meadowlark Travel Logo">
```

 顯然你不能使用 *localhost* 來寄 email 給別人,他們應該沒有伺服器在運行,更不用說在 3000 埠上面了!取決於你的 email 用戶端,你或許可以在 email 裡面使用 *localhost* 來進行測試,但它無法在你的電腦之外運作。在第 17 章,我們會討論一些讓你順暢地從開發環境轉移到生產環境的技術。

## 使用 view 來寄出 HTML email

到目前為止,我們都將 HTML 放在 JavaScript 字串裡面,這是你應該避免的做法。雖然我們的 HTML 很簡單,但是看一下 HTML Email Boilerplate(*http://bit.ly/2qJ1XIe*):你想要把那些模板放在字串裡面嗎?絕對不想。

幸好我們可以利用 view 來處理這件事。我們來考慮「Thank you for booking your trip with Meadowlark Travel」email 範例,接下來我們會稍微擴展它。假設我們有個購物車物件,裡面有訂單資訊。那個購物車物件會被存放在 session 裡面。如果我們的訂購程序的最後一個步驟是一個由 /cart/checkout 處理的表單，它會寄出一封確認 email。我們先為 thank-you 網頁建立一個 view，views/cart-thank-you.handlebars：

```
<p>Thank you for booking your trip with Meadowlark Travel,
  {{cart.billing.name}}!</p>
<p>Your reservation number is {{cart.number}}, and an email has been
sent to {{cart.billing.email}} for your records.</p>
```

接著為 email 建立一個 email 模板。下載 HTML Email Boilerplate，並且放入 views/email/cart-thank-you.handlebars。編輯那個檔案，修改內文：

```
<table cellpadding="0" cellspacing="0" border="0" id="backgroundTable">
  <tr>
    <td valign="top">
      <table cellpadding="0" cellspacing="0" border="0" align="center">
        <tr>
          <td width="200" valign="top"><img class="image_fix"
            src="//placehold.it/100x100"
            alt="Meadowlark Travel" title="Meadowlark Travel"
            width="180" height="220" /></td>
        </tr>
        <tr>
          <td width="200" valign="top"><p>
          Thank you for booking your trip with Meadowlark Travel,
          {{cart.billing.name}}.</p><p>Your reservation number
          is {{cart.number}}.</p></td>
        </tr>
        <tr>
          <td width="200" valign="top">Problems with your reservation?
          Contact Meadowlark Travel at
          <span class="mobile_link">555-555-0123</span>.</td>
        </tr>
      </table>
    </td>
  </tr>
</table>
```

因為你無法在 email 中使用 localhost 地址，如果你的網頁還沒有上線，你可以讓任何圖片使用 placeholder（預留位置）服務。例如，http://placehold.it/100x100 可以動態提供 100 像素見方的圖片供你使用，這種服務經常被當成 for-placement-only（FPO）圖像，或是用來排版。

接下來我們為購物車 Thank-you 網頁建立路由（本書程式存放區的 *04-rendering-html-email.js*）：

```
app.post('/cart/checkout', (req, res, next) => {
  const cart = req.session.cart
  if(!cart) next(new Error('Cart does not exist.'))
  const name = req.body.name || '', email = req.body.email || ''
  // 輸入驗證
  if(!email.match(VALID_EMAIL_REGEX))
    return res.next(new Error('Invalid email address.'))
  // 指派一個隨機的購物車 ID，通常使用資料庫 ID
  cart.number = Math.random().toString().replace(/^0\.0*/, '')
  cart.billing = {
    name: name,
    email: email,
  }
  res.render('email/cart-thank-you', { layout: null, cart: cart },
    (err,html) => {
        console.log('rendered email: ', html)
        if(err) console.log('error in email template')
        mailTransport.sendMail({
          from: '"Meadowlark Travel": info@meadowlarktravel.com',
          to: cart.billing.email,
          subject: 'Thank You for Book your Trip with Meadowlark Travel',
          html: html,
          text: htmlToFormattedText(html),
        })
          .then(info => {
            console.log('sent! ', info)
            res.render('cart-thank-you', { cart: cart })
          })
          .catch(err => {
            console.error('Unable to send confirmation: ' + err.message)
          })
    }
  )
})
```

注意我們呼叫 `res.render` 兩次。通常你只會呼叫它一次（呼叫它兩次只會顯示第一次呼叫的結果）。但是在這個實例中，我們在第一次呼叫它時繞過常規的算繪程序：留意我們提供一個回呼。這樣做可以防止 view 的結果被算繪到瀏覽器上，讓回呼用 `html` 參數接收算繪的 view：我們只要取得那個算繪的 HTML 並寄出 email 就可以了！我們設定

layout: null 來防止 layout 檔被使用，因為它全部都在 email 模板裡面（另一種做法是為 email 建立自己的 layout 檔並使用它）。最後，我們再次呼叫 res.render。這一次，結果將會被算繪到 HTML 回應。

## 封裝 email 功能

如果你的網站大量使用 email，你可能想要封裝 email 功能。假設你要讓網站永遠用同一個寄件者（ "Meadowlark Travel" *<info@meadowlarktravel.com>* ）寄送 email，而且永遠寄出包含自動產生的文字的 HTML email。建立一個稱為 *lib/email.js* 的模組（本書程式存放區的 *ch11/lib/email.js* ）：

```
const nodemailer = require('nodemailer')
const htmlToFormattedText = require('html-to-formatted-text')

module.exports = credentials => {

  const mailTransport = nodemailer.createTransport({
    host: 'smtp.sendgrid.net',
    auth: {
      user: credentials.sendgrid.user,
      pass: credentials.sendgrid.password,
    },
  })

  const from = '"Meadowlark Travel" <info@meadowlarktravel.com>'
  const errorRecipient = 'youremail@gmail.com'

  return {
    send: (to, subject, html) =>
      mailTransport.sendMail({
        from,
        to,
        subject,
        html,
        text: htmlToFormattedText(html),
      }),
  }

}
```

接下來我們只要做這件事就可以寄出 email（本書程式存放區的 *ch11/05-email-library.js*）：

```
const emailService = require('./lib/email')(credentials)

emailService.send(email, "Hood River tours on sale today!",
  "Get 'em while they're hot!")
```

## 總結

你在這一章學會 email 是如何在網際網路上寄送的。如果你跟著操作，你已經設定一個免費的 email 服務（很可能是 SendGrid 或 Mailgun），並使用這個服務來寄出文字與 HTML email 了。你也知道如何使用在 Express app 裡面算繪 HTML 的同一個模板算繪機制來算繪 email 的 HTML。

email 仍然是 app 和用戶溝通的主要方式。注意不要濫用這項功能！如果你跟我一樣喜歡註冊，你的收信箱就會隨時有滿滿的自動 email，而且你基本上會完全忽略它們。對自動 email 而言，少即是多。讓 app 寄送 email 給用戶是有正當且實用的理由的，但你應該問問自己：「我的用戶真的想要收到這封 email 嗎？是否可以用其他方式傳達這個資訊？」

瞭解建構 app 所需的基本設施之後，接下來我們要花一點時間討論 app 的最終生產環境啟動，以及成功啟動的注意事項。

# 第十二章

# 生產考量

雖然現在就討論生產問題看起來為時過早，但提早考慮生產問題可以節省大量的時間與痛苦。上線日往往在你不知不覺之間來臨。

在這一章，你會瞭解 Express 對各種執行環境提供的支援、擴展網站的方法，以及如何監視網站的健康狀況。你會看到如何模擬生產環境來進行測試與開發，以及如何執行壓力測試，讓你可以在生產問題發生之前發現它們。

## 執行環境

Express 支援執行環境的概念，這是一種在生產、開發或測試模式下執行 app 的方式。你可以建立許多不同的環境。例如，你可以建立一個預備環境，或訓練環境。但是請記住，開發、生產與測試是「標準」的環境，Express 和第三方中介函式通常是根據這些環境進行決策的。換句話說，如果你有一個「預備」環境，你就無法讓它自動繼承生產環境的屬性。因此，建議你使用標準的生產、開發與測試。

雖然你可以藉著呼叫 `app.set('env', \'production')` 來指定執行環境，但這種做法並不聰明，因為這代表你的 app 將永遠在那個環境裡面執行，無論什麼情況。更糟的是，它可能會在一個環境開始運行，然後切換到另一個環境。

最好的做法是使用環境變數 NODE_ENV 來指定執行環境。我們來修改 app，藉著呼叫 app.get('env') 來取得它運行的模式：

```
const port = process.env.PORT || 3000
app.listen(port, () => console.log(`Express started in ` +
  `${app.get('env')} mode at http://localhost:${port}` +
  `; press Ctrl-C to terminate.`))
```

當你現在啟動伺服器時，你會看到你在開發模式中運行，如果你沒有指定其他的模式，它是預設的模式。我們試著讓它進入生產模式：

```
$ export NODE_ENV=production
$ node meadowlark.js
```

如果你使用 Unix/BSD，有一種方便的語法可讓你只在該命令執行期間修改環境：

```
$ NODE_ENV=production node meadowlark.js
```

這會在生產模式中運行伺服器，但是當伺服器終止時，NODE_ENV 環境變數不會被修改。我很喜歡這種簡便的方式，它可以防止我不小心將環境變數設為不希望讓所有東西使用的值。

> 如果你在生產模式下啟動 Express，你可能會發現關於「不適合在生產模式中使用的元件」的警告。如果你一直跟著操作本書的範例，你會看到 connect.session 正在使用記憶體來儲存，這種做法不適合生產環境。當我們在第 13 章換成用資料庫儲存時，這個警告就會消失。

## 環境專屬組態

僅僅改變執行環境沒有太大的作用，但是 Express 在生產模式會在主控台 log 更多警告（例如，通知你哪些模組已經被廢棄，將來會被移除）。此外，在生產模式下，view 快取是預設啟用的（見第 7 章）。

執行環境的主要目的是讓你可以輕鬆地決定 app 在不同的環境下該如何表現。需要注意的是，你應該試著減少開發、測試與生產環境之間的差異。也就是說，你應該保守地使用這個功能。如果你的開發或測試環境與生產環境有很大的差異，app 在生產環境就更有機會出現不一樣的行為，可能導致更多缺陷（而且是難以發現的那一種）。不過，有些差異是無法避免的，例如，如果你的 app 重度使用資料庫，你應該不希望在開發期間與生產環境的資料庫產生混亂的關係，此時就很適合使用環境專屬的組態。另一個影響較小的領域是更詳細的紀錄，許多開發時想要 log 的東西都沒必要在生產環境中記錄。

我們接下來要在伺服器加入一些記錄機制。問題是我們想要讓生產與開發環境有不同的行為。在開發環境下，我們可以使用預設值，但是在生產環境下，我們想要記錄到一個檔案。我們將使用 morgan（別忘了 npm install morgan），它是最常見的記錄中介函式（本書程式存放區的 *ch12/00-logging.js*）：

```
const morgan = require('morgan')
const fs = require('fs')

switch(app.get('env')) {
  case 'development':
    app.use(morgan('dev'))
    break
  case 'production':
    const stream = fs.createWriteStream(__dirname + '/access.log',
      { flags: 'a' })
    app.use(morgan('combined', { stream }))
    break
}
```

當你用一般的方式啟動伺服器（node meadowlark.js）並造訪網站時，你會在主控台看到活動紀錄。若要觀察 app 在生產模式下的行為，你可以改用 NODE_ENV=production 執行它。現在當你造訪 app 時，你不會在終端機看到任何活動（這應該是生產伺服器該有的行為），但所有的活動都被記錄成 Apache 的 Combined Log Format（*http://bit. ly/2NGC592*），它是許多伺服器工具的基本元素。

最後我們建立一個可附加（{ flags: *a* }）的寫入串流並將它傳給 morgan 組態。morgan 有許多選項，若要瞭解它們，請參考 morgan 文件（*http://bit.ly/32H5wMr*）。

 在之前的範例中，我們使用 __dirname 在專案本身的子目錄裡面儲存請求 log。如果你採取這種做法，你也要在你的 *.gitignore* 檔案加入 log。或者，你可以採取類似 Unix 的做法，將 log 存放在 */var/log* 的子目錄，這是 Apache 的預設做法。

容我再次強調，當你選擇環境專屬組態的選項時，請做出最好的判斷。切記，當你的網站上線時，你的生產實例會在生產模式下運行（或者說，它們應該要如此）。當你想要在開發環境進行修改時，你一定要先想想它在生產環境會造成什麼 QA 後果。我們會在第 13 章看一個更穩健的環境專屬組態範例。

# 執行你的 Node 程序

到目前為止，我們都直接用 node 呼叫 app 來執行它（例如 node meadowlark.js）。雖然這種做法在進行開發和測試時很方便，但它在生產環境有一些缺點。具體而言，你的 app 沒有應對當機或是被終止的保護機制。使用穩健的*程序管理器*（*process manager*）可以解決這個問題。

如果你的代管解決方案本身有提供程序管理器，你應該不需要使用它，代管供應商會讓你用組態選項指定 app 檔案，它會負責進行程序管理。

但如果你需要自行管理程序，現在有兩種流行的程序管理器：

- Forever（*https://github.com/foreversd/forever*）
- PM2（*https://github.com/Unitech/pm2*）

因為生產環境可能有很大的差異，我們不詳細討論設定和設置程序管理器的細節。Forever 和 PM2 都有很棒的文件，你可以在開發電腦上安裝並使用它們，來瞭解如何設置它們。

我用過這兩種，沒有強烈的偏好。Forever 比較直觀且容易入門，PM2 有較多功能。

如果你不想要投入大量時間來試驗程序管理器，我推薦你試一下 Forever。你可以用兩個步驟來試用它。首先，安裝 Forever：

```
npm install -g forever
```

接著用 Forever 啟動你的 app（在你的 app 根目錄執行它）：

```
forever start meadowlark.js
```

你的 app 會開始運行…就算你關閉你的終端機視窗，它也會持續運行！你可以用 forever restart meadowlark.js 來重啟程序，用 forever stop meadowlark.js 來停止它。

PM2 在一開始用起來比較複雜，但如果你要在生產環境使用自己的程序管理器，它就值得研究。

# 擴展你的網站

現在擴展通常代表兩件事之一：往上擴展（scaling up）和往外擴展（scaling out）。往上擴展代表讓伺服器更強大：使用更快的 CPU、更好的架構，更多核心、更多記憶體等。另一方面，往外擴展單純代表使用更多伺服器。隨著雲端計算的日益普及，以及虛擬化的無處不在，伺服器計算能力變得越來越不重要，如果你要根據需求擴展網站，往外擴展通常是最具成本效益的做法。

在開發 Node 網站時，你一定要考慮往外擴展的可能性。即使你的 app 很小（甚至只是個內部 app，用戶數量很有限），而且永遠都不需要擴大規模，這也是一種值得培養的好技術，或許你的下一個 Node 專案將會是下一個 Twitter，因此往外擴展是必要的。很棒的是，Node 對往外擴展的支援非常好，所以你可以輕鬆地抱持這個觀念編寫你的 app。

在建立具備往外擴展設計的網站時，最重要的事情就是持久保存。如果你習慣使用檔案來進行持久保存，現在就戒掉它，因為這種做法可能產生非常麻煩的問題。

我第一次遇到這個問題幾乎是一場災難。當時有一位客戶舉辦一場網路競賽，web app 的設計是通知前 50 位獲勝者他們將會獲得一份獎品。由於一些企業 IT 限制，我們很難使用資料庫，所以大多數的持久保存都是藉著寫入一般檔案來完成的。我和以前一樣，將每一個項目都存入一個檔案。當檔案記錄 50 位獲勝者時，沒有人收到他們贏得比賽的通知。問題出在伺服器是負載平衡的，所以有一半的請求是由一個伺服器處理的，另一半由另一個伺服器處理。有一台伺服器通知 50 個人他們獲勝了…另一台也是如此。幸好獎品很便宜（毛毯），不是 iPad 那種昂貴的東西，客戶吞下苦果，送出 100 份獎品而不是 50 份（我主動提議為我的錯誤支付額外的 50 條毛毯，但他們慷慨地回絕我的提議）。

這個故事告訴我們，除非你的檔案系統是你的所有伺服器都可以訪問的，否則就不要使用本地檔案系統來進行持久保存。除非它是唯讀資料，例如紀錄，以及備份資料。例如，我通常會將表單提交資料備份到本地一般檔案，以防資料庫斷線。在資料庫斷線的情況下，前往每一個伺服器收集檔案是一件麻煩的事情，但至少不會造成任何損害。

# 用 app 叢集往外擴展

Node 本身支援 *app* 叢集（*app cluster*），這是一種簡單、單伺服器形式的往外擴展。使用 app 叢集，你可以為系統的每一個核心（CPU）建立一個獨立的伺服器（伺服器數量超過核心數量無法提高 app 的性能）。app 叢集有兩個好處，首先，它們可以協助將特定的伺服器（硬體或虛擬機器）的性能最大化，第二，它可以讓你用很低的成本在平行條件下測試 app。

我們來為網站加入叢集支援。雖然一般都在主應用程式檔完成整個工作，但我們要製作第二個應用程式檔，它會在叢集中運行 app，使用我們一直使用的非叢集應用程式檔。要啟用它，我們必須先稍微修改 *meadowlark.js*（本書程式存放區的 *ch12/01-server.js*）：

```
function startServer(port) {
  app.listen(port, function() {
    console.log(`Express started in ${app.get('env')} ` +
      `mode on http://localhost:${port}` +
      `; press Ctrl-C to terminate.`)
  })
}

if(require.main === module) {
  // app 直接運行，啟動 app 伺服器
  startServer(process.env.PORT || 3000)
} else {
  // 使用 "require" 將 app 當成模組匯入
  // 匯出函式來建立伺服器
  module.exports = startServer
}
```

如果你還記得第 5 章的內容，`require.main === module` 代表腳本已經被直接執行，否則，它就是被另一個腳本用 require 呼叫。

接著建立新腳本 *meadowlark-cluster.js*（本書程式存放區的 *ch12/01-cluster*）：

```
const cluster = require('cluster')

function startWorker() {
  const worker = cluster.fork()
  console.log(`CLUSTER: Worker ${worker.id} started`)
}

if(cluster.isMaster){
```

```
    require('os').cpus().forEach(startWorker)

    // 記錄任何斷線的 worker，如果 worker 斷線
    // 它應該會退出，所以我們等待 exit 事件
    // 產生一個新的 worker 來取代它
    cluster.on('disconnect', worker => console.log(
      `CLUSTER: Worker ${worker.id} disconnected from the cluster.`
    ))

    // 當 worker 死亡（退出）時，建立一個 worker 來取代它
    cluster.on('exit', (worker, code, signal) => {
      console.log(
        `CLUSTER: Worker ${worker.id} died with exit ` +
        `code ${code} (${signal})`
      )
      startWorker()
    })

] else {

    const port = process.env.PORT || 3000
    // 在 worker 啟動 app，見 meadowlark.js
    require('./meadowlark.js')(port)

}
```

當這個 JavaScript 執行時，它會在 master context 裡面（當它直接執行時，使用 node meadowlark-cluster.js）或是在 worker 的 context 裡面，當 Node 的叢集系統執行它時。cluster.isMaster 與 cluster.isWorker 屬性決定你在哪個 context 運行。當我們執行這個腳本時，它會在 master 模式裡面執行，我們為系統的每一個 CPU 使用 cluster.fork 來啟動一個 worker。此外，我們藉著監聽 worker 傳來的 exit 事件來重生任何死去的 worker。

最後，我們在 else 敘句裡面處理 worker 案例。因為我們設置 *meadowlark.js*，讓它作為模組來使用，我們直接匯入它並且立刻呼叫它（我們將它當成啟動伺服器的函式匯出）。

接著啟動新的叢集伺服器：

```
node meadowlark-cluster.js
```

如果你使用虛擬化（例如 Oracle 的 VirtualBox），你可能要設置 VM 讓它有多顆 CPU。虛擬機器通常預設只有一顆 CPU。

假如你使用多核心系統，你應該會看到一些 worker 被啟動。如果你想要看到不同的 worker 處理不同的請求的證據，你可以在路由前面加入下面的中介函式：

```
const cluster = require('cluster')

app.use((req, res, next) => {
  if(cluster.isWorker)
    console.log(`Worker ${cluster.worker.id} received request`)
  next()
})
```

現在你可以用瀏覽器連接 app。重新載入幾次，看看如何為每一個請求從池中拉出一個不同的 worker（你可能無法做這件事；Node 在設計上可以處理大量的連結，你可能無法藉著重新載入瀏覽器來對它施加充分壓力；稍後我們要探討壓力測試，屆時你將更能夠看到叢集的動作狀況）。

## 處理未被抓到的例外

在 Node 的非同步世界中，我們必須特別注意未被抓到的例外。我們從一個不會造成太多麻煩的簡單例子看起（鼓勵你跟著操作這些範例）：

```
app.get('/fail', (req, res) => {
  throw new Error('Nope!')
})
```

Express 執行路由處理式時，會將它們包在一個 try/catch 區塊裡面，所以不會有未被抓到的例外，不會造成太多問題：Express 會在伺服器端 log 例外，訪客會看到一個醜陋的 stack dump，但是伺服器會保持穩定，可以繼續正確地處理其他的請求。為了提供「很棒」的錯誤訊息，我們要建立 *views/500.handlebars* 檔案，並在所有路由的後面加入一個錯誤處理式：

```
app.use((err, req, res, next) => {
  console.error(err.message, err.stack)
  app.status(500).render('500')
})
```

提供自訂的錯誤網頁絕對是很好的做法，它不但會在錯誤發生時讓用戶覺得外觀更專業，也可以讓你在錯誤發生時採取行動。例如，這個錯誤處理式是通知開發團隊有錯誤發生的好地方。遺憾的是，它只能處理 Express 可以抓到的例外。我們來試一下更糟糕的東西：

```
app.get('/epic-fail', (req, res) => {
  process.nextTick(() =>
    throw new Error('Kaboom!')
  )
})
```

試一下它吧！結果根本是災難性的，它讓整個伺服器當機了！它除了不會顯示友善的錯誤訊息之外，也會讓伺服器當機，任何請求都**不會被處理**。這是因為 setTimeout 是非同步執行的，有例外的函式必須等到 Node 有空的時候才能執行。問題在於，等到 Node 有空，終於可以執行該函式時，它已經沒有關於它處理的請求的背景脈絡了，所以它不得不關閉整個伺服器，因為它處於未定義的狀態（Node 無法知道函式或它的呼叫方的目的，所以它不能再假設任何其他函式都能正確工作）。

 process.nextTick 類似使用引數 0 來呼叫 setTimeout，但是它比較高效。在這裡使用它是為了展示它，你通常不會在伺服器端程式中使用它。但是在接下來的章節，我們將處理許多非同步執行的事情，例如資料庫存取、檔案系統存取，以及網路訪問及其他，它們都會受這個問題影響。

我們可以採取一些措施來處理未被抓到的例外，但如果 *Node 不能確定 app 的穩定性*，*你也不能*。換句話說，如果有未被抓到的例外，唯一的辦法就是關閉伺服器。在這種情況下，最好的做法就是盡可能優雅地關閉，並使用失效切換（failover）機制。最簡單的失效切換機制就是使用叢集。如果你的 app 在叢集模式運作，而且有一個 worker 死去，master 會產生另一個 worker 來取代它（你甚至不需要使用多個 worker，讓每一個叢集使用一個 worker 就夠了，不過失效切換可能比較慢一些）。

考慮這一點，我們如何在遇到未被處理的例外時盡可能優雅地關閉？ Node 處理這件事的機制就是 uncaughtException 事件（Node 也有一種稱為 *domains* 的機制，但是這個模組已經被廢棄了，所以不建議你使用它）。

```
process.on('uncaughtException', err => {
  console.error('UNCAUGHT EXCEPTION\n', err.stack);
  // 在這裡進行你需要做的任何清理工作…
  // 例如關閉資料庫連結等。
  process.exit(1)
})
```

期望伺服器永遠不會有未被抓到的例外是不切實際的想法，你必須有個適當的機制來記錄例外，並且在例外發生時通知你，你應該認真地處理它。試著找出它發生的原因，這樣才能解決它。Sentry（*https://sentry.io*）、Rollbar（*https://rollbar.com*）、Airbrake（*https://airbrake.io/*）和 New Relic（*https://newrelic.com*）等服務都是記錄這種錯誤以供分析的好方法。例如，要使用 Sentry，你要先註冊一個免費的帳號並取得一個資料來源名稱（data source name，DSN），接著修改例外處理式：

```
const Sentry = require('@sentry/node')
Sentry.init({ dsn: '** YOUR DSN GOES HERE **' })

process.on('uncaughtException', err => {
  // 在這裡進行你需要做的任何清理工作…
  // 例如關閉資料庫連結等。
  Sentry.captureException(err)
  process.exit(1)
})
```

## 用多伺服器往外擴展

雖然使用叢集來往外擴展可以將個別的伺服器的性能最大化，但如果你需要不止一個伺服器呢？此時事情比較複雜，為了實現這種平行化，你需要代理（*proxy*）伺服器（它通常稱為**反向代理**（*reverse proxy*）或**朝前代理**（*forward-facing proxy*）來與通常用來訪問外部網路的代理伺服器區分，但我覺得這種稱謂不但令人困惑也沒必要，所以我直接稱它為 proxy）。

現在有兩種流行的選項，NGINX（*https://www.nginx.com*）（讀成「engine X」）和 HAProxy（*http://www.haproxy.org*）。NGINX 伺服器尤其像雨後春筍般湧現。最近我為我的公司做了一份競爭力分析，發現超過 80% 的對手都使用 NGINX。NGINX 和 HAProxy 都是穩健、高性能的代理伺服器，能夠滿足最嚴苛的應用需求（如果你需要證據，佔了**全部網際網路流量 15%** 之多的 Netflix 就是使用 NGINX）。

此外也有一些比較小型的、建構在 Node 基礎之上的代理伺服器，例如 node-http-proxy（*http://bit.ly/34RWyNN*）。如果你的需求沒那麼嚴苛，或是想要用來開發，它是很棒的選擇。對生產環境而言，我推薦使用 NGINX 或 HAProxy（它們都是免費的，但它們也提供付費支援）。

本書不討論如何安裝與設置 proxy，但這件事沒有你想像的那麼難（尤其是當你使用 node-http-proxy 或其他輕量的 proxy 時）。就目前而言，使用叢集可以保證網站已經做好外擴的準備。

如果你設置了代理伺服器，務必告訴 Express 你正在使用 proxy，並且要信任它：

```
app.enable('trust proxy')
```

這樣做可以確保 req.ip、req.protocol 和 req.secure 可以反映用戶端和伺服器之間的連結細節，而不是用戶端和你的 app 之間的連結細節。此外，req.ips 是個陣列，指出原始用戶端 IP 與任何中間代理伺服器的名稱或 IP 位址。

## 監測你的網站

監測網站是最重要也經常被忽視的 QA 措施之一。在凌晨 3 點起床修復壞掉的網站已經很慘了，更慘的是你的老闆在凌晨 3 點叫你起床修復壞掉的網站（比更慘還要慘的是，你在早上上班時發現你的客戶因為網站當機整個晚上而損失了 1 萬美元的營業額，而且這件事沒有被任何人發現）。

你只能坦然面對故障，它們就像死亡和納稅一樣不可避免。但是，如果有什麼事情可以讓老闆和顧客相信你的工作很出色，那就是在故障之前知道它。

## 第三方運行期監視器

在網站的伺服器上面運行上線時間監視器（uptime monitor），相當於在沒有人居住的房子裡面安裝煙霧偵測器，雖然它可以在一些網頁故障時抓到錯誤，但如果整個伺服器都當機了，它可能在不發出任何求救訊號的情況下一起當機。這就是你的第一道防線應該使用第三方上線時間監視器的原因。UptimeRobot（*http://uptimerobot.com*）可讓你免費使用多達 50 個監視器，也很容易設置。它的警報可以用 email、SMS（文字簡訊）、Twitter 或 Slack（及其他）來傳送。你可以監視來自單一網頁的回傳碼（任何不是 200 的都視為錯誤），或是檢查網頁上的某個關鍵字存在與否。切記，使用關鍵字監測器可能會影響你的分析（在大部分的分析服務中，你可以排除運行期監測器的流量）。

如果你需要比較精密的工具，現在也有比較昂貴的服務，例如 Pingdom（*http://pingdom.com*）與 Site24x7（*http://www.site24x7.com*）。

# 壓力測試

壓力測試（或負載測試）的目的是讓你相信你的伺服器可以在上百或上千個請求同時出現時正常運作。壓力測試是另一個可以用整本書來探討的主題，它的複雜程度有很大的變化，測試需要多複雜與專案的性質有很大的關係。如果你有理由相信你的網站會大受歡迎，你可能要在壓力測試投入更多時間。

我們使用 Artillery 來加入一個簡單的壓力測試（*https://artillery.io/*）。首先，執行 `npm install -g artillery` 來安裝 Artillery；接著編輯你的 *package.json* 檔，在 `scripts` 部分加入下面的內容：

```
"scripts": {
  "stress": "artillery quick --count 10 -n 20 http://localhost:3000/"
}
```

這會模擬 10 個「虛擬用戶」（`--count 10`），每一個都會送 20 個請求（`-n 20`）到你的伺服器。

確保你的 app 正在運行（例如，在獨立的終端機視窗），接著執行 `npm run stress`。你會看到這個統計數據：

```
Started phase 0, duration: 1s @ 16:43:37(-0700) 2019-04-14
Report @ 16:43:38(-0700) 2019-04-14
Elapsed time: 1 second
  Scenarios launched:  10
  Scenarios completed: 10
  Requests completed:  200
  RPS sent: 147.06
  Request latency:
    min: 1.8
    max: 10.3
    median: 2.5
    p95: 4.2
    p99: 5.4
  Codes:
    200: 200

All virtual users finished
Summary report @ 16:43:38(-0700) 2019-04-14
  Scenarios launched:  10
  Scenarios completed: 10
  Requests completed:  200
  RPS sent: 145.99
```

```
Request latency:
  min: 1.8
  max: 10.3
  median: 2.5
  p95: 4.2
  p99: 5.4
Scenario counts:
  0: 10 (100%)
Codes:
  200: 200
```

這項測試是在我的開發筆電上執行的。你可以看到 Express 花不到 10.3 毫秒來處理每一個請求，而且有 99% 在 5.4 毫秒之內處理完成。我無法具體指出你應該得到什麼樣的數字，但為了確保你有一個快速的 app，你應該設法讓總連結時間低於 50 毫秒（別忘了這只是伺服器傳遞資料給用戶端花費的時間，用戶端要算繪它，這也要化一些時間，所以傳輸資料的時間越少越好）。

如果你定期對 app 執行壓力測試並且對它進行基準測試，你就可以發現問題。如果你完成一項功能的時候發現連接時間增加兩倍，你可能對新功能進行一些性能調校！

## 總結

希望這一章可以讓你初步瞭解啟動 app 之前需要考慮的事項。生產 app 還有許多細節，雖然你無法預料在啟動時可能發生的所有事情，但你能預料的越多，對你就越好。借用 Louis Pasteur 的名言，機會是留給準備好的人的。

# 第十三章

# 持久保存

只要不是極其簡單的網站與 web app 都需要某種持久保存機制，它是比揮發性的記憶體更持久的資料保存方法，讓你的資料可以在伺服器崩潰、斷電、升級和換位置之後存留。這一章要討論持久保存選項，並介紹文件資料庫與關聯資料庫。但是在說明資料庫之前，我們要先看最基本的持久保存形式：檔案系統持久保存。

## 檔案系統持久保存

有一種實現持久保存的做法是直接將資料存入所謂的平面檔案（稱為平面是因為在檔案裡面沒有固有的結構，它只是一系列的 bytes）。Node 使用 fs（filesystem）模組來實現檔案系統持久保存。

檔案系統持久保存有一些缺點，特別是它無法良好地擴展。當你需要使用多個伺服器來滿足流量需求時，檔案系統持久保存就會讓你遇到麻煩，除非你的所有伺服器都存取共用的檔案系統。此外，因為平面檔案沒有固有的結構，定位、排序、篩選資料等麻煩事都要由你的 app 處理。因為這些原因，你應該優先使用資料庫來儲存資料，而不是使用檔案系統。有一個例外是儲存二進制檔案，例如圖像、音訊檔，或影片。雖然有許多資料庫可以處理這種資料，但它們幾乎無法比檔案系統更有效率地執行這項工作（但是關於二進制檔案的資訊通常會存放在資料庫裡面，來方便搜尋、排序和篩選）。

如果你需要儲存二進制資料，檔案系統同樣有無法良好擴展的問題。如果你的主機無法存取共用的檔案系統（通常如此），你就要考慮將二進制檔放在資料庫裡面（通常需要做一些設置，讓資料庫不會越來越慢）或雲端儲存服務，例如 Amazon S3 或 Microsoft Azure Storage。

知道這些注意事項之後，我們來看一下 Node 支援的檔案系統。我們將再次使用第 8 章的假期攝影比賽。我們在應用程式檔裡面加入處理表單的程式（本書程式存放區的 *ch13/00-mongodb/lib/handlers.js*）：

```
const pathUtils = require('path')
const fs = require('fs')

// 建立目錄來儲存假期照片（如果它不存在的話）
const dataDir = pathUtils.resolve(__dirname, '..', 'data')
const vacationPhotosDir = pathUtils.join(dataDir, 'vacation-photos')
if(!fs.existsSync(dataDir)) fs.mkdirSync(dataDir)
if(!fs.existsSync(vacationPhotosDir)) fs.mkdirSync(vacationPhotosDir)

function saveContestEntry(contestName, email, year, month, photoPath) {
  // 稍後處理
}

// 稍後我們會使用這些建構在 promise 基礎之上的 fs 函式
const { promisify } = require('util')
const mkdir = promisify(fs.mkdir)
const rename = promisify(fs.rename)

exports.api.vacationPhotoContest = async (req, res, fields, files) => {
  const photo = files.photo[0]
  const dir = vacationPhotosDir + '/' + Date.now()
  const path = dir + '/' + photo.originalFilename
  await mkdir(dir)
  await rename(photo.path, path)
  saveContestEntry('vacation-photo', fields.email,
    req.params.year, req.params.month, path)
  res.send({ result: 'success' })
}
```

這段程式很長，我們來逐步分解它。我們先建立一個目錄來儲存上傳的檔案（如果它還不存在）。你要在 *.gitignore* 檔裡面加入 *data* 目錄，以免不小心提交上傳的檔案。第 8 章說過，我們在 *meadowlark.js* 裡面處理實際的檔案上傳，並且用已經解碼的檔案呼叫處理式。我們會得到一個物件（files），裡面有關於被上傳的檔案的資訊。因為我們想要避免衝突，所以不能直接使用用戶上傳的檔名（以防兩個用戶都上傳 *portland.jpg*）。為了避免這個問題，我們用時戳來建立獨一無二的目錄，兩位用戶在同一個毫秒都上傳 *portland.jpg* 這種事情幾乎不可能發生！接著我們幫上傳的檔案改名（移動）（我們的檔案處理式會給它一個臨時名稱，我們可以從 path 屬性取得它）為我們建構的名稱。

最後，我們要設法連結用戶上傳的檔案和他們的 email 地址（以及提交的年和月）。雖然我們可以將這些資訊編碼到檔名或目錄名稱裡面，但我們比較喜歡將它們儲存到資料庫。因為我們還沒有學習資料庫，我們先將那個功能封裝在 vacationPhotoContest 函式裡面，在本章稍後再完成那個功能。

 一般來說，你不應該相信用戶上傳的任何東西，因為它可能是攻擊網站的載體。例如，惡意用戶可以在攻擊的第一個步驟將一個有害的可執行檔改名為 *.jpg* 副檔名再將它上傳（之後再找出執行它的方法）。同樣的，我們在這裡使用瀏覽器提供的 name 屬性來為檔案命名是有一點冒險的行為，因為別人也可以在檔名插入特殊字元來濫用它。為了讓這段程式百分之百安全，我們可以幫檔案取個隨機名稱，只保留副檔名（確保它只有字母和數字字元）。

雖然檔案系統持久保存有其缺點，但它經常被用來儲存中間檔案，而且知道如何使用 Node 檔案系統程式庫也是有益的。然而，為了解決檔案系統儲存機制的缺陷，我們要將注意力轉向雲端持久保存。

## 雲端持久保存

雲端儲存已經越來越流行了，我強烈建議你利用這些便宜、穩健的服務。

在使用雲端服務之前，你要做一些前置作業。顯然你必須先建立一個帳號，但你也必須瞭解如何讓雲端服務驗證你的 app 的身分，所以瞭解一些基本術語也是有幫助的（例如，AWS 將它的檔案儲存機制稱為 *bucket*，而 Azure 稱它們為 *container*）。本書不詳述那些資訊，你可以參考很棒的文件：

- AWS: Getting Started in Node.js（*https://amzn.to/2CCYk9s*）
- Azure for JavaScript and Node.js Developers（*http://bit.ly/2NEkTku*）

好消息是完成初步的設置之後，雲端持久保存就很容易使用了。這個例子告訴你將檔案存放在 Amazon S3 帳號有多麼簡單：

```
const filename = 'customerUpload.jpg'

s3.putObject({
  Bucket: 'uploads',
```

```
    Key: filename,
    Body: fs.readFileSync(__dirname + '/tmp/' + filename),
  })
```

詳情見 AWS SDK 文件（*https://amzn.to/2O3e1MA*）。

這是用 Microsoft Azure 做同一件事的例子：

```
const filename = 'customerUpload.jpg'

const blobService = azure.createBlobService()
blobService.createBlockBlobFromFile('uploads', filename, __dirname +
  '/tmp/' + filename)
```

詳情見 Microsoft Azure 文件（*http://bit.ly/2Kd3rRK*）。

知道一些檔案儲存技術之後，我們瞭解如何用資料庫儲存結構化資料。

## 資料庫持久保存

除非網站和 web app 極其簡單，否則都需要資料庫。就算你有大量的二進制資料，而且你使用共享的檔案系統或雲端儲存，你也可能用資料庫來為二進制資料進行編目（catalog）。

傳統上，**資料庫**這個名詞是**關聯資料庫管理系統**（RDBMS）的簡稱。關聯資料庫（例如 Oracle、MySQL、PostgreSQL 或 SQL Server）都是根據幾十年的研究和正式的理論來建構的，它是已經相當成熟的技術，這些資料庫的功能是不容置疑的。但是我們現在可以奢侈地擴展資料庫的元素概念。NoSQL 資料庫近年來越來越流行，它們正在挑戰網際網路資料儲存的現狀。

斷言 NoSQL 資料庫在某種程度上勝過關聯資料庫是愚蠢的行為，但它們確實有一些優勢（反之亦然）。雖然將關聯資料庫與 Node app 整合起來非常容易，但也有一些 NoSQL 資料庫看起來幾乎是為 Node 而設計的。

**文件資料庫**（*document database*）與**鍵值資料庫**（*key-value database*）是最流行的兩種 NoSQL 資料庫。文件資料庫擅長儲存物件，所以很適合 Node 和 JavaScript。鍵值資料庫，顧名思義，非常簡單，適合容易將資料綱要（data schema）對映至鍵值的 app。

我認為文件資料庫是介於關聯資料庫的約束與鍵值資料庫的簡單之間的最佳折衷方案，因此，我們的第一個範例將使用文件資料庫。MongoDB 是文件資料庫的龍頭，現在已經十分穩健且著名了。

在第二個例子，我們將使用 PostgreSQL，這是一種流行且穩健的開源 RDBMS。

## 關於性能

NoSQL 的簡單特性是一把雙刃劍。雖然規劃關聯資料庫是一項複雜的工作，但是仔細規劃可讓資料庫具備傑出的性能。不要以為 NoSQL 資料庫通常比較簡單，所以沒有任何工法或科學可以微調它們來取得最佳性能。

關聯資料庫通常依靠嚴格的資料結構，和數十年來的優化研究來取得高性能。另一方面，NoSQL 資料庫接納網際網路的離散性質，而且和 Node 一樣，把重點放在並行上面，以提高性能（關聯資料庫也支援並行，但通常留給最有需要的 app 來使用）。

規劃資料庫性能與擴展能力是大規模、複雜的主題，已經超過本書的範圍了。如果你的 app 需要極高的資料庫性能，我推薦 Kristina Chodorow 和 Michael Dirolf 的入門書 *MongoDB: The Definitive Guide*（O'Reilly）。

## 將資料庫階層抽象化

在這本書，我們將使用兩種資料庫（而且不但是兩種資料庫，更是兩種實質上不同的資料庫結構）來實作同一種功能，並展示如何完成它們。雖然本書的目標是介紹兩種流行的資料庫結構，但它也反映了一個真實的情境：更換 web app 的主要元件。發生這種情況有很多原因，通常是因為你發現成本效益更高，或可讓你更快做出必要功能的技術。

盡量將技術選項**抽象化**是很有價值的，通常你要撰寫某種 API 層來泛化底層的技術選項。如果你正確地完成這件事，它可以降低更換元件的成本。但是它是有代價的：你必須額外撰寫和維護抽象層。

令人高興的是，我們的抽象層非常小，因為在這本書裡面，我們只提供少量的功能。目前的功能有：

- 從資料庫回傳所有假期的清單
- 儲存想要在假期當季時收到通知的用戶 email

雖然這看起來很簡單，但是裡面有一些細節。假期到底長怎樣？我們每次都要從資料庫取得所有假期，還是希望篩選它們或分頁它們？我們該如何識別假期？諸如此類。

對本書的目的而言，我們要保持抽象層的簡單。我們把它放在一個稱為 *db.js* 的檔案裡面，它會匯出兩個方法，我們先提供偽資料：

```javascript
module.exports = {
  getVacations: async (options = {}) => {
    // 偽造一些假期資料：
    const vacations = [
      {
        name: 'Hood River Day Trip',
        slug: 'hood-river-day-trip',
        category: 'Day Trip',
        sku: 'HR199',
        description: 'Spend a day sailing on the Columbia and ' +
          'enjoying craft beers in Hood River!',
        location: {
          // 稍後會使用這個來做地理編碼
          search: 'Hood River, Oregon, USA',
        },
        price: 99.95,
        tags: ['day trip', 'hood river', 'sailing', 'windsurfing', 'breweries'],
        inSeason: true,
        maximumGuests: 16,
        available: true,
        packagesSold: 0,
      }
    ]
    // 如果「available」選項有被指定，只回傳符合的假期
    if(options.available !== undefined)
      return vacations.filter(({ available }) => available === options.available)
    return vacations
  },
  addVacationInSeasonListener: async (email, sku) => {
    // 我們假裝我們做了這些事…因為它
    // 是個 async 函式，所以會自動回傳
    // 一個被解析為 undefined 的新 promise
  },
}
```

這段程式設定了 app 如何看待資料庫實作…我們只要讓資料庫符合介面就可以了。注意，我們加入假期「是否可參加（availability）」的概念，這是為了暫時停用假期，而不需要在資料庫刪除它們。舉一個它的使用案例：飯店聯繫你，讓你知道他們為了進行整

修，將暫停一床一餐方案幾個月。將它與「旺季」的概念分開是因為我們可能想要在網站列出淡季假期，因為大家喜歡提早規劃。

我們也加入一些非常籠統的「地點（location）」資訊，第 19 章會更具體地處理它。

完成資料庫層的抽象基礎之後，我們來看看如何用 MongoDB 實作資料庫。

## 設定 MongoDB

設定 MongoDB 實例的難易程度依你的作業系統而定。因此，我們要使用傑出的免費 MongoDB 代管服務 mLab 來完全避免麻煩。

 mLab 不是唯一的 MongoDB 服務。MongoDB 公司本身現在藉著它的產品 MongoDB Atlas（*https://www.mongodb.com*）提供免費且廉價的資料庫代管。但不建議你在生產環境下使用免費帳號。mLab 與 MongoDB Atlas 都提供準生產帳號，你應該先看一下它們的定價再做出選擇。使用相同的代管服務可以省下切換到生產環境時的許多麻煩。

使用 mLab 很簡單。你只要前往 *https://mlab.com* 並按下 Sign Up，填寫註冊表單並登入，即可看到主畫面。在 Databases 下面，你會看到「no databases at this time」。按下「Create new」之後，你會到達一個網頁，裡面有新資料庫的選項。你要選的第一個東西是雲端供應商。對免費（sandbox）帳號而言，這個選項基本上不太重要，不過你應該尋找你附近的資料中心（但是並非每一個資料中心都提供 sandbox 帳號）。選擇 SANDBOX，再選擇一個區域。接著選擇一個資料庫名稱，一直按下按鈕，直到 Submit Order（雖然它是免費的，但它仍然是一份訂單！）。你會回到資料庫清單，經過幾秒之後，你就可以使用資料庫了。

設定好資料庫就成功一半了。現在我們要來瞭解如何用 Node 存取它，所以該讓 Mongoose 上場了。

## Mongoose

雖然 MongoDB 有低階的驅動程式可用（*http://bit.ly/2Kfw0hE*），但你或許應該使用物件文件對映器（object document mapper，ODM）。MongoDB 最流行的 ODM 是 *Mongoose*。

JavaScript 有一項優點在於它的物件模型很靈活。如果你要幫物件加入屬性或方法，你只要直接動手即可，不需要擔心類別的修改。遺憾的是，這種隨心所欲的彈性可能會對資料庫產生負面影響，因為它們可能會變得零散化（fragmented）並且難以優化。Mongoose 藉著加入**資料綱要**與**模型**來取得平衡（綱要與模型的結合很像傳統物件導向程式設計的類別）。資料綱要很靈活，但仍然提供一些資料庫的必要結構。

在開始工作之前，我們要先安裝 Mongoose 模組：

```
npm install mongoose
```

接著在 *.credentials.development.json* 檔內加入資料庫憑證：

```
"mongo": {
    "connectionString": "your_dev_connection_string"
  }
}
```

你可以在 mLab 的資料庫網頁找到你的連結字串。在你的主畫面按下適當的資料庫。你會看到一個方塊裡面有你的 MongoDB 連結 URI（它的開頭是 *mongodb://*）。你也需要一位資料庫用戶。按下 Users，接著「Add database user」。

請注意，我們可以建立第二組憑證供生產環境使用，做法是建立一個 *.credentials.production.js* 檔，並使用 `NODE_ENV=production`；你會在上線時做這件事。

完成所有設置之後，我們要連接資料庫，並且做一些實用的事情了！

# 用 Mongoose 連接資料庫

我們先建立一個資料庫連結。我們將資料庫初始化程式放在 *db.js* 裡面，與之前寫好的虛擬 API 放在一起（本書程式存放區的 *ch13/00-mongodb/db.js*）：

```
const mongoose = require('mongoose')
const { connectionString } = credentials.mongo
if(!connectionString) {
  console.error('MongoDB connection string missing!')
  process.exit(1)
}
mongoose.connect(connectionString)
const db = mongoose.connection
db.on('error' err => {
  console.error('MongoDB error: ' + err.message)
  process.exit(1)
})
```

```
db.once('open', () => console.log('MongoDB connection established'))

module.exports = {
  getVacations: async () => {
    //... 回傳假的假期資料
  },
  addVacationInSeasonListener: async (email, sku) => {
    //... 不做事
  },
}
```

但是我們想要立刻進行初始化,在需要 API 之前,所以在 *meadowlark.js* 匯入它(在那裡還不需要用 API 做任何事情):

```
require('./db')
```

連接資料庫之後,接下來我們要想一下如何建構傳給資料庫和從資料庫傳過來的資料了。

## 建立資料綱要與模型

我們接下來要幫 Meadowlark Travel 建立渡假方案資料庫。我們先定義一個資料綱要,並且用它來建立一個模型。建立 *models/vacation.js* 檔案(本書程式存放區的 *ch13/00-mongodb/models/vacation.js*):

```
const mongoose = require('mongoose')

const vacationSchema = mongoose.Schema({
  name: String,
  slug: String,
  category: String,
  sku: String,
  description: String,
  location: {
    search: String,
    coordinates: {
      lat: Number,
      lng: Number,
    },
  },
  price: Number,
  tags: [String],
  inSeason: Boolean,
  available: Boolean,
  requiresWaiver: Boolean,
  maximumGuests: Number,
```

```
    notes: String,
    packagesSold: Number,
})

const Vacation = mongoose.model('Vacation', vacationSchema)
module.exports = Vacation
```

這段程式宣告組成假期模型的屬性,以及這些屬性的型態。你可以看到裡面有一些字串屬性、一些數值屬性、兩個布林屬性,以及一個字串陣列(以 [String] 表示)。此時,我們也可以在資料綱要定義方法。每一個產品都有一個庫存單位(SKU),雖然我們不認為假期是「庫存品項」,但 SKU 是標準的會計概念,即使不是銷售有形商品也是如此。

寫好資料綱要之後,我們用 mongoose.model 建立一個模型:此時,Vacation 很像傳統物件導向程式設計的類別。注意,我們必須先定義方法,才能建立模型。

 因為浮點數的性質,你一定要很謹慎地處理 JavaScript 中的財務計算。雖然我們可以使用「美分」為單位來儲存價格而不是使用「美元」,而且這可能有幫助,但它無法避免問題。對這個旅遊網站來說,我們不想擔心這個問題,但如果你的 app 涉及很大或很小的金融金額(例如,利息或批量交易的小數分),你就要考慮使用 currency.js(*https://currency.js.org*)或 decimal.js-light(*http://bit.ly/2X6kbQ5*)等程式庫了。此外,JavaScript 的 BigInt(*https://mzl.la/2Xhs45r*)內建物件也可以在這種情況下使用。BigInt 可以在 Node 10 裡面使用(在行文至此時,瀏覽器對它的支援仍然十分有限)。

我們匯出 Mongoose 建立的 Vacation 模型物件。雖然我們也可以直接使用這個模型,但是這會讓我們製作資料庫抽象層的心血付之東流。所以我們選擇從 *db.js* 檔匯入它,並且讓 app 其餘的部分使用它的方法。將 Vacation 模型加入 *db.js*:

```
    const Vacation = require('./models/vacation')
```

我們已經定義所有的結構了,但是資料庫仍然很無趣,因為裡面沒有任何東西。我們幫它植入一些資料來讓它變有用。

# 植入初始資料

我們的資料庫裡面還沒有任何渡假方案,所以我們要加入一些,才可以開始工作。以後你可能要建立管理產品的機制,但是出於本書的目的,我們直接寫在程式碼裡面(本書程式存放區的 *ch13/00-mongodb/db.js*):

```
Vacation.find((err, vacations) => {
  if(err) return console.error(err)
  if(vacations.length) return

  new Vacation({
    name: 'Hood River Day Trip',
    slug: 'hood-river-day-trip',
    category: 'Day Trip',
    sku: 'HR199',
    description: 'Spend a day sailing on the Columbia and ' +
      'enjoying craft beers in Hood River!',
    location: {
      search: 'Hood River, Oregon, USA',
    },
    price: 99.95,
    tags: ['day trip', 'hood river', 'sailing', 'windsurfing', 'breweries'],
    inSeason: true,
    maximumGuests: 16,
    available: true,
    packagesSold: 0,
  }).save()

  new Vacation({
    name: 'Oregon Coast Getaway',
    slug: 'oregon-coast-getaway',
    category: 'Weekend Getaway',
    sku: 'OC39',
    description: 'Enjoy the ocean air and quaint coastal towns!',
    location: {
      search: 'Cannon Beach, Oregon, USA',
    },
    price: 269.95,
    tags: ['weekend getaway', 'oregon coast', 'beachcombing'],
    inSeason: false,
    maximumGuests: 8,
    available: true,
    packagesSold: 0,
  }).save()
```

```
new Vacation({
    name: 'Rock Climbing in Bend',
    slug: 'rock-climbing-in-bend',
    category: 'Adventure',
    sku: 'B99',
    description: 'Experience the thrill of climbing in the high desert.',
    location: {
      search: 'Bend, Oregon, USA',
    },
    price: 289.95,
    tags: ['weekend getaway', 'bend', 'high desert', 'rock climbing'],
    inSeason: true,
    requiresWaiver: true,
    maximumGuests: 4,
    available: false,
    packagesSold: 0,
    notes: 'The tour guide is currently recovering from a skiing accident.',
  }).save()
})
```

我們在這裡使用兩個 Mongoose 方法。第一個，find，做的事情與它的名稱一樣。在這個例子中，它會在資料庫中尋找所有 Vacation 實例，並使用那個串列來呼叫回呼。採取這種做法是因為我們不想要不斷重複加入種子假期：如果資料庫裡面已經有假期，代表它已經被植入了，所以我們可以繼續快樂地前進。不過，當它第一次執行時，find 會回傳一個空串列，所以我們會建立兩個假期，接著呼叫它們的 save 方法，將這些新物件存入資料庫。

將資料放入資料庫之後，接下來要將它取回！

## 取回資料

我們已經看過 find 方法了，它是用來顯示一串假期的東西。但是這一次我們要將一個選項傳入 find，用來篩選資料。具體來說，我們只想要顯示目前可以參加的假期。

為產品網頁建立一個 view，*views/vacations.handlebars*：

```
<h1>Vacations</h1>
{{#each vacations}}
  <div class="vacation">
    <h3>{{name}}</h3>
    <p>{{description}}</p>
    {{#if inSeason}}
      <span class="price">{{price}}</span>
```

```
    <a href="/cart/add?sku={{sku}}" class="btn btn-default">Buy Now!</a>
  {{else}}
    <span class="outOfSeason">We're sorry, this vacation is currently
    not in season.
    {{! The "notify me when this vacation is in season"
        page will be our next task. }}
    <a href="/notify-me-when-in-season?sku={{sku}}">Notify me when
    this vacation is in season.</a>
  {{/if}}
  </div>
{{/each}}
```

接著建立路由處理式來將它們連接起來。我們在 *lib/handlers.js* 裡面（記得匯入 *../db*）
建立處理式：

```
exports.listVacations = async (req, res) => {
  const vacations = await db.getVacations({ available: true })
  const context = {
    vacations: vacations.map(vacation => ({
      sku: vacation.sku,
      name: vacation.name,
      description: vacation.description,
      price: '$' + vacation.price.toFixed(2),
      inSeason: vacation.inSeason,
    }))
  }
  res.render('vacations', context)
}
```

我們加入一個呼叫 *meadowlark.js* 內的處理式的路由：

```
app.get('/vacations', handlers.listVacations)
```

執行這個範例只會顯示來自虛擬資料庫的一個假期，因為雖然我們已經初始化資料庫並
且植入資料了，但我們還沒有將虛擬實作換成真的。接著來做這件事，打開 *db.js* 並修
改 getVacations：

```
module.exports = {
  getVacations: async (options = {}) => Vacation.find(options),
  addVacationInSeasonListener: async (email, sku) => {
    //...
  },
}
```

很簡單，只要一行程式！部分的原因是 Mongoose 為我們做了很多事情，還有我們設計 API 的方式很像 Mongoose 運作的方式。稍後當我們將它改成 PostgreSQL 時，你會看到工作少更多。

> 精明的讀者可能會擔心資料庫抽象層在「保護」其技術中立目標（technology-neutral objective）方面做得不夠。例如，開發者看了這段程式之後，或許會發現他們可以傳遞任何 Mongoose 選項給假期模型，於是使用 Mongoose 專屬的功能，讓我們難以更換資料庫。我們可以採取一些步驟來防止這件事。與其直接將東西傳給 Mongoose，我們可以尋找特定的選項並明確地處理它們，表明任何實作都必須提供這些選項。但是就這個例子而言，我們聽其自然，維持這段程式的簡單。

你應該覺得大部分的程式都很熟悉，但可能有些事情嚇你一跳，例如，我們處理假期列表的 view context 的方式可能看起來很奇怪。為什麼我們要將資料庫回傳的產品對映到幾乎相同的物件？原因之一是，我們想要用簡潔的格式顯示價格，所以必須將它轉換成格式化的字串。

我們可以這樣子節省一些打字：

```
const context = {
  vacations: products.map(vacations => {
    vacation.price = '$' + vacation.price.toFixed(2)
    return vacation
  })
}
```

這當然可以為我們節省幾行程式，但是根據我的經驗，不直接將未對映的資料庫物件傳給 view 是有很好的理由的。view 會得到一堆它可能不需要的屬性，甚至可能是不相容的格式。我們的範例到目前為止都很簡單，但是一旦它開始變複雜，你可能就要對傳給 view 的資料進行更多訂製。這也會讓你更容易暴露機密資訊，或可供入侵網站的資訊。因此，我建議對映資料庫回傳的資料，並且只將需要的東西傳給 view（在必要時進行轉換，就像我們對 price 做的那樣）。

> 有些 MVC 結構的變體有一種稱為 *view model* 的元件，它本質上是對一或多個 model 進行萃取和轉換，讓它更適合在 view 中顯示。我們在這裡的做法是動態建立一個 view model。

我們已經做了很多事情了，我們成功地使用一個資料庫來儲存關於假期的資訊。但無法更新的資料庫是沒什麼用處的，我們接下來將焦點放在與資料庫互動的層面上。

## 加入資料

我們已經看過如何加入資料（我們在植入假期的時候加入過資料），以及如何更新資料（我們在預訂假期時更新賣出去的方案的數量），接下來要看一個比較複雜的情境，它可以突顯文件資料庫的彈性。

在假期淡季時，我們要顯示一個連結，邀請顧客在假期再次進入旺季時接收通知。我們來完成這項功能。先建立資料綱要與模型（*models/vacationInSeasonListener.js*）：

```
const mongoose = require('mongoose')

const vacationInSeasonListenerSchema = mongoose.Schema({
  email: String,
  skus: [String],
})
const VacationInSeasonListener = mongoose.model('VacationInSeasonListener',
  vacationInSeasonListenerSchema)

module.exports = VacationInSeasonListener
```

接著建立 view，*views/notify-me-when-in-season.handlebars*：

```
<div class="formContainer">
  <form class="form-horizontal newsletterForm" role="form"
      action="/notify-me-when-in-season" method="POST">
    <input type="hidden" name="sku" value="{{sku}}">
    <div class="form-group">
      <label for="fieldEmail" class="col-sm-2 control-label">Email</label>
      <div class="col-sm-4">
        <input type="email" class="form-control" required
          id="fieldEmail" name="email">
      </div>
    </div>
    <div class="form-group">
      <div class="col-sm-offset-2 col-sm-4">
        <button type="submit" class="btn btn-default">Submit</button>
      </div>
    </div>
  </form>
</div>
```

接著是路由處理式：

```
exports.notifyWhenInSeasonForm = (req, res) =>
  res.render('notify-me-when-in-season', { sku: req.query.sku })

exports.notifyWhenInSeasonProcess = (req, res) => {
  const { email, sku } = req.body
  await db.addVacationInSeasonListener(email, sku)
  return res.redirect(303, '/vacations')
}
```

最後我們在 *db.js* 加入真正的實作：

```
const VacationInSeasonListener = require('./models/vacationInSeasonListener')

module.exports = {
  getVacations: async (options = {}) => Vacation.find(options),
  addVacationInSeasonListener: async (email, sku) => {
    await VacationInSeasonListener.updateOne(
      { email },
      { $push: { skus: sku } },
      { upsert: true }
    )
  },
}
```

它神奇的地方在哪裡？我們該如何「更新」VacationInSeasonListener 集合裡面的紀錄，甚至在它存在之前？答案是一種稱為 *upsert*（「update」和「insert」的結合）的 Mongoose 工具。基本上，如果特定 email 地址的紀錄不存在，它就會被建立。如果紀錄存在，它就會被更新。接著我們使用魔術變數 $push 來指出我們想要將一個值加入一個陣列。

 如果用戶多次填寫表單，這段程式不會阻止多筆 SKU 被加入紀錄。當假期處於旺季，而且我們找出所有想要接受通知的客戶之後，我們必須小心不要通知他們多次。

到目前為止，我們已經完成重要的工作了！我們學會如何連接 MongoDB 實例，植入資料、讀出資料，以及寫入更新！但是你可能更喜歡使用 RDBMS，所以我們換個方式，看看如何改用 PostgreSQL 做同一件事。

# PostgreSQL

雖然 MongoDB 是很棒的物件資料庫，也很容易入門，但如果你要建構穩健的 app，你建構物件資料庫的精力可能會和規劃傳統的關聯資料庫一樣多，甚至更多。此外，你可能已經有關聯資料庫的經驗了，或者，你已經有一個關聯資料庫想要連接了。

幸好，JavaScript 生態系統對每一種主要的關聯資料庫都提供穩健的支援，如果你想要或需要使用關聯資料庫，應該不會有任何問題。

我們以假期資料庫為例，用關聯資料庫來重新製作它。在這個例子中，我們將使用 PostgreSQL，這是一種流行且先進的開源關聯資料庫。我們即將使用的技術和原則和任何關聯資料庫都很相似。

類似我們在使用 MongoDB 時使用的 ODM，關聯資料庫也有物件關聯對映（ORM）工具。因為想要瞭解這個主題的讀者都已經認識關聯資料庫與 SQL 了，所以我們要直接使用 Node PostgreSQL 用戶端。

如同 MongoDB，我們將使用免費的線上 PostgreSQL 服務。當然，如果你習慣安裝和設置自己的 PostgreSQL 資料庫，你也可以這樣做。唯一需要改變的只有連結字串。如果你要使用自己的 PostgreSQL 實例，你　定要使用 9.4 以上的版本，因為我們即將使用 JSON 資料類型，它是 9.4 加入的（當我行文至此時，我使用的是 11.3 版）。

線上 PostgreSQL 的選項很多，在這個例子中，我使用 ElephantSQL（*https://www. elephantsql.com*）。開始工作非常簡單：建立一個帳號（你可以使用 GitHub 帳號來登入），並按下 Create New Instance。接下來你只要給它一個名稱（例如「meadowlark」）並選擇一個方案（你可以使用免費方案）。你也要指定地區（選擇離你最近的）。完成所有設定之後，你會看到一個 Details 區域，列出關於你的實例的資訊。複製 URL（連結字串），它會將用戶名稱、密碼，以及實例位置全部放在一個方便的字串裡面。

將那個字串放入你的 *.credentials.development.json* 檔：

```
"postgres": {
  "connectionString": "your_dev_connection_string"
}
```

物件資料庫和 RDBMS 有一個差異在於，在加入或取回資料之前，你通常必須進行許多前置作業來定義 RDBMS 的資料綱要，並使用資料定義 SQL 來建立綱要。為了遵守這個模式，我們要用獨立的步驟來進行，而不是像使用 MongoDB 時那樣，讓 ODM 或 ORM 處理它。

我們可以建立 SQL 腳本並使用命令列用戶端來執行資料定義腳本來建立表格，或是使用 PostgreSQL 用戶端 API 在 JavaScript 裡面做這件事，不過是在一個獨立的步驟裡面，而且只做一次。因為這本書的主題是 Node 和 Express，我們採取後者。

首先，我們要安裝 pg 用戶端程式庫（`npm install pg`）。接著建立 *dbinit.js*，它只用來初始化資料庫，與 *db.js* 檔案不同，後者會在每次伺服器啟動時使用（本書程式存放區的 *ch13/01-postgres/db.js*）：

```
const { credentials } = require('./config')

const { Client } = require('pg')
const { connectionString } = credentials.postgres
const client = new Client({ connectionString })

const createScript = `
  CREATE TABLE IF NOT EXISTS vacations (
    name varchar(200) NOT NULL,
    slug varchar(200) NOT NULL UNIQUE,
    category varchar(50),
    sku varchar(20),
    description text,
    location_search varchar(100) NOT NULL,
    location_lat double precision,
    location_lng double precision,
    price money,
    tags jsonb,
    in_season boolean,
    available boolean,
    requires_waiver boolean,
    maximum_guests integer,
    notes text,
    packages_sold integer
  );
`

const getVacationCount = async client => {
  const { rows } = await client.query('SELECT COUNT(*) FROM VACATIONS')
  return Number(rows[0].count)
}

const seedVacations = async client => {
  const sql = `
    INSERT INTO vacations(
      name,
      slug,
```

```
        category,
        sku,
        description,
        location_search,
        price,
        tags,
        in_season,
        available,
        requires_waiver,
        maximum_guests,
        notes,
        packages_sold
      ) VALUES ($1, $2, $3, $4, $5, $6, $7, $8, $9, $10, $11, $12, $13, $14)
    `
    await client.query(sql, [
      'Hood River Day Trip',
      'hood-river-day-trip',
      'Day Trip',
      'HR199',
      'Spend a day sailing on the Columbia and enjoying craft beers in Hood River!',
      'Hood River, Oregon, USA',
      99.95,
      `["day trip", "hood river", "sailing", "windsurfing", "breweries"]`,
      true,
      true,
      false,
      16,
      null,
      0,
    ])
    // 我們可以在這裡使用同一個模式來插入其他的假期資料…
}

client.connect().then(async () => {
  try {
    console.log('creating database schema')
    await client.query(createScript)
    const vacationCount = await getVacationCount(client)
    if(vacationCount === 0) {
      console.log('seeding vacations')
      await seedVacations(client)
    }
  } catch(err) {
    console.log('ERROR: could not initialize database')
    console.log(err.message)
  } finally {
```

```
        client.end()
    }
  })
```

我們從這個檔案最下面看起。我們呼叫資料庫用戶端（client）的 connect()，它會建立資料庫連結，並回傳一個 promise。解析那個 promise 之後，我們就可以對資料庫執行一些動作了。

我們先呼叫 client.query(createScript)，它會建立 vacations 表（也稱為關係（relation））。看一下 createScript 可以發現它是資料定義 SQL，本書不探討 SQL，既然你已經在閱讀這一節了，我就假設你至少已經對 SQL 有初步的瞭解。你可以看到，我們使用 snake_case 格式來命名欄位，而不是 camelCase，也就是說，本來應該是「inSeason」的東西變成「in_season」了。雖然你也可以用 camelCase 來命名 PostgreSQL 的結構，但因為你必須用大寫字母來引用任何識別碼，所以使用 camelCase 會帶來沒必要的麻煩。稍後會再探討這個主題。

我們必須更仔細地考慮資料綱要。假期名稱可以多長？（我們隨便限制為 200 個字元。）種類名稱與 SKU 可以多長？注意，我們讓價格使用 PostgreSQL 的 money 型態，並且將 slug 當成主鍵（而不是加入獨立的 ID）。

如果你已經很熟悉關聯資料庫了，你應該會對這個簡單的資料綱要感到驚訝。但是，我們處理「標籤」的方式可能會讓你大吃一驚。

傳統的資料庫設計可能會藉著建立一個新表格來建立假期和標籤的關係（這種做法稱為標準化（normalization）），雖然我們可以在此採取這種做法，但我們決定在傳統的關聯資料庫設計和「採取 JavaScript 的做事方式」之間取得平衡，如果使用兩個資料表（例如 vacations 和 vacation_tags），為了建立一個包含所有假期資訊的物件，我們就必須查詢這兩個表格的資料，如同 MongoDB 範例的做法。有人可能出於性能方面的原因而採取這種複雜的做法，我們假設沒有這方面的考量，只想要快速找出特定假期的標籤。雖然我們可以製作一個文字欄位，並且用逗號來分隔標籤，但是如此一來，我們就必須解析標籤，PostgreSQL 使用 JSON 資料型態來提供更好的做法。我們很快就會看到，藉著使用 JSON（jsonb，一種性能更高的二進制表示法），我們可以將它存為 JavaScript 陣列，並且輸出一個 JavaScript 陣列，就像我們在 MongoDB 中做的那樣。

最後，我們使用之前的基本概念將種子資料插入資料庫，如果 vacations 表是空的，我們就加入一些初始資料，否則假設我們已經完成它了。

與使用 MongoDB 相較之下，現在插入資料有點不方便，解決這個問題的方法有很多種，我想要在這個例子說明 SQL 的用法。我們可以寫一個函式來讓插入陳述式更自然，或是使用 ORM（稍後介紹）。但是就目前而言，SQL 可以完成工作，而且對任何已經知道 SQL 的人來說，它應該是用起來很順手的。

注意，雖然這個腳本設計上只執行一次來初始化和植入資料庫，但我們將它寫成可以安全地執行多次。我們加入 IF NOT EXISTS 選項，並且先查看 vacations 是否是空的，再加入種子資料。

現在我們可以執行腳本來初始化資料庫：

```
$ node db-init.js
```

設定資料庫之後，我們要寫一些程式，在網站上使用它。

通常資料庫伺服器一次只能處理有限數量的連結，所以 web 伺服器通常會採取所謂的**連接池**（connection pooling）的策略，來平衡建立連結的開銷，和打開連結太久因而讓伺服器端不過氣的風險。幸好，PostgreSQL Node 用戶端可以幫你處理這方面的細節。

這一次我們使用 db.js 檔來採取稍微不同的策略。它會回傳一個 API 來處理和資料庫溝通的細節，而不是建立資料庫連結所需的檔案。

我們也必須做出一個關於假期模型的決定。之前在建立模型時，我們讓資料庫綱要使用 snake_case，但 JavaScript 程式碼都使用 camelCase。一般來說，我們有三個選項：

- 重構綱要，使用 camelCase，這會讓 SQL 更醜陋，因為我們必須記得正確地引用屬性名稱。

- 在 JavaScript 裡面使用 snake_case。這並不理想，因為我們喜歡標準做法（對吧？）。

- 在資料庫端使用 snake_case，並且在 JavaScript 端轉換成 camelCase。這需要做更多工作，但是可以保持 SQL 和 JavaScript 的原始狀態。

幸好第三個選項可以自動完成。雖然我們可以編寫自己的函式來做那項轉換，但我們要使用流行的工具程式庫 Lodash（https://lodash.com），它可以讓工作非常輕鬆。執行 npm install lodash 來安裝它。

現在我們的資料庫需求非常有限。我們要做的只有提取所有有效的假期方案，所以 db.js 檔是這樣（本書程式存放區的 ch13/01-postgres/db.js）：

```
const { Pool } = require('pg')
const _ = require('lodash')

const { credentials } = require('./config')

const { connectionString } = credentials.postgres
const pool = new Pool({ connectionString })

module.exports = {
  getVacations: async () => {
    const { rows } = await pool.query('SELECT * FROM VACATIONS')
    return rows.map(row => {
      const vacation = _.mapKeys(row, (v, k) => _.camelCase(k))
      vacation.price = parseFloat(vacation.price.replace(/^\$/, ''))
      vacation.location = {
        search: vacation.locationSearch,
        coordinates: {
          lat: vacation.locationLat,
          lng: vacation.locationLng,
        },
      }
      return vacation
    })
  }
}
```

精簡雅緻！我們匯出一個稱為 getVacations 的方法，它的功能就像它的名稱那樣。它也使用 Lodash 的 mapKeys 和 camelCase 函式來將資料庫屬性轉換成 camelCase。

需要注意的是，我們必須小心地處理 price 屬性。PostgreSQL 的 money 型態會被 pg 程式庫轉換成已經格式化的字串。理由很充分：正如我們討論過的，JavaScript 最近才加入對於任意精度數值型態（BigInt）的支援，但目前還沒有 PostgreSQL adapter 使用它（而且它不一定都是最高效的資料型態）。我們可以改變資料庫綱要來使用數值型態而非 money 型態，但我們不應該根據前端的選擇來選擇綱要。我們也可以處理 pg 回傳的預先格式化的字串，但是這樣就必須改變所有既有的程式，它們認為 price 是個數字。此外，這種方法會防礙我們在前端進行數值計算（例如計算購物車內的項目的總價格）。出於這些理由，我們決定從資料庫取出字串時，將它解析成數字。

我們也取出位置資訊（它在表中是「平的」），並將它轉換成比較類似 JavaScript 的結構。這樣做只是為了和 MongoDB 範例比擬，我們也可以使用原本的資料結構（或修改 MongoDB 範例來使用平的結構）。

關於 PostgreSQL 需要知道的最後一件事就是更新資料，我們來加入「旺季假期」監聽器功能。

## 加入資料

如同 MongoDB 範例，我們將使用「旺季假期」監聽器範例。先將下面的資料定義加入 *db-init.js* 內的 createScript 字串：

```
CREATE TABLE IF NOT EXISTS vacation_in_season_listeners (
  email varchar(200) NOT NULL,
  sku varchar(20) NOT NULL,
  PRIMARY KEY (email, sku)
);
```

請記得，我們小心地以非破壞性的方式編寫 *db-init.js*，這樣才可以在任何時候運行它。我們可以再次執行它來建立 vacation_in_season_listeners 表。

現在我們可以修改 *db.js* 來加入一個更新這個表的方法：

```
module.exports = {
  //...
  addVacationInSeasonListener: async (email, sku) => {
    await pool.query(
      'INSERT INTO vacation_in_season_listeners (email, sku) ' +
      'VALUES ($1, $2) ' +
      'ON CONFLICT DO NOTHING',
      [email, sku]
    )
  },
}
```

PostgreSQL 的 ON CONFLICT 敘句實質上會啟用 upsert。在這個例子中，如果 email 和 SKU 的組合已經存在，代表用戶已經註冊接受通知了，所以不需要做任何事情。如果這個表有其他欄位（例如上次註冊的日期），你可能要使用更精密的 ON CONFLICT 敘句（詳情見 PostgreSQL INSERT 文件（*http://bit.ly/3724FJI*））。此外也要注意，這個行為取決於我們定義表的方式。我們將 email 和 SKU 設為複合主鍵，代表它們不能有任何重複，因此必須使用 ON CONFLICT 敘句（否則，當用戶第二次試著註冊同一個假期的通知時，INSERT 命令就會造成錯誤）。

我們已經連結兩種資料庫了，一個物件資料庫，一個 RDBMS。你可以清楚看到，資料庫的功能是相同的：以一致且可擴展的方式儲存、取出和更新資料。因為功能一樣，我們能夠建立抽象層，以方便換成不同的資料庫技術。使用資料庫的最後一項工作是持久保存 session，第 9 章曾經介紹 session。

## 使用資料庫來保存 session

第 9 章說過，生產環境不適合使用記憶體來儲存 session 資料。幸好使用資料庫來儲存 session 很簡單。

雖然我們可以使用既有的 MongoDB 或 PostgreSQL 資料庫來儲存 session，但是就儲存 session 而言，使用完整的資料庫來儲存 session 是大材小用，最適合儲存 session 的是鍵值資料庫。當我行文至此時，最流行的 session 鍵值資料庫是 Redis（*https://redis.io*）和 Memcached（*https://memcached.org*）。為了與本章的其他範例保持一致，我們將使用免費的線上服務來提供 Redis 資料庫。

前往 Redis Labs（*https://redislabs.com*）並建立一個帳號。接著建立一個免費的訂閱和方案。選擇 Cache 方案並且幫資料庫取個名字，你可以讓其他設定使用預設值。

接下來你會到達 View Database 畫面，當我行文至此時，重要資訊要等幾秒之後才會出現，請耐心等候。你需要的東西在 Access Control & Security 下面的 Endpoint 欄位和 Redis Password（它在預設情況下是隱藏的，但它旁邊有個小按鈕可以顯示它）。將它們複製到你的 *.credentials.development.json* 檔：

```
"redis": {
  "url": "redis://:<YOUR PASSWORD>@<YOUR ENDPOINT>"
}
```

留意這個有點奇怪的 URL：通常在密碼前面的冒號前面會有一個帳號，但 Redis 只允許只有密碼的連結，不過，我們仍然要加上分隔帳號和密碼的冒號。

我們將使用一種稱為 connect-redis 的程式包來提供 Redis session 資料庫。安裝它之後（npm install connect-redis），我們就可以在主 app 檔裡面設定它了。我們仍然使用 expression-session，但是現在我們傳遞一個新屬性 store 給它，這個屬性設置它來使用資料庫。注意，我們必須將 expressSession 傳給 connect-redis 回傳的函式，來取得建構式：這是 session 庫的一種非常常見的怪癖（本書程式存放區的 *ch13/00-mongodb/meadowlark.js* 或 *ch13/01-postgres/meadowlark.js*）：

```
const expressSession = require('express-session')
const RedisStore = require('connect-redis')(expressSession)

app.use(cookieParser(credentials.cookieSecret))
app.use(expressSession({
  resave: false,
  saveUninitialized: false,
  secret: credentials.cookieSecret,
  store: new RedisStore({
    url: credentials.redis.url,
    logErrors: true,  // 強烈推薦！
  }),
}))
```

我們要使用新的 session 庫來做一些有用的事情。假設我們要用不同的幣值顯示假期價格，也要讓網站記住用戶的幣值偏好。

我們先在假期網頁的最下面加入一個貨幣選擇器：

```
<hr>
<p>Currency:
    <a href="/set-currency/USD" class="currency {{currencyUSD}}">USD</a> |
    <a href="/set-currency/GBP" class="currency {{currencyGBP}}">GDP</a> |
    <a href="/set-currency/BTC" class="currency {{currencyBTC}}">BTC</a>
</p>
```

接下來加入一些 CSS（你可以將它放在 *views/layouts/main.handlebars* 檔案的行內，或連接到 *public* 目錄中的 CSS 檔）：

```
a.currency {
  text-decoration: none;
}
.currency.selected {
  font-weight: bold;
  font-size: 150%;
}
```

最後，我們加入一個路由處理式來設定貨幣，並修改 */vacations* 的路由處理式，來以目前的貨幣顯示價格（本書程式存放區的 *ch13/00-mongodb/lib/handlers.js* 或 *ch13/01-postgres/lib/handlers.js*）：

```
exports.setCurrency = (req, res) => {
  req.session.currency = req.params.currency
  return res.redirect(303, '/vacations')
}
```

```
function convertFromUSD(value, currency) {
  switch(currency) {
    case 'USD': return value * 1
    case 'GBP': return value * 0.79
    case 'BTC': return value * 0.000078
    default: return NaN
  }
}

exports.listVacations = (req, res) => {
  Vacation.find({ available: true }, (err, vacations) => {
    const currency = req.session.currency || 'USD'
    const context = {
      currency: currency,
      vacations: vacations.map(vacation => {
        return {
          sku: vacation.sku,
          name: vacation.name,
          description: vacation.description,
          inSeason: vacation.inSeason,
          price: convertFromUSD(vacation.price, currency),
          qty: vacation.qty,
        }
      })
    }
    switch(currency){
      case 'USD': context.currencyUSD = 'selected'; break
      case 'GBP': context.currencyGBP = 'selected'; break
      case 'BTC': context.currencyBTC = 'selected'; break
    }
    res.render('vacations', context)
  })
}
```

你也必須在 *meadowlark.js* 裡面加入設定貨幣的路由：

```
app.get('/set-currency/:currency', handlers.setCurrency)
```

當然，這不是理想的幣值轉換方式。我們應該使用第三方的幣值轉換 API 來確保匯率是最新的。但是它已經可以滿足展示的需求了。你現在可以切換各種不同的貨幣（現在就試試），並且停止並重啟你的伺服器。你可以發現它記得你的貨幣偏好！當你清除 cookie 時，貨幣偏好將會被忘記。現在我們失去漂亮的貨幣格式了，它變得更複雜，這是讓讀者練習的習題。

讀者的另一個習題是讓 set-currency 路由的用途更廣泛,來讓它更實用。目前我都轉址到假期網頁,如果你想要在購物車網頁使用它呢?看看你能不能想出一兩種解決這個問題的方式。

看一下資料庫,你會發現有個新的集合,稱為 *sessions*,當你查看那個集合時,你會發現一個文件使用你的 session ID(屬性 sid),以及你的貨幣偏好。

## 總結

本章討論許多內容。對大多數的 web app 而言,資料庫是讓 app 發揮功能的核心。設計和微調資料庫是個廣泛的主題,需要用好幾本書來探討,希望在此可以提供一些基本的工具,讓你可以連接兩種不同類型的資料庫以及移動資料。

建構基礎之後,接下來我們要繼續探討路由和它在 web app 中的重要性。

# 第十四章

# 路由

路由是網站或 web 服務最重要的層面之一，幸好路由在 Express 裡面很簡單、很靈活，而且很穩健。路由是將請求（用 URL 與 HTTP 方法指定的）轉傳給處理它們的程式碼的機制。之前說過，路由曾經是建構在檔案基礎之上的，而且很簡單。例如，如果你將檔案 *foo/about.html* 放在網站上，你可以在瀏覽器上面使用路徑 */foo/about.html* 來訪問它，雖然簡單，但不靈活，而且，你有沒有發現，最近在 URL 中加上 *html* 顯得有點老氣。

在我們探討使用 Express 來製作路由的技術層面之前，我們要討論**資訊結構**（*information architecture*，IA）的概念。IA 指的是內容的概念結構。在開始設計路由之前先製作可擴展的（但是不會過於複雜的）IA 有巨大的好處。

有一篇極有智慧且永恆的 IA 文章是 Tim Berners-Lee 著作的，他實際上是**網際網路的發明者**。你現在可以（也應該）閱讀它：*http://www.w3.org/Provider/Style/URI.html*。它是在 1998 年寫出來的。仔細想想，用 1998 年的網際網路技術寫出來的東西幾乎都不像今天的那麼合乎標準。

那篇文章要求我們承諾這個崇高的責任：

> 網路管理員的職責是分配 URI，那些 URI 可讓你在 2 年、20 年、200 年裡隨時待命。這是一項需要思考、組織以及承諾的工作。
>
> —Tim Berners-Lee

我想，如果 web 設計需要專業認證，就像其他工程學一樣，我們可能要將它當成誓詞（如果閱讀那篇文章的人夠敏銳的話，可以從那篇文章的結尾是 *.html* 發現幽默之處）。

打個比方（可惜引不起年輕讀者的共鳴），假設每隔兩年，你最喜歡的圖書館就會徹底重新排序杜威十進位圖書分類格式。有一天你可能無法在圖書館裡面找到任何一本書。當你重新設計 URL 結構時，就會發生這種事情。

請認真地規劃你的 URL，它們在 20 年之後還有意義嗎？（200 年可能太久了，天曉得屆時我們是否還在使用 URL。不過，我欽佩為遙遠的未來深思熟慮的奉獻精神。）請仔細地考慮如何拆解你的內容，按邏輯分類東西，不要讓自己陷入困境。這是一門科學，也是一門藝術。

或許最重要的是，和別人一起設計你的 URL。即使你是方圓幾公里內最好的資訊架構師，知道別人如何以不同的觀點看待相同的內容也有可能嚇你一跳。我的意思不是說，你應該試著做出符合**每個人**的觀點的 IA（因為這通常是不可能的事情），而是你必須從很多可以給你更好意見的觀點看出問題，以及公開你自己的 IA 的缺陷。

下面是一些協助你完成持久的 IA 的建議：

### 永遠不要在你的 *URL* 裡面暴露技術細節

你有沒有看過網站的 URL 結尾是 *.asp*，並且覺得那個網站無可救藥地過時？很久很久以前，ASP 是先進技術。雖然我很不願意這樣說，不過 JavaScript、JSON、Node 和 Express 也會過時。我希望這件事不會在幾個生產年份之內發生，但時間通常站在技術的對立面。

### 避免在 *URL* 放入無意義的資訊

仔細思考 URL 的每一個字。如果它不代表任何東西，就將它剔除。例如，URL 裡面有 *home* 這個單字的網站總是讓我退避三舍，根 URL 就是首頁，你不需要額外使用 */home/directions* 和 */home/contact* 這種 URL。

### 避免沒必要冗長的 *URL*

在所有其他條件都相同的情況下，短的 URL 比長的 URL 更好。但是你不應該犧牲清楚性或 SEO 來製作短 URL。雖然使用縮寫很誘人，但你要再三考慮。它們必須是常見且普遍的，你才能永恆地將它放入 URL。

### 使用一致的單字分隔符號

大家經常使用連字符來分隔單字，比較不用底線分隔單字。一般認為連字符比底線美觀，多數的 SEO 專家也推薦使用連字符。無論你使用連字符還是底線，請一致地使用它們。

### 絕不使用空格或無法打出來的字元

不建議在 URL 中使用空格。它通常會被轉換成加號（+），造成大家的困擾。不要使用無法打出來的字元的原因很明顯，我強烈建議你不要使用英數字元、數字、破折號和底線之外的字元，或許使用它們看起來很巧妙，但「巧妙」是經不起時間考驗的。顯然，如果你的網站不是讓英文讀者瀏覽的，你可能會使用非英文字元（使用百分比代碼），但是當你要將網站本地化（localize）時，你會覺得很頭痛。

### 在 *URL* 中使用小寫

這一點是有爭議的。有些人認為在 URL 中混合使用大小寫不但是可接受的，也是可取的。我不想針對這個問題進行宗教式辯論，但我想要說，使用小寫的優點是它永遠都可以用程式碼自動產生。如果你曾經被迫遍歷一個網站來整理成千上萬個連結，或進行字串比較，你就知道我的意思。我個人覺得小寫的 URL 比較美觀，但最終的決定在你。

## 路由與 SEO

如果你希望讓網站容易被發現（多數人都是如此），你就要考慮 SEO，以及你的 URL 如何影響它。更明確地說，如果有些關鍵字很重要，而且很合理，那就考慮把它們放入 URL。例如，Meadowlark Travel 有一些 Oregon Coast 假期，為了讓這些假期有高的搜尋引擎排名，可以在標題、標頭、內文和詮釋說明使用「Oregon Coast」，並且讓 URL 以 */vacations/oregon-coast* 開頭。你可以在 */vacations/oregon-coast/manzanita* 找到 Manzanita 假期方案。如果為了縮短 URL，我們只使用 */vacations/manzanita*，我們就會失去寶貴的 SEO。

話雖如此，不要為了排高排名而將許多關鍵字塞入 URL，這不會成功。例如，為了多說一次「Oregon Coast」而將 Manzanita 假期 URL 改成 */vacations/oregon-coast-portland-and-hood-river/oregon-coast/manzanita*，還有同時使用「Portland」和「Hood River」關鍵字是錯誤的做法，這與好的 IA 背道而馳，而且很可能適得其反。

## 子域

與路徑一樣，子域是 URL 的一部分，經常用來路由請求。子域最好保留給 app 的不同的部分使用，例如 REST API（*api.meadowlarktravel.com*）或管理介面（*admin.meadowlarktravel.com*）。有時子域會被用來處理技術方面的事項。例如，如果我們要用

WordPress 來建構 blog（網站其餘的部分使用 Express），使用 *blog.meadowlarktravel.com* 比較簡單（更好的解決方案是使用代理伺服器，例如 NGINX）。使用子域來劃分內容通常會影響 SEO，所以它們最好用在對 SEO 而言不重要的區域，例如管理區域和 API。牢記這一點，除非沒有其他選擇，否則不要讓對於 SEO 而言很重要的內容使用子域。

Express 的路由機制在預設情況下不會考慮子域：`app.get(`*/about*`)` 會處理送給 *http://meadowlarktravel.com/about*、*http://www.meadowlarktravel.com/about* 和 *http://admin.meadowlarktravel.com/about* 的請求。如果你想要分別處理子域，你可以使用 `vhost` 程式包（代表「virtual host」，來自 Apache 經常用來處理子域的機制）。請先安裝程式包（`npm install vhost`），要在開發電腦上測試基於網域的路由，你必須設法「偽造」網域名稱。幸好這就是 *hosts* 檔的用途。在 macOS 和 Linux 電腦裡面，它在 */etc/hosts*；在 Windows 電腦，它在 *c:\windows\system32\drivers\etc\hosts*。在你的 hosts 檔加入下列內容（你需要管理權限才能編輯它）：

```
127.0.0.1 admin.meadowlark.local
127.0.0.1 meadowlark.local
```

它們會要求電腦將 meadowlark.local 和 admin.meadowlark.local 視為一般的網際網路網域，但是將它們對映至 localhost（127.0.0.1）。為了避免混淆，我們使用 .local 頂層網域（你也可以使用 .com 或任何其他網際網路網域，但它會覆寫實際的網域，帶來麻煩）。

接著你可以使用 vhost 中介函式來使用有網域意識的路由（本書程式存放區的 *ch14/00-subdomains.js*）：

```
// 建立 admin 子域 ... 它會出現在
// 你的所有其他路由之前
var admin = express.Router()
app.use(vhost('admin.meadowlark.local', admin))

// 建立 admin 路由；它們可以在任何地方定義
admin.get('*', (req, res) => res.send('Welcome, Admin!'))

// 一般路由
app.get('*', (req, res) => res.send('Welcome, User!'))
```

`express.Router()` 實質上會建立一個 Express 路由式的新實例。你可以像對待原始實例（app）那樣對待這個實例，加入路由和中介函式。但是，除非你將它加入 app，否則它不會做任何事情。我們用 vhost 加入它，vhost 會將那個路由式實例綁定那個子域。

express.Router 也可以用來分割你的路由，讓你可以一次連接許多路由處理式。詳情見 Express 路由文件（*http://bit.ly/2X8VC59*）。

# 路由處理式是中介函式

我們已經看過匹配指定路徑的基本路由了。不過，`app.get(\'/foo', ...)` 究竟在做什麼？我們在第 10 章看過，它只是一個專用的中介函式元素，範圍到一個被傳入的 `next` 方法。我們來看一些比較複雜的範例（本書程式存放區的 *ch14/01-fifty-fifty.js*）：

```
app.get('/fifty-fifty', (req, res, next) => {
  if(Math.random() < 0.5) return next()
  res.send('sometimes this')
})
app.get('/fifty-fifty', (req,res) => {
  res.send('and sometimes that')
})
```

在上面的例子中，我們用兩個處理式來處理同一個路由。通常第一個會勝出，但是在這一個案例，第一個有一半的機會會被繞過，所以第二個有機會執行。我們甚至不需要使用 `app.get` 兩次，你可以讓一個 `app.get` 呼叫式使用任何數量的處理式。在下面的例子中，三個不同的回應都有大致相同的機會（本書程式存放區的 *ch14/02-red-green-blue.js*）：

```
app.get('/rgb',
  (req, res, next) => {
    // 大約 1/3 的請求會回傳「red」
    if(Math.random() < 0.33) return next()
    res.send('red')
  },
  (req, res, next) => {
    // 剩下的 2/3 中的一半的請求（所以是另一個 1/3）
    // 會回傳「green」
    if(Math.random() < 0.5) return next()
    res.send('green')
  },
  function(req, res){
    // 最後 1/3 會回傳「blue」
    res.send('blue')
  },
)
```

雖然這段程式乍看之下沒有太大的用處，但它可讓你建立通用的函式，可在你的任何路由中使用。例如，假設我們有一個機制是在某些網頁上顯示特價優惠，因為特價優惠經常改變，所以它們不會在每一個網頁上顯示。我們可以建立一個函式來將特價注入 res.locals 屬性（見第 7 章）（本書程式存放區的 *ch14/03-specials.js*）：

```
async function specials(req, res, next) {
  res.locals.special = await getSpecialsFromDatabase()
  next()
}

app.get('/page-with-specials', specials, (req, res) =>
  res.render('page-with-specials')
)
```

我們也可以為這種做法製作一個授權機制。假設我們的用戶授權碼設定一個稱為 req.session.authorized 的 session 變數。我們可以用這段程式來製作可重複使用的授權過濾器（本書程式存放區的 *ch14/04-authorizer.js*）：

```
function authorize(req, res, next) {
  if(req.session.authorized) return next()
  res.render('not-authorized')
}

app.get('/public', () => res.render('public'))

app.get('/secret', authorize, () => res.render('secret'))
```

## 路由路徑與正規表達式

當你在路由中指定路徑（例如 */foo*）時，Express 最終會將它轉換成正規表達式。有些正規表達式的詮釋字元（metacharacter）可以在路由路徑中使用：+、?、*、( 與 )。我們來看一些例子。假設你希望用同一個路由來處理 URL */user* 和 */username*：

```
app.get('/user(name)?', (req, res) => res.render('user'))
```

*http://khaaan.com* 是我很喜歡的網站（可惜現在不見了）。它上面有每一個人最喜歡的星際戰艦艦長和他最有代表性的台詞。雖然它沒有什麼用途，但每次我瀏覽它時都會開懷大笑。假設我們想要製作自己的「KHAAAAAAAAN」網頁，但不希望讓用戶必須記住它究竟是 2 個 *a* 還是 3 個還是 10 個。這段程式可完成這項任務：

```
app.get('/khaa+n', (req, res) => res.render('khaaan'))
```

但是並非所有一般的 regex 詮釋字元在路由路徑裡面都有意義，只有上面列出的才有。這件事很重要，因為句點在路由裡面可能會在未轉義的情況下使用，但句點通常是代表「任何字元」的 regex 詮釋字元。

最後，如果你真的想要在路由充分發揮正規表達式的威力，可以：

```
app.get(/crazy|mad(ness)?|lunacy/, (req,res) =>
  res.render('madness')
)
```

我還沒有找到在路由路徑裡面使用 regex 詮釋字元的好理由，更不用說完整的 regex 了，不過知道有這項功能也是件好事。

## 路由參數

雖然你應該不曾在日常工作中使用 Express 工具箱裡面的 regex 路由，但你應該會經常使用路由參數。簡言之，它可以將你的部分路由轉換成變數參數。假設在網站中，我們想要幫每一位員工建立一個網頁。我們有個存放員工的資料庫，裡面有履歷和照片。隨著公司的成長，幫員工加入新路由這項工作也變得越來越麻煩。我們來看一下路由參數可以怎麼幫助我們（本書程式存放區的 *ch14/05-staff.js*）：

```
const staff = {
  mitch: { name: "Mitch",
    bio: 'Mitch is the man to have at your back in a bar fight.' },
  madeline: { name: "Madeline", bio: 'Madeline is our Oregon expert.' },
  walt: { name: "Walt", bio: 'Walt is our Oregon Coast expert.' },
}

app.get('/staff/:name', (req, res, next) => {
  const info = staff[req.params.name]
  if(!info) return next()    // 最終會降為 404
  res.render('05-staffer', info)
})
```

注意我們在路由裡面是怎麼使用 *:name* 的。它會匹配任何字串（不包括斜線的），並使用鍵 name 將它放入 req.params 物件。這是常用的功能，尤其是在建立 REST API 時。你可以在路由裡面使用多個參數。例如，如果我們想要按照城市來劃分員工名單，可以使用：

```
const staff = {
  portland: {
```

```
    mitch: { name: "Mitch", bio: 'Mitch is the man to have at your back.' },
    madeline: { name: "Madeline", bio: 'Madeline is our Oregon expert.' },
  },
  bend: {
    walt: { name: "Walt", bio: 'Walt is our Oregon Coast expert.' },
  },
}

app.get('/staff/:city/:name', (req, res, next) => {
  const cityStaff = staff[req.params.city]
  if(!cityStaff) return next()   // 無法識別的城市 -> 404
  const info = cityStaff[req.params.name]
  if(!info) return next()        // 無法識別的人員 -> 404
  res.render('staffer', info)
})
```

# 組織路由

你應該已經清楚知道，在主 app 檔裡面定義所有的路由是很麻煩的事情。那個檔案不僅會隨著時間增長，這種做法也無法很好地分開功能，因為在那個檔案裡面已經有很多東西了。簡單的網站可能只有幾十個路由或更少，但比較大的網站可能有上百個路由。

那麼，你該如何組織路由？你*希望*如何組織路由？ Express 對你如何組織路由沒有意見，所以這件事完全取決於你的想法。

在下一節，我會介紹一些常見的路由處理方式，但是不管怎麼說，我建議你用四條指導原則來決定如何組織路由：

**讓路由處理式使用具名函式**

在設計小型的 app 或是原型時，定義路由處理函式，並且在行內編寫路由處理式是很好的做法，但是隨著網站的成長，這種做法會越來越麻煩。

**路由不應該是神秘難解的**

這個原則故意採取含糊的說法，因為大型的、複雜的網站可能比只有 10 個網頁的網站更需要複雜的組織方案。在這個頻譜的另一端是將網站的*所有*路由放在一個檔案裡面，以方便你掌握它們的位置。這種方法可能不適合在大型的網站中使用，因此你必須按功能劃分路由。但是即使如此，你也要清楚知道該去哪裡尋找特定的路由。當你需要修復某個東西時，你絕對不想要花一個小時搞清楚路由是在哪裡處理的。我目前正在進行的 ASP.NET MVC 專案剛好遇到這方面的惡夢。它的路由在至少 10 個不同的地方處理,這既不符合邏輯,也沒有前後一致,甚至常常是矛盾的。雖然我非常熟悉那個(非常大型的)網站,但我一樣要花大量的時間來追蹤某個 URL 究竟是在哪裡處理的。

### 路由組織必須是可擴展的

如果你現在有 20 或 30 個路由,將它們定義在一個檔案裡面是沒問題的,但如果三年後你有 200 個路由呢?這件事是有可能發生的。無論你選擇哪一種方法,你都要預留成長的空間。

### 不要忽視自動 view-based 路由處理式

如果你的網站有很多網頁是靜態的,而且使用固定的 URL,你的所有路由最後會長得像這樣:`app.get('/static/thing', (req, res) => res.render(\'static/thing'))`。為了減少沒必要的程式碼重複,你可以考慮使用自動 view-based 路由處理式。本章稍後會介紹這種做法,它可以和自訂路由一起使用。

## 在模組中宣告路由

組織路由的第一步是把它們全部放入它們自己的模組內,做這件事的方法有很多種,其中一種做法是讓模組回傳一個物件陣列,裡面有方法和處理式屬性,然後在 app 檔案定義路由:

```
const routes = require('./routes.js')

routes.forEach(route => app[route.method](route.handler))
```

這種方法有其優點,很適合動態儲存路由,例如存入資料庫或 JSON 檔案裡面。但是,如果你需要那項功能,我建議你將 app 實例傳給模組,並且讓它加入路由。我們的範例將採取這種做法。建立一個稱為 *routes.js* 的檔案,並且將所有既有的路由搬到裡面:

```
module.exports = app => {

  app.get('/', (req,res) => app.render('home'))

  //...

}
```

如果我們只是進行複製和貼上，我們可能會遇到一些問題。例如，如果有行內路由處理式使用新的 context 未提供的變數或方法，那些參考將會損壞。我們可以加入必要的匯入，但請先等一下。我們很快就會將處理常式移到它們自己的模組裡面，到時候會處理這個問題。

那我們該如何接入路由？很簡單，我們只要在 *meadowlark.js* 裡面匯入路由：

```
require('./routes')(app)
```

或是採取更明確的方式，加入具名匯入（我們將它稱為 addRoutes，來更好地反映它這個函式的性質，我們也可以用這種方式來命名檔案）：

```
const addRoutes = require('./routes')

addRoutes(app)
```

## 有邏輯地為處理式分組

為了滿足我們的第一個指導原則（讓路由處理式使用具名函式），我們要找一個地方來放置這些處理式。比較極端的做法是讓每個處理式使用一個單獨的 JavaScript 檔案，但是我很難想出這種做法的好處。比較好的方法用功能來幫它們分組，這樣我們不但更容易利用共享的功能，也更容易在彼此相關的方法裡面進行修改。

我們現在將功能分成不同的檔案，將首頁處理式、「about」處理式，以及不知道放在哪裡的任何其他處理式放在 *handlers/main.js* 裡面，將假期相關的處理式放在 *handlers/vacations.js* 裡面，以此類推。

考慮 *handlers/main.js*：

```
const fortune = require('../lib/fortune')

exports.home = (req, res) => res.render('home')

exports.about = (req, res) => {
  const fortune = fortune.getFortune()
  res.render('about', { fortune })
}

//...
```

接著我們來修改 *routes.js* 來使用它：

```
const main = require('./handlers/main')

module.exports = function(app) {

  app.get('/', main.home)
  app.get('/about', main.about)
  //...

}
```

它可以滿足我們的所有指導方針。*/routes.js* 非常簡單。你很容易就可以看出網站裡面有哪些路由，以及它們是在哪裡被處理的。我們也為自己留下足夠的成長空間。我們可以根據需要把相關的功能分組到任何數量的檔案中。而且如果 *routes.js* 變複雜，我們可以再次使用同一種技術，將 app 物件傳給另一個模組，讓該模組註冊更多路由。（雖然這種做法已經開始變成「過度複雜」了，你必須能夠證明使用複雜的做法是正確的！）

## 自動算繪 view

如果你希望可以像之前那樣將 HTML 檔案放在目錄裡面，並且讓網站快速提供它，你並不孤單。如果你的網站有很多內容但沒有很多功能，你會發現，為每一個 view 添加一個路由是沒必要的麻煩事。幸好，我們可以處理這個問題。

我們來看看如何加入檔案 *views/foo.handlebars*，並且神奇地用路由 */foo* 來提供它，在應用程式檔裡面，在 404 處理式前面加入這個中介函式（本書程式存放區的 *ch14/06-auto-views.js*）：

```
const autoViews = {}
const fs = require('fs')
const { promisify } = require('util')
const fileExists = promisify(fs.exists)

app.use(async (req, res, next) => {
  const path = req.path.toLowerCase()
  // 檢查快取，如果它在那裡，算繪 view
  if(autoViews[path]) return res.render(autoViews[path])
  // 如果它沒有在快取，看看
  // 有沒有一個相符的 .handlebars 檔
```

```
if(await fileExists(__dirname + '/views' + path + '.handlebars')) {
  autoViews[path] = path.replace(/^\//, '')
  return res.render(autoViews[path])
}
// 找到 view，交給 404 處理式
next()
})
```

現在我們可以將一個 *.handlebars* 檔加入 *view* 目錄，並且在適當的路徑算繪它。注意，常規的路由會繞過這個機制（因為我們將自動 view 處理式放在所有其他路由後面），所以如果你有一個為路由為 */foo* 路由算繪不同的 view，它會優先執行。

注意，如果你刪除已被訪問過的 view，這種做法會出問題，因為它已經被加入 **autoViews** 物件了，所以即使它已經被刪除，後續的 view 都會試著算繪它，造成錯誤。為了解決這個問題，你可以將算繪的動作包在 **try/catch** 段落裡面，並且在發現錯誤時將 **autoViews** 的 view 移除；我把這項改善當成給讀者的習題。

## 總結

路由是專案很重要的部分，除了本章介紹的路由處理式組織方法之外，你也可以採取許多其他的做法，你可以自由地實驗它們，找出最適合你和專案的技術。我鼓勵你優先選擇清楚且容易追蹤的技術。路由的功能在很大程度上就是將外面世界（用戶端，通常是瀏覽器）對映至回應它的伺服器端程式碼。如果對映很複雜，你就很難追蹤 app 裡面的資訊流，使你難以進行開發和除錯。

# 第十五章

# REST API 與 JSON

雖然我們已經在第 8 章看了一些 REST API 範例了，但截至目前為止的模式大部分都是「在伺服器端處理資料，再將格式化之後的 HTML 送給用戶端」。這種操作模式已經逐漸不是 web app 的預設模式了，大部分的現代 web app 都是單頁 app（SPA），它們會接收一個包含所有 HTML 和 CSS 的靜態包裹，再接收 JSON 等無結構資料，並直接操作 HTML。同樣的，藉著 post 表單來將變動送到伺服器的重要性已經不如直接將 HTTP 請求送到 API 來進行溝通了。

因此，接下來我們要把注意力轉向使用 Express 來提供 API 端點，而不是預先格式化的 HTML。這種做法在第 16 章使用 API 來動態算繪 app 時很有幫助。

在這一章，我們將簡化 app 來提供「coming soon」HTML 介面：我們在第 16 章才會充實它的內容。現在先把重點放在可供存取假期資料的 API，以及提供註冊「淡季」監聽器的 API。

*web 服務*這種籠統的名稱代表任何一種可以透過 HTTP 來訪問的 app 程式介面（API）。web 服務的概念已經出現很長一段時間了，但是直到最近，實現它們的技術仍然很古板、拜占庭式，而且過於複雜。現在還有一些系統使用這些技術（例如 SOAP 和 WSDL），有一些 Node 程式包可以協助你連接這些系統，但是在此不探討它們，我們要把焦點放在所謂的 RESTful 服務，它的介面比較直觀。

*REST* 這個縮寫的意思是**表示狀態傳送**（*representational state transfer*），REST*ful* 這個形容詞代表滿足 REST 原則的服務，雖然語法怪怪的。REST 的正式定義非常複雜並且充滿計算機科學的繁文縟節，基本上 REST 就是介於用戶端與伺服器之間的無狀態連結。REST 的正式定義也規定服務可以被快取，而且服務可以使用層狀結構（也就是說，當你使用 REST API 時，在它下面可能還有其他的 REST API）。

從實作的觀點來看，HTTP 的限制讓我們很難建立非 RESTful 的 API，舉例來說，狀態是你必須付出心血建立的東西。

# JSON 和 XML

提供 API 的關鍵是用來溝通的通用語言，雖然部分的溝通方式已經有人規定了：我們必須使用 HTTP 方法來和伺服器通訊，但除此之外，我們可以自由地選擇資料語言。傳統上，XML 是一種流行的選項，它仍然是一種重要的標記語言。雖然 XML 不是很複雜，但 Douglas Crockford 認為還有更輕量化的空間，導致 JavaScript Object Notation（JSON）的誕生。它除了和 JavaScript 很合得來之外（但它絕不是專屬的，而是一種可讓任何語言輕鬆解析的格式），另一個優點是手工編寫通常比 XML 更簡單。

相較於 XML，我比較喜歡在大多數的 app 裡面使用 JSON：它的 JavaScript 支援更好，而且格式比較簡單、紮實。我建議你把重心放在 JSON，只在既有的系統需要用 XML來和你的 app 溝通時才提供 XML。

# 我們的 API

我們會先規劃 API 再實作它。除了監聽假期和訂閱「旺季」通知之外，我們也會加入「刪除假期」端點。因為這是公用 API，我們不會真的刪除假期。我們只會將它標成「已請求刪除（delete requested）」，讓管理員可以復審。例如，你可能會使用這個未保護的端點來讓供應商請求移除網站上的假期，並且讓管理員進行復審。這些是我們的API 端點。

GET /api/vacations

　　取出假期

GET /api/vacation/:sku

　　用 SKU 回傳假期

POST /api/vacation/:sku/notify-when-in-season

　　用查詢字串參數接收 email，並且加入通知監聽器來監聽指定的假期

```
DELETE /api/vacation/:sku
```
請求刪除假期；用查詢字串參數接收 email（請求刪除的人）和 notes

    [NOTE]

*範例 15-1.*

你可以使用很多種 HTTP 動詞。GET 與 POST 是最常見的，接著是 DELETE 與 PUT。使用 POST 來建立東西，使用 PUT 來更新（或修改）東西已經成為標準做法了。因為你無法從這些單字的英文意思看出這種區別，所以你可以考慮使用路徑來區分這兩種操作，以避免混淆。如果你想要知道更多關於 HTTP 動詞的細節，我推薦從這篇 Tamas Piros 的文章看起（*http://bit.ly/32L4QWt*）。

我們可以用很多種方式來描述 API。在這裡，我們使用 HTTP 方法與路徑的組合來區分 API 呼叫，並且混合使用查詢字串和內文參數來傳遞資料。另一種做法是使用不同的路徑（*/api/vacations/delete*）與同樣的方法[1]。我們也可以用一致的方式傳遞資料。例如，我們可能在 URL 中傳遞提取參數所需的資訊，而不是使用查詢字串：DEL /api/vacation/:id/:email/;notes。為了避免 URL 太長，我建議使用請求內文來傳遞大量資料（例如刪除請求說明（deletion request notes））。

JSON API 有一種流行且廣受尊重的規範，它有個富創造性的名稱，JSON:API。對我來說，它有點囉嗦且重複，但我也認為不完美的標準總比沒有好。雖然我們在這本書不使用 JSON:API，但你將會瞭解採用 JSON:API 規範所需的一切。詳情見 JSON:API 首頁（*https://jsonapi.org*）。

## API 錯誤報告

HTTP API 的錯誤報告通常是用 HTTP 狀態碼來實現的。如果請求回傳 200 (OK)，用戶端就知道請求是成功的。如果請求回傳 500 (Internal Server Error)，代表請求失敗。但是在大部分的 app 中，並非每件事都可以粗略地分成（或應該是）「成功」或「失敗」。例如，如果你用 ID 請求某個東西，但是那個 ID 不存在呢？這不是伺服器錯誤，而是用戶端要求不存在的東西。一般來說，錯誤可以分成這些種類：

---

1    如果你的用戶端無法使用不同的 HTTP 方法，可參考這個模組（*http://bit.ly/2O7nr9E*），它可以讓你「偽造」不同的 HTTP 方法。

### 災難性錯誤

造成伺服器不穩定或未知狀態的錯誤。通常這是未被處理的例外造成的。從災難性錯誤恢復正常的做法只有重啟伺服器。在理想情況下，任何未決（pending）的請求都會收到 500 回應碼，但如果故障非常嚴重，伺服器可能完全無法回應，請求將會過期。

### 可恢復的伺服器錯誤

可恢復的錯誤不需要重啟伺服器，或執行任何其他壯烈的行為。這種錯誤的原因是伺服器上的意外錯誤情況（例如資料庫連結失效）。這種問題可能是暫時的，也可能是永久的。此時很適合使用 500 回應碼。

### 用戶端錯誤

用戶端錯誤是用戶端犯錯造成的，通常是遺漏參數或使用無效的參數。這種情況不適合使用 500 回應碼，畢竟錯的不是伺服器，伺服器一切正常，只是用戶端沒有正確地使用 API。此時你有幾種選擇：你可以回應狀態碼 200，並且在回應內文中說明錯誤，或是額外使用適當的 HTTP 狀態碼來試著描述錯誤。我建議採取第二種做法。在這個例子中，最實用的回應碼是 404 (Not Found)、400 (Bad Request) 與 401 (Unauthorized)。此外，回應內文應該包含針對錯誤細節的解釋。如果你想要更進一步，可以在錯誤訊息放入文件的連結。注意，如果用戶請求一串東西，卻沒有東西可以回傳，這不是錯誤狀況，正確的做法是直接回傳空串列。

在我們的 app 裡面，我將在內文中，結合使用 HTTP 回應碼與錯誤訊息。

## 跨源資源共享

當你發表 API 時，你應該希望讓別人使用那個 API，因此會有跨站 *HTTP 請求*。跨站 HTTP 請求已經成為多種攻擊的手段，因此受到*同源政策*（*same-origin policy*）的限制，該政策限制了可以載入腳本的地方。具體來說，協定、網域和連接埠都必須符合才行，導致你的 API 根本無法被其他網站使用，此時正是使用跨源資源共享（cross-origin resource sharing，CORS）的時機。CORS 可讓你根據具體情況取消該限制，甚至可讓你列出允許訪問腳本的網域。CORS 是用 `Access-Control-Allow-Origin` 標頭實作的。在 Express app 中實作它最簡單的做法就是使用 `cors` 程式包（`npm install cors`）。要為你的 app 啟用 CORS，可使用：

```
const cors = require('cors')

app.use(cors())
```

因為同源 API 的存在是有原因的（為了防止攻擊），我建議非必要時不要使用 CORS。在我們的例子中，我們想要公開整個 API（但只有 API），所以我們將 CORS 限制為開頭是 */api* 的路徑：

```
const cors = require('cors')

app.use('/api', cors())
```

關於 CORS 更進階的用法，請參考程式包文件（*https://github.com/expressjs/cors*）。

## 我們的測試

如果我們使用 GET 之外的 HTTP 動詞，因為瀏覽器只知道如何發出 GET 請求（以及表單的 POST 請求），所以測試 API 很麻煩。有很多方法可以解決這個問題，例如傑出的 app Postman（*https://www.getpostman.com*）。但是無論你是否使用這種工具，使用自動測試都是件好事。在為 API 編寫測試之前，我們要先設法實際呼叫 REST API。為此，我們使用一種稱為 node-fetch 的 Node 程式包，它複製了瀏覽器的 *fetch* API：

```
npm install --save dev node-fetch@2.6.0
```

我們把即將製作的 API 呼叫測試放在 *tests/api/api.test.js* 裡面（本書程式存放區的 *ch15/test/api/api.test.js*）：

```
const fetch = require('node-fetch')

const baseUrl = 'http://localhost:3000'

const _fetch = async (method, path, body) => {
  body = typeof body === 'string' ? body : JSON.stringify(body)
  const headers = { 'Content-Type': 'application/json' }
  const res = await fetch(baseUrl + path, { method, body, headers })
  if(res.status < 200 || res.status > 299)
    throw new Error(`API returned status ${res.status}`)
  return res.json()
}
```

```
describe('API tests', () => {

  test('GET /api/vacations', async () => {
    const vacations = await _fetch('get', '/api/vacations')
    expect(vacations.length).not.toBe(0)
    const vacation0 = vacations[0]
    expect(vacation0.name).toMatch(/\w/)
    expect(typeof vacation0.price).toBe('number')
  })

  test('GET /api/vacation/:sku', async() => {
    const vacations = await _fetch('get', '/api/vacations')
    expect(vacations.length).not.toBe(0)
    const vacation0 = vacations[0]
    const vacation = await _fetch('get', '/api/vacation/' + vacation0.sku)
    expect(vacation.name).toBe(vacation0.name)
  })

  test('POST /api/vacation/:sku/notify-when-in-season', async() => {
    const vacations = await _fetch('get', '/api/vacations')
    expect(vacations.length).not.toBe(0)
    const vacation0 = vacations[0]
    // 此時，我們的工作只是確保 HTTP 請求是成功的
    await _fetch('post', `/api/vacation/${vacation0.sku}/notify-when-in-season`,
      { email: 'test@meadowlarktravel.com' })
  })

  test('DELETE /api/vacation/:id', async() => {
    const vacations = await _fetch('get', '/api/vacations')
    expect(vacations.length).not.toBe(0)
    const vacation0 = vacations[0]
    // 此時，我們的工作只是確保 HTTP 請求是成功的
    await _fetch('delete', `/api/vacation/${vacation0.sku}`)
  })

})
```

我們的測試套件一開始是個輔助函式 _fetch，它可以處理一些常見的雜務。如果內文還不是 JSON，它會將它編碼為 JSON，加入適當的標頭，並且在回應的狀態碼不是 200 系列時丟出錯誤。

我們為每一個 API 端點編寫一個測試。這些測試還說不上穩健或完整，即使是這個簡單的 API，我們也可以（也應該）讓每一個端點都有一些測試。我們在此提供的程式比較像一個起點，用來說明測試 API 的技術。

這些測試有幾項重要的特性值得一提。其中一個是我們使用已經啟動並且在 3000 埠運行的 API。更穩健的測試組會尋找一個開放的連接埠,在設定 API 時,在那個連接埠啟動 API,並且在所有測試都執行完畢時停止它。第二,這項測試依賴 API 中已經存在的資料。例如,第一項測試期望至少有一個假期,而且該假期有名稱和價格。在真正的 app 中,你可能無法做出這種假設(例如,你可能在一開始沒有資料,並且想要測試是否允許遺失資料)。同樣的,比較穩健的測試框架可以讓你設定和重設 API 內的初始資料,讓你每次都可以從一種已知狀態開始。例如,你可能有一些腳本可以在每一次執行測試時設定測試資料庫和植入資料、將 API 和它連接,以及卸除它。我們在第 5 章看過,測試是一項大規模而且複雜的主題,我們只能在這裡說明一些皮毛。

第一項測試涵蓋 GET /api/vacations 端點。它會抓取所有的假期,驗證至少有一個假期,並檢查第一個,看看它有沒有名稱和價格。我們也可以測試其他的資料屬性。這是給讀者的習題:哪些屬性是最重要的測試對象?

第二項測試涵蓋 GET /api/vacation/:sku 端點。因為我們沒有一致的測試資料,所以我們先抓取所有的假期,並且取得第一個的 SKU,讓我們可以測試這個端點。

最後兩項測試涵蓋 POST /api/vacation/:sku/notify-when-in-season 與 DELETE /api/vacation/:sku 端點。遺憾的是,基於目前的 API 和測試框架,我們幾乎無法驗證這些端點是否按預期運行,因此我們預設呼叫它們,並且相信 API 沒有回傳錯誤就代表它做了正確的事情。如果我們想要讓這些測試更穩健,我們就要加入一些端點來確認動作(例如,確認是否有特定 email 註冊特定假期的端點),或是讓測試程式可以「從後門」存取我們的資料庫。

現在執行測試時,它們會逾時並失敗⋯因為我們還沒有實作 API,甚至啟動伺服器。我們開始動手吧!

## 使用 Express 來提供 API

Express 很擅長提供 API。雖然現在有各種 npm 模組可以提供實用的功能(例如 connect-rest 和 json-api),但是我發現 Express 已經有完美的功能了,所以我們將完全使用 Express 來實作。

我們先在 *lib/handlers.js* 裡面建立處理式(我們可以建立一個獨立的檔案,例如 *lib/api.js*,但現在先保持簡單):

```
exports.getVacationsApi = async (req, res) => {
  const vacations = await db.getVacations({ available: true })
  res.json(vacations)
}

exports.getVacationBySkuApi = async (req, res) => {
  const vacation = await db.getVacationBySku(req.params.sku)
  res.json(vacation)
}

exports.addVacationInSeasonListenerApi = async (req, res) => {
  await db.addVacationInSeasonListener(req.params.sku, req.body.email)
  res.json({ message: 'success' })
}

exports.requestDeleteVacationApi = async (req, res) => {
  const { email, notes } = req.body
  res.status(500).json({ message: 'not yet implemented' })
}
```

接著在 *meadowlark.js* 裡面連接 API：

```
app.get('/api/vacations', handlers.getVacationsApi)
app.get('/api/vacation/:sku', handlers.getVacationBySkuApi)
app.post('/api/vacation/:sku/notify-when-in-season',
  handlers.addVacationInSeasonListenerApi)
app.delete('/api/vacation/:sku', handlers.requestDeleteVacationApi)
```

目前應該還沒有特別奇怪的東西。注意，我們使用資料庫抽象層，所以使用 MongoDB 還是使用 PostgreSQL 並不重要（雖然根據實作，你可能會發現一些無關緊要的額外欄位，我們可以在必要時刪除它們）。

我讓讀者自行實作 requestDeleteVacationsApi，主要的原因是這項功能可以用很多不同的方式來實作。最簡單的做法是修改假期綱要，讓它有個「請求刪除」欄位，在 API 被呼叫時，使用 email 或通知（note）來更新。比較複雜的做法是使用一個獨立的表，讓它像審核佇列一樣分別記錄刪除請求，參考指定的假期，這種做法比較適合讓管理員使用。

假如你在第 5 章正確地設定 Jest，你可以執行 npm test，API 測試將會被選取（Jest 會尋找結尾是 .test.js 的任何檔案）。你將會看到我們有三項通過的測試，和一項失敗的：不完整的 DELETE /api/vacation/:sku。

# 總結

希望你看完這一章會問「就這樣了？」此時，你可能已經發現 Express 的主要功能就是回應 HTTP 請求。那些請求在請求什麼，以及如何回應它們，都完全由你決定。它們要用 HTML 來回應嗎？還是 CSS？純文字？JSON？使用 Express 都很容易做到。你甚至可以用二進制檔案類型來回應。例如，動態建構和回傳圖像並不困難。從這個意義上說，API 只是 Express 回應的多種方式之一。

在下一章，我們將建構單頁 app 來使用這個 API，並且採取其他做法來重做在前面的章節做過的事情。

第十六章

# 單頁 app

**單頁** *app*（*single-page application*，SPA）這個術語有點用詞不當，至少它混淆了「頁」這個字的意思。從用戶的觀點來看，SPA 可以顯示不同的頁面（也通常如此）：首頁、Vacations 頁、About 頁等。事實上，你可以用傳統的伺服器端算繪和 SPA 做出用戶難以區分的 app。

「單頁」和「在哪裡以及如何建構 HTML」比較有關，和用戶體驗比較無關。在 SPA 中，當用戶第一次載入 app 時[1]，伺服器會傳遞一個 HTML 包裹，UI 的任何改變（用戶看起來可能是不同的網頁）都是 JavaScript 操作 DOM 來回應用戶的動作或網路事件的結果。

SPA 仍然需要和伺服器頻繁地溝通，但是 HTML 通常是在第一次請求時傳遞的。之後，用戶端和伺服器之間只會傳送 JSON 資料與靜態資產。

我們需要先瞭解一些歷史，才能理解這種目前占主導地位的 web app 開發方式的由來⋯

## web app 開發簡史

在過去的十年間，我們進行 web 開發的方式發生了巨大的變化，但是有一件事仍然相對不變：網站或 web app 涉及的元件，即：

---

1    出於性能方面的考慮，這個包裹可能會被拆成很多視需求載入（稱為**惰式載入**）的「塊」，但是原理是一樣的。

- HTML 與文件物件模型（DOM）

- JavaScript

- CSS

- 靜態資產（通常是多媒體：圖像與影片等）

瀏覽器會將這些元件放在一起，提供用戶體驗。

但是，用戶體驗*如何*建構在 2012 年左右發生巨大的變化。如今，web 開發的主要模式是**單頁** *app*，或 SPA。

為了瞭解 SPA，我們必須先瞭解它的比較對象，所以我們將回溯到更早的時間，1998年，它是「web 2.0」這個術語出現的前一年，在 jQuery 問世的前 8 年。

在 1998 年，傳遞 web app 的主要方法是讓 web 伺服器**為每一個請求傳遞** HTML、CSS、JavaScript 和多媒體資產。以看電視來比喻，這就好像你要切換頻道時，被迫扔掉電視，買另一台電視，將它搬入房子，把它裝好——做這麼多事只是為了換頻道（導覽至不同的網頁，即使該網頁屬於同一網站）。

這種做法的原因在於它有很多額外的負擔。有時 HTML（或它的大部分內容）完全不會改變。CSS 更不會改變。雖然瀏覽器可以藉著將資產快取來減少一些負擔，但 web app 的創新速度讓這種做法緩不濟急。

在 1999 年，「Web 2.0」這個術語的問世，敘說了人們開始期望從網站獲得豐富的體驗。在 1999 年至 2012 年的技術發展為 SPA 奠定了重要的基礎。

聰明的 web 開發者意識到，如果他們想要持續留住用戶，每次用戶想要改變頻道時（打個比方）就傳送整個網站是無法被接受的。這些開發者發現並非 app 裡面的每項變動都需要來自伺服器的資訊，也並非每一項需要伺服器資訊的小變動都必須傳遞整個 app。

在 1999 年到 2012 年這段時間裡，網頁仍然是網頁：當你第一次前往一個網站時，你會取得 HTML、CSS 和靜態資產。當你前往不同的網頁時，你會取得不同的 HTML，不同的靜態資產，有時不同的 CSS。但是在每一個網頁，網頁本身可能也會為了回應用戶互動而改變，網頁不會要求伺服器傳來整個新 app，而是用 JavaScript 直接改變DOM。如果需要從伺服器取得資訊，那個資訊會用 XML 或 JSON 來傳送，完全沒有附加 HTML。

這種做法同樣是由 JavaScript 解讀資料並相應地改變用戶介面。2006 年，jQuery 問世了，它大幅降低操作 DOM 和處理網路請求的負擔。

很多這類的變革都是因為電腦和瀏覽器（藉著擴展）的功能的提升，web 開發者發現有越來越多美化網站或 web app 的工作可以在用戶電腦上進行，不需要先在伺服器完成，再傳送給用戶。

這種做法的轉變在 2000 年代末期開始加速，當時智慧型手機剛剛問世。現在，不僅瀏覽器可以做更多事情，大家也想要**透過無線網路**訪問 web app。突然之間，傳送資料的負擔增加了，使得大家更不希望透過網路傳送資料，希望盡量把工作交給瀏覽器做。

在 2012 年，盡量不要用網路傳遞資訊、並且盡量在瀏覽器裡面做事已經成為常見的做法了。就像產生史上第一個生命的原始湯一樣，這個豐富的環境為單頁 app 這種技術提供了自然演化的條件。

它的概念很簡單：對任何 web app 而言，HTML、JavaScript、CSS（若有）都只被傳送一次。當瀏覽器取得 HTML 之後，就交給 JavaScript 進行所有 DOM 的改變，來讓用戶覺得它們正在瀏覽不同的網頁。舉例來說，當你從首頁前往 Vacations 頁時，伺服器再也不需要傳送不同的 HTML 了。

當然，伺服器仍然會牽涉其中，它一樣要提供最新的資料，並且在多用戶 app 中擔任「單一事實來源」。但是在 SPA 架構中，app 如何呈現畫面已經不是伺服器的重點了，它是 JavaScript 與施展這種巧妙的幻象的框架的重點。

雖然 Angular 通常被視為第一個 SPA 框架，但這個領域也有許多其他框架：React、Vue 與 Ember 是 Angular 的競爭對手中最突出的。

如果你剛接觸開發，SPA 可能是你唯一的參考框架，所以上述內容只是一些有趣的故事。但如果你是老手，你可能會覺得這種轉變令人困惑且令人不舒服。無論你是哪一種人，本章的目的是幫助你瞭解如何用 SPA 來傳遞 web app，以及 Express 在裡面扮演什麼角色。

這段歷史與 Express 有關，因為伺服器的角色在 web 開發技術改變的期間發生了變化。當本書的第一版出版時，Express 通常被用來提供多頁 app（以及支援 Web 2.0 的 API，例如功能（functionality））。現在 Express 幾乎都被用來提供 SPA、開發伺服器和 API，反映了 web 開發不斷變化的本質。

有趣的是，現代的 web app 仍然有提供特定網頁的理由（而不是提供「通用」的網頁，瀏覽器會將通用網頁重新格式化），雖然這種情況很像回到原點，或捨棄 SPA 的好處，但是做這件事情的技術也更好地反映 SPA 的架構，**伺服器端算繪**（*SSR*）技術可讓伺服器使用瀏覽器所使用的程式來建立各個網頁，藉以提升第一頁載入（first-page load）體驗。這裡的重點在於伺服器不需要想太多東西，它只是使用與瀏覽器一樣的技術來產生特定的網頁。很多人用這種 SSR 來提升第一頁載入體驗，以及支援搜尋引擎優化。這是比較進階的主題，我們不在此討論，但你應該留意這種做法。

瞭解 SPA 如何出現以及為何出現之後，接下來我們來看一下現今可用的 SPA 框架。

# SPA 技術

現在有很多 SPA 技術可供選擇：

*React*

此時此刻，React 看起來是 SPA 的王者，儘管它的一邊站著昔日巨頭（Angular），另一邊站著野心勃勃的篡位者（Vue）。在 2018 年的某個時刻，React 的使用量超越了 Angular。React 是一種開源程式庫，但它最初是 Facebook 專案，目前 Facebook 仍然是活躍的貢獻者。我們會在重構 Meadowlark Travel 時使用 React。

*Angular*

Google 的 Angular 是多數人所說的「原始」SPA，它曾經非常流行，但是現在已經被 React 取代了。在 2014 年末，Angular 發布了第二版，因為它大幅修改第一版，讓許多既有的用戶就此離開，並讓新用戶敬而遠之。我認為這次的改版（雖然是必要的）是 React 最終取代 Angular 的主因。另一項原因是 Angular 框架比 React 大很多。這件事有好有壞：Angular 提供更完整的架構供你建立完整的 app，而且一直以來都有一種明確的「Angular 風格」的做法，但是 React 和 Vue 之類的框架則是將選擇和創造力留給用戶。無論哪一種方法比較好，比較大的框架都比較笨重，也比較無法快速發展，讓 React 占有創新優勢。

*Vue.js*

它是突然挑戰 React 的框架，由單一開發者創造，Evan You。在極短的時間內，它獲得一批令人印象深刻的追隨者，而且它的追隨著非常喜歡它，但它的人氣仍然遠遠落後一飛衝天的 React。我用過 Vue，很欣賞它的清晰文件和輕量級的做法，但我更喜歡 React 的架構和哲學。

*Ember*

> Ember 和 Angular 一樣提供了全面性的 app 框架。它有一個龐大且活躍的開發社群,雖然它不像 React 或 Vue 那麼有創意,但是它提供了很多功能和清晰度。我發現我更喜歡輕量級的框架,因此一直堅持使用 React。

*Polymer*

> 我沒有用過 Polymer,但是它是 Google 支援的,所以它是有公信力的框架。大家似乎對 Polymer 帶來什麼功能感到好奇,但我還有看到太多人爭相採用它。

如果你要尋找穩健的開箱即用框架,而且不介意行內的顏色(coloring within the lines),你應該考慮 Angular 或 Ember。如果你想要有表達創意和創新的空間,我推薦 React 或 Vue。我還不知道 Polymer 的特色,但它是值得關注的對象。

看了競賽者之後,我們要繼續關注 React,並將 Meadowlark Travel 重構為 SPA!

# 建立 React app

要開始使用 React app,最好的做法是使用 create-react-app(CRA)工具,它可以建立所有的模板、開發者工具,並且提供一個精簡的入門 app 來讓你繼續建構。此外,create-react-app 會讓組態維持最新狀態,所以你可以把注意力放在建構 app,而不是框架工具上。話雖如此,如果你到了需要設置工具的時候,你也可以「彈出(eject)」你的 app:雖然無法和最新的 CRA 工具保持同步,但你可以完全控制所有的 app 組態。

雖然截至目前為止我們都將所有 app 工件(artifact)和 Express app 放在一起,SPA 最好視為完全分開的、獨立的 app。因此,我們將使用**兩個** app 根目錄,而不是一個。為了清楚劃分,接下來的「伺服器根目錄」代表 Express app 所在的目錄,「用戶端根目錄」代表 React app 所在的目錄。「app 根目錄」則是這兩個目錄所在的目錄。

前往 app 根目錄,並且建立一個稱為 *server* 的目錄,它是放置 Express 伺服器的地方。不要為用戶端 app 建立目錄,CRA 會幫我們做這件事。

在執行 CRA 之前,我們要先安裝 Yarn(*https://yarnpkg.com*)。Yarn 是一種很像 npm 的程式包…事實上,Yarn 是 npm 的主要替代品。它不是進行 React 開發時必備的,但是它是事實上的標準,不使用它相當於對抗潮流。Yarn 和 npm 的用法有一些細微的差異,但可能被你發現的差異或許只有你執行的是 yarn add,而不是 npm install。你可以按照 Yarn 的說明來安裝它(*http://bit.ly/2xHZ2Cx*)。

安裝 Yarn 之後，在 app 根目錄執行這個命令：

```
yarn create react-app client
```

接著前往 client 目錄並輸入 yarn start。幾秒後，你會看到一個新的瀏覽器視窗彈出來，在裡面，你的 React 正在執行！

讓終端機視窗繼續執行，CRA 對於「熱重載（hot reloading）」有很好的支援，所以當你修改原始碼時，它會被非常快速地組建，而且瀏覽器會自動重新載入它。當你習慣它之後，你就會跟它難分難捨了。

## React 基礎

React 有很棒的文件，我不在此重述裡面的內容。如果你沒用過 React，你可以先進行 Intro to React（*http://bit.ly/36VdKUq*）課程，接著參考 Main Concepts（*http://bit.ly/2KgT939*）指南。

你會發現 React 是圍繞著許多元件組織的，而那些元件是 React 的基本元素。用戶看到或互動的每一個東西通常都是 React 的元件。我們來看一下 *client/src/App.js*（你的內容可能稍微不同——CRA 會隨著時間改變）：

```
import React from 'react';
import logo from './logo.svg';
import './App.css';

function App() {
  return (
    <div className="App">
      <header className="App-header">
        <img src={logo} className="App-logo" alt="logo" />
        <p>
          Edit <code>src/App.js</code> and save to reload.
        </p>
        <a
          className="App-link"
          href="https://reactjs.org"
          target="_blank"
          rel="noopener noreferrer"
        >
          Learn React
        </a>
      </header>
```

```
      </div>
    );
  }

  export default App;
```

React 有一個核心概念：UI 是用**函式**產生的。最簡單的 React 元件只是個回傳 HTML 的函式，就像我們在這裡看到的。你看到它時可能會覺得它不是合法的 JavaScript，它看起來混合了 HTML！真實情況有點複雜。React 在預設情況下會啟用一種 JavaScript 的超集合，稱為 JSX。JSX 可讓你寫出類似 HTML 的東西，但它**其實**不是 HTML，它會建立 React 元素，而 React 元件的目的是（最終）對應 DOM 元素。

但是，不管怎麼說，你可以把它看成 HTML。在此，`App` 這個函式會算繪它所回傳的 JSX 對應的 HTML。

這裡有幾件需要注意的事情：因為 JSX 很接近（但不完全是）HTML，所以它們有一些細微的差異。你可以發現我們使用 `className` 而不是 `class`，因為 `class` 是 JavaScript 的保留字。

如果你要指定 HTML，你只要在可以放入運算式（expression）的地方啟動 HTML 元素即可。你也可以在 HTML 裡面使用大括號來「返回」JavaScript。例如：

```
const value = Math.floor(Math.random()*6) + 1
const html = <div>You rolled a {value}!</div>
```

在這個例子中，`<div>` 啟動 HTML，在 `value` 左右的大括號可讓你返回 JavaScript，來提供 `value` 儲存的數字。我們也可以輕鬆地把計算式放在行內：

```
const html = <div>You rolled a {Math.floor(Math.random()*6) + 1}!</div>
```

任何有效的 JavaScript 運算式都可以放在 JSX 內的大括號裡面，包括其他的 HTML 元素！這種做法經常被用來算繪串列：

```
const colors = ['red', 'green', 'blue']
const html = (
  <ul>
    {colors.map(color =>
      <li key={color}>{color}</li>
    )}
  </ul>
)
```

這個範例有一些需要注意的地方。首先，它 map 各個 color 並回傳 <li> 元素，這件事很重要：JSX 完全是藉著計算**運算式**來運作的，所以 <ul> 必須包含運算式或運算式陣列。如果你將 map 改成 forEach，你會發現 <li> 元素不會被算繪出來。第二，注意 <li> 元素接收一個屬性 key：這是性能方面的妥協。為了讓 React 知道何時要重新算繪陣列內的元素，它要求每個元素都有唯一的鍵。因為陣列元素都是獨一無二的，所以我們可以直接使用那個值，但是通常你要使用 ID，或者，如果沒有其他東西可用時，使用陣列項目的索引。

我鼓勵你先試一下 *client/src/App.js* 裡面的 JSX 範例再繼續閱讀。如果你讓 yarn start 保持運行狀態，每當你儲存變更時，它們都會被自動反映在瀏覽器上，這可以加快你的學習週期。

在討論 React 的基本知識之前，我們還有一個主題要討論 —— 狀態的概念。每一個元件都可以擁有它自己的狀態，基本上，狀態就是「與元件有關，而且可能改變的資料」。購物車是個很好的例子。購物車元件的狀態可能有一個商品串列，當你將商品加入購物車或移除它時，元件的狀態就會改變。這看起來是個非常簡單的概念，但是建構 React app 的細節大都可以歸納為「有效地設計和管理元件的狀態」。我們會在處理 Vacations 網頁時看到狀態的範例。

我們來建立 Meadowlark Travel 首頁。

# 首頁

回想一下 Handlebars view，我們當時用一個主「layout」檔來建立網站主要的外觀與感覺。我們先把注意力放在 <body> 裡面的東西（除了腳本之外）：

```
<div class="container">
  <header>
    <h1>Meadowlark Travel</h1>
    <a href="/"><img src="/img/logo.png" alt="Meadowlark Travel Logo"></a>
  </header>
  {{{body}}}
</div>
```

將它重構成 React 元件很簡單，我們先將 logo 複製到 *client/src* 目錄裡面。為什麼不是 *public* 目錄？將小型或常用的圖片項目放在 JavaScript 包裹的行內比較有效率，你用 CRA 取得的包裝器（bundler）將會對此做出聰明的判斷。你從 CRA 取得的 app 範例會直接將它的 logo 放在 *client/src* 目錄裡面，但是我喜歡將圖像資產放在一個子目錄裡面，所以我們將 logo（*logo.png*）放在 *client/src/img/logo.png* 裡面。

另一件麻煩的事情是如何處理 {{{body}}}？在我們的 view 裡面，這是另一個需要算繪的 view，它是你所在的特定網頁的內容。我們重複使用 React 的一些基本概念。因為所有內容都以元件的形式來算繪，我們直接在這些算繪另一個元件。我們先做一個空的 Home 元件，稍後就會把它建立出來：

```
import React from 'react'
import logo from './img/logo.png'
import './App.css'

function Home() {
  return (<i>coming soon</i>)
}

function App() {
  return (
    <div className="container">
      <header>
        <h1>Meadowlark Travel</h1>
        <img src={logo} alt="Meadowlark Travel Logo" />
      </header>
      <Home />
    </div>
  )
}

export default App
```

我們使用範例 app 處理 CSS 的做法：直接建立一個 CSS 檔並匯入它，如此一來，我們就可以編輯那個檔案，並且套用任何樣式。這個例子讓所有事情保持簡單，我們沒有改變以 CSS 裝飾 HTML 的方式，所以仍然可以使用所有慣用的工具。

CRA 幫你設定了 linting，當你進行這一章時，你應該可以看到警告訊息（在 CRA 終端機輸出以及在瀏覽器的 JavaScript 主控台裡面）。有警告訊息是因為程式碼是逐漸加入的，在這一章結束時，你就不會看到任何警告了…如果有，請確認你是否錯過某一個步驟！你也可以查看本書的網路存放區。

# 路由

第 14 章介紹過的路由核心概念並未改變：我們一樣使用 URL 路徑來確認用戶正在瀏覽
介面的哪個部分，只是現在交給用戶端 app 處理。現在根據路由來改變 UI 是用戶端 app
的責任：如果瀏覽的過程需要從伺服器取得新的或更新後的資料，用戶端 app 必須負責
向伺服器請求那些資料。

React app 有許多路由選項（很多人對它們也有強烈的意見），但是，現在有一種強勢的
路由程式庫：React Router（*http://bit.ly/32GvAXK*）。雖然 React Router 有許多我不喜歡
的地方，但因為它太普遍了，所以你一定會遇到它。而且它很適合讓一些基本的東西開
始運作，基於這兩個理由，我們在此使用它。

我們先安裝 React Router 的 DOM 版本（此外也有一個 React Native 版本，用於行動
開發）：

```
yarn add react-router-dom
```

接著我們連接 router，並且加入 About 和 Not Found 網頁。我們也會將網站 logo 接回去
首頁：

```
import React from 'react'
import {
  BrowserRouter as Router,
  Switch,
  Route,
  Link
} from 'react-router-dom'
import logo from './img/logo.png'
import './App.css'

function Home() {
  return (
    <div>
      <h2>Welcome to Meadowlark Travel</h2>
      <p>Check out our "<Link to="/about">About</Link>" page!</p>
    </div>
  )
}

function About() {
  return (<i>coming soon</i>)
}
```

```
function NotFound() {
  return (<i>Not Found</i>)
}

function App() {
  return (
    <Router>
      <div className="container">
        <header>
          <h1>Meadowlark Travel</h1>
          <Link to="/"><img src={logo} alt="Meadowlark Travel Logo" /></Link>
        </header>
        <Switch>
          <Route path="/" exact component={Home} />
          <Route path="/about" exact component={About} />
          <Route component={NotFound} />
        </Switch>
      </div>
    </Router>
  )
}

export default App
```

首先，你可以發現我將整個 app 包在一個 <Router> 元件裡面。你應該可以猜到，它就是進行路由的元件。我們在 <Router> 裡面使用 <Route> 來有條件地根據 URL 路徑算繪元件。我們將內容路由放在 <Switch> 元件裡面，以確保裡面只有其中一個元件會被算繪。

我們用 Express 和 React Router 完成的路由有一些細微的差異。在 Express，我們會根據第一次成功的比對來算繪網頁（或 404 頁，如果找不到的話）。使用 React Router 時，路徑只是判斷該顯示哪種元件組合的「提示」，所以用它來進行路由比使用 Express 更靈活。因為如此，React Router 路由的預設行為就像它們的結尾有個星號（*）。也就是說，路由 / 在預設情況下可以匹配每一個網頁（因為它們的開頭都是斜線）。因此我們使用 exact 屬性來讓這個路由的行為更像 Express 路由。沒有 exact 屬性的話，/about 路由也會匹配 /about/contact，這應該不是你要的結果。在主內容路由裡面，你應該讓所有路由（除了 Not Found 路由之外）都使用 exact，否則，你就必須在 <Switch> 裡面正確地排列它們，讓它們可以按照正確的順序來比對。

要注意的第二件事是 `<Link>` 的用法。你可能會問，為什麼我們不直接使用 `<a>` 標籤就好？`<a>` 標籤的問題在於（沒有做額外事情的話），即使在同一個網站上面，瀏覽器也會盡職地將它們視為「前往別的地方」，所以它會向伺服器發出一個新的 IITTP 請求⋯因此 HTML 和 CSS 會被再次下載，破壞 SPA 規劃。從某種意義上說，它是有用的：當頁面載入時，React Router 會做正確的事情；但是它無法如此快速或高效，它會呼叫沒必要的網路請求。發現這種差異其實是一個有益的練習，可以幫助你釐清 SPA 的性質。作為實驗，我們建立兩個導覽元素，一個使用 `<Link>`，另一個使用 `<a>`：

```
<Link to="/">Home (SPA)</Link>
<a href="/">Home (reload)</Link>
```

接著打開開發工具，打開 Network 標籤，清除流量，按下「Preserve log」（在 Chrome 上）。接著按下「Home (SPA)」連結，你可以發現完全沒有網路流量。按下「Home (reload)」連結，觀察網路流量，簡而言之，這就是 SPA 的本質。

## Vacations 網頁——視覺設計

到目前為止，我們製作了一個純前端 app，那什麼時候會用到 Express 呢？我們的伺服器仍然是唯一事實來源。更明確地說，它有一個資料庫，裡面有我們想要在網站顯示的假期。幸好，我們已經在第 15 章完成大部分的工作了：我們公開了一個以 JSON 格式回傳假期的 API，已經可以在 React app 中使用了。

但是在將這兩個東西接起來之前，我們要先建構 Vacations 網頁。雖然沒有任何假期可以算繪，但我們先繼續做下去。

在上一節，我們將所有內容網頁都放在 *client/src/App.js* 裡面，一般認為這是不好的做法，傳統的做法是將每一個元件放在它自己的檔案內。所以我們要花時間將 Vacations 元件分解出來，變成它自己的元件。建立 *client/src/Vacations.js* 檔案：

```javascript
import React, { useState, useEffect } from 'react'
import { Link } from 'react-router-dom'

function Vacations() {
  const [vacations, setVacations] = useState([])
  return (
    <>
      <h2>Vacations</h2>
      <div className="vacations">
        {vacations.map(vacation =>
          <div key={vacation.sku}>
            <h3>{vacation.name}</h3>
```

```
                <p>{vacation.description}</p>
                <span className="price">{vacation.price}</span>
            </div>
        )}
        </div>
    </>
    )
}

export default Vacations
```

截至目前為止的程式很簡單，我們回傳一個 <div>，它裡面有其他的 <div> 元素，每一個元素都代表一個假期。那 vacations 變數來自哪裡？在這個例子中，我們使用一種比較新的 React 功能，稱為 *React hook*。在 hook 出現之前，如果元件想要擁有它自己的狀態（在這個例子中，就是一個假期串列），你就要實作類別，hook 可讓我們使用擁有狀態的函式元件。在 Vacations 函式裡面，我們呼叫 useState 來設定狀態。留意，我們將一個空陣列傳給 useState：它是 vacations 的狀態初始值（很快就會說明如何填寫它）。setState 回傳一個陣列，裡面有狀態值本身（vacations），以及更新狀態的方法（setVacations）。

你可能會問，為什麼我們不能直接修改 vacations？它只是個陣列，我們難道不能呼叫 push 在裡面加入假期嗎？可以，但是這樣會破壞 React 的狀態管理系統的初衷，也就是確保元件之間的一致性、性能和通訊。

你可能還會問，包著 vacations 的那一對看起來像空元件（<>...</>）的東西是什麼？它稱為 *fragment*（*http://bit.ly/2ryneVj*）。fragment 是必要的，因為每一個元件都必須算繪單一元素。這個例子有兩個元素，<h2> 與 <div>。fragment 只不過是提供一個包含這兩個元素的「透明」根元素，讓我們可以算繪單一元素。

我們將 Vacations 元件加入 app，雖然現在還沒有假期可以顯示。在 *client/src/App.js* 裡面，先匯入假期網頁：

```
import Vacations from './Vacations'
```

接下來我們在路由的 <Switch> 元件裡面為它建立一個路由：

```
<Switch>
  <Route path="/" exact component={Home} />
  <Route path="/about" exact component={About} />
  <Route path="/vacations" exact component={Vacations} />
  <Route component={NotFound} />
</Switch>
```

儲存它之後，你的 app 會自動重新載入，你可以前往 /vacations 網頁，只是現在還沒有什麼有趣的東西可以看。準備好大部分的用戶端基礎架構之後，接下來我們要把焦點轉移到和 Express 的整合上面。

# Vacations 網頁──伺服器整合

我們已經完成大部分的 Vacations 網頁工作了，我們有個 API 端點可以從資料庫取得假期，並且用 JSON 格式回傳它們。接下來要設法讓伺服器和用戶端互相溝通。

我們可以從第 15 章完成的地方開始做起，我們不需要在裡面加入任何東西，但是可以將一些不需要的東西移除。我們可以移除這些東西：

- Handlebars 與 view 支援（我們將捨棄中介函式，原因稍後說明）。

- cookie 與 session（我們的 SPA 或許仍然會使用 cookie，但是它再也不需要伺服器的協助了⋯而且我們用完全不同的方式來看待 session）。

- 算繪 view 的所有路由（但是我們顯然要保留 API 路由）。

所以我們會得到一個簡單許多的伺服器。那麼，該怎麼做呢？首先是處理這件事：我們一直都使用 3000 埠，但 CRA 開發伺服器也預設使用 3000 埠。我們可以改變兩者，我隨性地建議改變 Express 埠。我通常使用 3033，單純是因為我喜歡這個數字的發音。我們曾經在 *meadowlark.js* 裡面設定預設的連接埠，所以只要改變它即可：

```
const port = process.env.PORT || 3033
```

當然，我們也可以使用環境變數來控制它，但是因為我們以後會經常同時使用它和 SPA 開發伺服器，所以可能也要改變程式碼。

現在兩個伺服器都在運行了，我們可以讓它們互相溝通。但怎麼做？在 React app 裡面，我們可以這樣做：

```
fetch('http://localhost:3033/api/vacations')
```

這種做法的問題是，我們將會在整個 app 發出那種請求⋯現在我們到處都嵌入 *http://localhost:3033*⋯這在生產環境是行不通的，而且它可能無法在你的同事的電腦上運作，因為它可能使用不同的埠，而且測試伺服器可能需要用不同的埠⋯等等。使用這種做法就是在自找組態麻煩。雖然你可以將基礎 URL 存為變數，在任何地方使用，但是我們有更好的做法。

在理想的情況下，從你的 app 的角度來看，所有東西都應該從同一個地方提供：使用同樣的協定、主機、連接埠來取得 HTML、靜態資產和 API。這可以簡化很多事情，並且確保原始程式碼的一致性。如果每一個東西都來自同一個地方，你可以直接省略協定、主機和連接埠，只要呼叫 fetch(*/api/vacations*) 即可。這是很好的做法，而且很幸運地很簡單！

CRA 的組態支援 *proxy*，可讓你將 web 請求傳給 API。編輯你的 *client/package.json* 檔，加入這個內容：

```
"proxy": "http://localhost:3033",
```

將它加到任何地方都可以，我通常會把它放在 "private" 和 "dependencies" 之間，原因是我喜歡在檔案中比較高的位置看到它。現在你的 CRA 開發伺服器可以傳遞 API 請求給你的 Express 伺服器了（只要你的 Express 伺服器在 3033 埠上運行）。

完成設置之後，我們使用一個 *effect*（另一個 React hook）來抓取和更新假期資料。這是使用 useEffect hook 的完整 Vacations 元件：

```
function Vacations() {
  // 設定狀態
  const [vacations, setVacations] = useState([])

  // 抓取初始資料
  useEffect(() => {
    fetch('/api/vacations')
      .then(res => res.json())
      .then(setVacations)
  }, [])

  return (
    <>
      <h2>Vacations</h2>
      <div className="vacations">
        {vacations.map(vacation =>
          <div key={vacation.sku}>
            <h3>{vacation.name}</h3>
            <p>{vacation.description}</p>
            <span className="price">{vacation.price}</span>
          </div>
        )}
      </div>
    </>
  )
}
```

與之前一樣，我們用 useState 設置元件狀態來取得一個 vacations 陣列以及 setter。現在我們加入 useEffect，它呼叫我們的 API 來取得假期，接著非同步地呼叫 setter。注意，我們將一個空陣列傳入 useEffect 的第二個引數，告訴 React 這個 effect 只能在元件被掛載時執行一次。乍看之下這種提示方式很奇怪，但是當你更瞭解 hook 時，你會發現它其實相當一致。要進一步瞭解 hook，請參考 React hook 文件（*http://bit.ly/34MGSeK*）。

hook 相對較新（它們是在 2019 年 2 月推出的 16.8 版加入的），所以即使你有使用 React 的經驗，你也可能對 hook 不熟悉。我堅信 hook 是 React 結構內的一項傑出創新，儘管它們一開始看起來很陌生，但你會發現它們實際上簡化了你的元件，並且減少大家常犯的、麻煩的狀態相關錯誤。

知道如何從伺服器取得資料之後，接下來要把焦點轉向反向傳送資訊。

## 傳送資訊給伺服器

我們已經有了一個 API 端點可在伺服器進行更改了，也有一個在旺季時接收 email 的端點。接下來我們要繼續修改 Vacations 元件，來顯示淡季假期的註冊表單。我們按照真正的 React 風格建立兩個新元件：我們將個別的假期 view 拿出，放入 Vacation 和 NotifyWhenInSeason 元件。雖然我們可以在一個元件裡面完成所有工作，但是 React 開發的推薦做法是使用許多特定用途的元件，而不是使用大型的多用途元件（但是為了簡化，我們不將這些元件放到它們自己的檔案裡面，我把這項工作留給讀者練習）：

```
import React, { useState, useEffect } from 'react'

function NotifyWhenInSeason({ sku }) {
  return (
    <>
      <i>Notify me when this vacation is in season:</i>
      <input type="email" placeholder="(your email)" />
      <button>OK</button>
    </>
  )
}

function Vacation({ vacation }) {
  return (
    <div key={vacation.sku}>
      <h3>{vacation.name}</h3>
      <p>{vacation.description}</p>
      <span className="price">{vacation.price}</span>
      {!vacation.inSeason &&
```

```
    <div>
      <p><i>This vacation is not currently in season.</i></p>
      <NotifyWhenInSeason sky={vacation.sku} />
    </div>
    }
  </div>
  )
}

function Vacations() {
  const [vacations, setVacations] = useState([])
  useEffect(() => {
    fetch('/api/vacations')
      .then(res => res.json())
      .then(setVacations)
  }, [])
  return (
    <>
      <h2>Vacations</h2>
      <div className="vacations">
        {vacations.map(vacation =>
          <Vacation key={vacation.sku} vacation={vacation} />
        )}
      </div>
    </>
  )
}

export default Vacations
```

現在，當你有任何假期的 inSeason 是 false 時（會有的，除非你改變了資料庫
或初始化腳本），你就會更新表單。接著我們要連接按鈕來發出 API 呼叫。修改
NotifyWhenInSeason：

```
function NotifyWhenInSeason({ sku }) {
  const [registeredEmail, setRegisteredEmail] = useState(null)
  const [email, setEmail] = useState('')
  function onSubmit(event) {
    fetch(`/api/vacation/${sku}/notify-when-in-season`, {
        method: 'POST',
        body: JSON.stringify({ email }),
        headers: { 'Content-Type': 'application/json' },
      })
      .then(res => {
        if(res.status < 200 || res.status > 299)
          return alert('We had a problem processing this...please try again.')
```

```
        setRegisteredEmail(email)
      })
    event.preventDefault()
  }
  if(registeredEmail) return (
    <i>You will be notified at {registeredEmail} when
    this vacation is back in season!</i>
  )
  return (
    <form onSubmit={onSubmit}>
      <i>Notify me when this vacation is in season:</i>
      <input
        type="email"
        placeholder="(your email)"
        value={email}
        onChange={(({ target: { value } }) => setEmail(value)}
        />
      <button type="submit">OK</button>
    </form>
  )
}
```

我們選擇讓元件追蹤兩個不同的值：當用戶輸入 email 時的 email 地址，以及他們按下
OK 之後的最終值。前者是一種稱為 *controlled component*（**控制元件**）的技術，你可以
參考 React 表單文件進一步瞭解它（*http://bit.ly/2X9P9qh*）。我們追蹤後者是為了在用戶
按下 OK 時可以相應地改變 UI。我們也可以使用一個簡單的布林變數「registered（已註
冊）」，但這可讓 UI 提醒用戶他們用哪個 email 註冊。

我們也要稍後處理一下 API 通訊：我們必須指定方法（POST），將內文編碼為 JSON，以
及指定內容類型。

注意，我們做了一個關於要回傳哪個 UI 的決定。如果用戶已經註冊了，我們就回傳一
個簡單的訊息，如果他們沒有，我們就算繪表單。這種模式在 React 很常見。

呼！看起來我們為那一點點功能做了很多事情…而且它是相當粗糙的功能。我們的錯誤
處理機制在 API 呼叫有問題時可以動作，但不太方便用戶，而且雖然元件可以記住我
們註冊了哪些假期，但只有在我們在這個網頁上時才會如此，如果我們去別的地方再回
來，我們會再次看到這個表單。

我們可以採取一些步驟來讓這段程式更方便。對初學者來說，我們可以寫一個 API 包裝
器來處理編碼輸入和判斷錯誤的複雜細節，隨著我們使用越來越多 API 端點，這種做法

一定會帶來好處。此外 React 還有許多流行的表單處理框架,它們可以大幅減輕處理的負擔。

「記住」用戶註冊了哪些假期比較麻煩,對我們而言真正有用的是讓假期物件可以使用那個資訊(無論用戶是否註冊)。但是我們的專用元件對假期一無所知,它只收到 SKU。在下一節,我們要討論**狀態管理**,它可以為這個問題指出一條出路。

## 狀態管理

在規劃與設計 React app 時,大部分的架構性工作都與狀態管理有關 —— 而且通常不是單一元件的狀態管理,而是它們如何共享和協調狀態。我們的範例 app 也共享某些狀態:Vacations 元件將一個假期物件傳給 Vacation 元件,接著 Vacation 元件將假期的 SKU 傳給 NotifyWhenInSeason 監聽器。但是到目前為止,我們的資訊只沿著樹狀結構往下流動,當資訊需要往上返回時會怎樣?

最常見的做法是傳遞負責更新狀態的函式。例如,Vacations 可能有個函式負責修改假期,它可以將它傳給 Vacation,它又可以將它往下傳給 NotifyWhenInSeason。當 NotifyWhenInSeason 呼叫它來修改假期時,在樹狀結構頂層的 Vacations 可以知道有東西被改變了,所以重新算繪,這又導致它的所有後代重新算繪。

這聽起來很麻煩也很複雜,有時確實如此,但有一些技術可以協助我們。因為它們非常多樣化,有時也很複雜,我們無法在此完全探討它們(專門介紹 React 的書也不行),但我可以介紹一些補充讀物:

*Redux*(*https://redux.js.org*)

當大家想到全面性管理 React app 的狀態時,腦中第一個浮現的工具通常是 Redux。它是第一個正式化的狀態管理結構,目前仍然非常流行。它在概念上非常簡單,目前仍然是我喜歡的狀態管理框架。就算你最後不選擇 Redux,我也推薦你看一下它的作者 Dan Abramov 的免費教學影片(*https://egghead.io/courses/getting-started-with-redux*)。

*MobX*(*https://mobx.js.org*)

MobX 是緊跟在 Redux 之後問世的。它在很短的時間內吸引了大量的追隨者,應該是僅次於 Redux 第二大流行的狀態容器。MobX 當然可以導致看起來更容易編寫的程式碼,但我覺得 Redux 比較可以隨著 app 的擴展而提供良好的框架,即使它的樣板(boilerplate)比較多。

*Apollo*（*https://www.apollographql.com*）

Apollo 本身不是一種狀態管理程式庫，但是通常可以用來取代它。它本質上是 GraphQL（*https://graphql.org*，REST API 的另一種選擇）的前端介面，提供許多和 React 整合的機制。如果你使用 GraphQL（或對它有興趣），它絕對值得研究。

*React Context*（*https://reactjs.org/docs/context.html*）

React 本身藉著提供 Context API 參與這場遊戲，現在已經內建於 React 了。它可以完成與 Redux 同樣的工作，並且使用較少的樣板。但是我覺得 React Context 沒那麼穩健，而且 Redux 比較適合在 app 成長時使用。

當你開始使用 React 時，你基本上可以忽略整個 app 裡面的狀態管理的複雜性，但很快你就會發現你需要更有組織的狀態管理方法。到了那個時候，你就要比較一些選項，選擇一個與你產生共鳴的工具。

## 部署選項

到目前為止，我們都使用 CRA 的內建開發伺服器，它的確是進行開發的最佳選擇，我也推薦你持續使用它。但是，到了部署的時刻，它就不是適當的選項了。幸好，CRA 附帶一個組建腳本，可以建立針對生產環境進行優化的包裹，接著你有很多項目可以選擇。當你準備建立部署包裹時，你只要執行 yarn build 就可以建立一個 *build* 目錄。在 *build* 目錄裡面的所有資產都是靜態的，而且可以部署在任何地方。

我目前的部署做法是將 CRA build 放在 AWS S3 bucket，並且打開 Static Website Hosting（*https://amzn.to/3736fuT*）。這絕不是唯一選擇：每一個主要的雲端供應商與 CDN 都提供類似的東西。

在這種配置中，我們必須建立路由，讓 API 呼叫可以路由到你的 Express 伺服器，並且從 CDN 提供你的靜態包裹。就我的 AWS 部署而言，我使用 AWS CloudFront（*https://amzn.to/2KglZRb*）來執行這個路由：從上述的 S3 bucket 提供靜態資產，以及將 API 請求導向 EC2 實例或 Lambda 上的 Express 伺服器。

另一種選項是讓 Express 做所有事情。這種做法的好處是可以將整個 app 整合到單一伺服器上，可以讓部署和管理變得非常容易。雖然這種做法無法良好地擴展或取得很好的性能，但是對小型的 app 而言，它是可行的選項。

要完全從 Express 提供你的 app，你只要將你執行 yarn build 時建立的 *build* 目錄的內容複製到 Express app 裡面的 *public* 目錄即可。只要你連接靜態中介函式，它就會自動提供 *index.html* 檔，以上就是所有工作。

試試看：如果你的 Express 伺服器仍然在 3033 埠運行，你應該可以造訪 *http://localhost:3033*，看到你的 CRA 開發伺服器提供的同一個 app！

> 如果你想知道 CRA 的開發伺服器如何運作，它使用一種稱為 webpack-dev-server 的程式包，這個程式包在底層使用 Express！所以到頭來全部都回到 Express！

## 總結

本章只介紹 React 的皮毛，以及和它有關的技術。如果你想要更深入研究 React，Alex Banks 與 Eve Porcello 寫的 *Learning React*（*https://oreil.ly/ROqku*）（O'Reilly）是很棒的起點。這本書也介紹如何使用 Redux 管理狀態（但是它目前沒有討論 hook）。React 的官方文件（*http://bit.ly/37377Qb*）也很詳細而且寫得很好。

當然，SPA 已經改變了我們思考和交付 web app 的方式，並且促成顯著的性能改善，尤其是在行動裝置上。雖然 Express 被寫出來時，大部分的 HTML 仍然是在伺服器上算繪的，但 Express 並沒有因此過時，「為單頁 app 提供 API」的需求反而為 Express 帶來新生命！

從這一章可以清楚地看到，我們做的是同一件事：在瀏覽器和伺服器之間往返傳送資料。改變的只有資料的性質，以及逐漸習慣藉著動態操作 DOM 來改變 HTML。

# 第十七章

# 靜態內容

靜態內容是不會隨著每一個請求而改變的資源。以下是常見的對象:

多媒體

圖像、影片與音訊檔。當然,你有可能動態產生圖像檔案(以及影片和聲音,雖然很罕見),但是大部分的多媒體資源都是靜態的。

*HTML*

如果你的 web app 使用 view 來算繪動態 HTML,它通常不能稱為靜態 HTML(儘管出於性能原因,你可以動態產生 HTML、快取它,並且將它當成靜態資源提供它)。正如我們看到的,SPA app 通常傳送單一、靜態 HTML 檔給用戶端,這是將 HTML 視為靜態資源的主因。注意,要求用戶端使用 *.html* 副檔名不太符合潮流,所以大部分的伺服器現在都可以在不必使用副檔名的情況下提供靜態 HTML 資源(所以 /foo 和 /foo.html 會回傳相同的內容)。

*CSS*

就算你使用 LESS、Sass 或 Stylus 等抽象化 CSS 語言,到頭來,你的瀏覽器都需要一般的 CSS,它是靜態資源[1]。

---

1　你可以運用一些 JavaScript 技巧在瀏覽器使用未編譯的 LESS。但是這種方法會影響性能,所以我不建議使用。

*JavaScript*

伺服器會執行 JavaScript 不代表用戶端沒有 JavaScript，用戶端 JavaScript 是靜態資源。當然，現在這條界線變得有些模糊了，如果我們有一樣的程式碼想要在後端與用戶端使用呢？做法有很多種，但無論如何，被送到用戶端的 JavaScript 通常是靜態的。

二進制下載檔案

這是個包羅萬象的種類：任何 PDF、ZIP 檔、Word 文件、安裝程式等。

 如果你只是在建構 API，你應該沒有靜態資源。若是如此，你可以跳過這一章。

# 性能注意事項

處理靜態資源的方式會明顯影響網站的實際性能，尤其網站重度使用多媒體時。**減少請求的數量**以及**減少內容的大小**是兩個主要的性能考量。

在這兩件事情中，減少（HTTP）請求數量是最重要的，尤其是對行動裝置而言（透過行動網路發出 HTTP 請求的開銷高非常多）。減少請求的數量可以用兩種方式來完成：結合資源，以及瀏覽器快取。

結合資源主要與結構設計和前端有關：盡量將小圖像結合成單一精靈圖（sprite），接著使用 CSS 來設定偏位值（offset）以及大小，只顯示那張圖的一個部分。關於建立精靈圖，我高度推薦免費的服務 SpritePad（*http://bit.ly/33GYvwm*）。它可以讓你非常輕鬆地產生精靈圖，也可以為你產生 CSS，通常你只要使用 SpritePad 的免費功能就可以完成所有工作了，但如果你需要建立許多精靈圖，或許它的優質產品值得使用。

瀏覽器快取可以將常用的靜態資源存放在用戶端的瀏覽器來降低 HTTP 請求的數量。儘管瀏覽器不遺餘力地盡量讓快取自動化，但它沒有那麼神奇：你可以（也應該）做很多事情來讓瀏覽器快取靜態資源。

最後，我們可以藉著減少靜態資源的大小來提升性能。有些技術是**無損的**（不必損失任何資料即可縮小），有些技術是**有損的**（藉著降低靜態資源的品質來縮小）。無損的技術包括壓縮 JavaScript 與 CSS，以及優化 PNG 圖像。有損的技術包括提升 JPEG 與影片壓縮等級。本章將介紹壓縮與包裝（它也可以減少 HTTP 請求）。

> 隨著 HTTP/2 越來越普遍，減少 HTTP 請求的重要性也會慢慢降低。HTTP/2 有一項重大的改善是**請求與回應多工**（*request and response multiplexing*），它可以降低平行抓取多個資源的開銷。詳情見 Ilya Grigorikfor 的「Introduction to HTTP/2」（*http://bit.ly/34TXhxR*）。

## 內容遞送網路

當你將網站放到生產環境時，你必須將靜態資源放在網際網路的某個地方。你可能習慣將它們放在產生動態 HTML 的同一個地方，截至目前為止的範例也採取這種做法，我們輸入 node meadowlark.js 啟動的 Node/Express 伺服器會提供所有的 HTML 以及靜態資源。但是，如果你想要將網站的性能最人化（或未來可以這樣做），你就要將靜態資源放在**內容遞送網路**（CDN）。CDN 是為了傳遞靜態資源而優化的伺服器。它利用特殊的標頭（很快就會介紹）來啟用瀏覽器快取。

CDN 也可以實現**地理優化**（通常稱為 *edge caching*），也就是說，它們可以從地理位置最靠近用戶端的伺服器遞送靜態內容。雖然網際網路非常快（雖然不是以光速運作，但已經很接近了），但是從百里之外傳送資料仍然比從千里之外傳送更快。雖然它為一個人節省的時間很少，但是如果你將所有用戶、請求和資源相乘，節省的時間會增加許多。

多數的靜態資源都是在 HTML view 裡面引用的（用 <link> 元素參考 CSS 檔，用 <script> 參考 JavaScript 檔，用 <img> 標籤參考圖像，以及多媒體嵌入標籤）。在 CSS 裡面經常也有靜態參考，通常是 background-image。最後，在 JavaScript 裡面有時也會參考靜態資源，例如動態改變或插入 <img> 標籤或 background-image 屬性的 JavaScript 程式碼。

> 當你使用 CDN 時，通常不需要關心跨域資源共享（CORS），在 HTML 裡面載入的外部資源都不受 CORS 政策約束：你只要為透過 Ajax 載入的資源啟用 CORS（見第 15 章）。

# 為 CDN 設計網站

你的網站的結構會影響你如何使用 CDN。大部分的 CDN 都可以讓你設置路由規則,來決定要將收到的請求送到哪裡。雖然你可以設置任意複雜程度的路由規則,但是它最終通常是將靜態資產請求送到某個位置(通常由你的 CDN 提供),以及將動態端點請求(例如動態網頁或 API 端點)送到另一個位置。

選擇和設置 CDN 是很大的主題,我不在此討論它,但我會教你背景知識,以協助你設置你所選擇的 CDN。

架構 app 最簡單的做法是簡化動態和靜態資產的區分方式,讓 CDN 路由規則越簡單越好。雖然我們可以用子網域做這件事(例如,從 meadowlark.com 提供動態資產,從 static.meadowlark.com 提供靜態資產),但是這種做法有額外的複雜性,也會讓你更難以進行本地開發。比較簡單的做法是使用請求路徑,例如,開頭是 /public/ 的東西都是靜態資產,其他的東西都是動態資產。當你使用 Express 來產生內容或使用 Express 來為單頁 API 提供 API 時,可能要採取不同的做法。

## 伺服器算繪的網站

如果你使用 Express 來算繪動態 HTML,你比較容易指定「開頭是 /static/ 的東西都是靜態資產,其他的東西都是動態資產」。採取這種做法時,你的所有(動態產生的)URL 都是你希望的樣子(當然,只要它們的開頭不是 /static/!),而且你的所有靜態資產的開頭都是 /static/:

```
<img src="/static/img/meadowlark-logo-1.png" alt="Meadowlark Logo">
Welcome to <a href="/about">Meadowlark Travel</a>.
```

本書到目前為止都使用 Express static 中介函式,彷彿它在根目錄提供所有的靜態資產一般。也就是說,如果我們將靜態資產 *foo.png* 放在 *public* 目錄,我們要用 URL 路徑 */foo.png* 來參考它,不是 */static/foo.png*。當然,我們可以在既有的 *public* 目錄裡面建立一個子目錄 *static*,如此一來 */public/static/foo.png* 就有 URL */static/foo.png*,但是這種做法看起來有點蠢。幸好 static 中介函式可以讓我們免於做出蠢事。我們只要在呼叫 app.use 時指定不同的路徑即可:

```
app.use('/static', express.static('public'))
```

現在我們可以在開發環境裡面使用將來在生產環境中使用的 URL 結構了。如果我們小心地讓 *public* 目錄和 CDN 裡面的保持同步，我們就可以在這兩個位置參考同一個靜態資產，並且在開發和生產環境之間無縫地移動。

當我們為 CDN 設置路由時（對此，你必須參考你的 CDN 的文件），你的路由將會長成這樣：

| URL 路徑 | 路由目的地 / 起點 |
| --- | --- |
| /static/* | 靜態 CDN 檔案庫 |
| /*（所有其他東西） | 你的 Node / Express 伺服器、代理伺服器或負載平衡器 |

## 單頁 app

單頁 app 通常與伺服器算繪網站相反：只有 API 會被路由到你的伺服器（例如任何開頭是 /api 的請求），其他的東西都會被路由到你的靜態檔案庫。

第 16 章介紹過，你會用某種方式來為 app 建立生產包裹，它裡面有所有靜態資源，你會將它上傳到你的 CDN。接著你的工作只是正確地設定前往 API 的路由。所以路由會長成這樣：

| URL 路徑 | 路由目的地 / 起點 |
| --- | --- |
| /api/* | 你的 Node/Express 伺服器、代理伺服器或負載平衡器 |
| /*（任何其他東西） | 靜態 CDN 檔案庫 |

知道如何建構 app 來無縫地從開發環境遷往生產環境之後，我們要把焦點轉向使用快取實際發生的事情，以及它如何改善性能。

## 快取靜態資產

無論你使用 Express 還是使用 CDN 來提供靜態資產，瞭解瀏覽器用來確定何時及如何快取靜態資產的 HTTP 回應標頭都很有幫助：

Expires/Cache-Control

這兩個標頭告訴瀏覽器一項資源可以快取的最長時間。瀏覽器會認真地看待它們：如果它們要求瀏覽器快取某個東西一個月，只要那個東西在快取裡面，瀏覽器就不會在一個月內重新下載它。必須知道的是，瀏覽器可能會提早從快取移除圖像，出於你無法控制的原因。例如，用戶可能會手動清除快取，或瀏覽器可能會清除你的資源，來為用戶更頻繁地訪問的其他資源騰出空間。你只要使用這兩個標頭之一即可，Expires 受到比較廣泛的支援，所以使用它比較好。如果資源在快取裡面，而且它還沒有過期，瀏覽器就完全不會發出 GET 請求，這可以改善性能，尤其是在行動裝置上。

Last-Modified/ETag

這兩個標籤提供各種版本控制：如果瀏覽器需要抓取資源，它會**先**查看這些標籤再下載內容。它仍然會將 GET 請求送給伺服器，但如果這些標頭回傳的值讓瀏覽器認為資源沒有改變，它就不會繼續下載檔案。顧名思義，Last-Modified 可指定資源最後一次被修改的日期。ETag 可使用任意的字串，它通常是版本字串或內容 hash。

當你提供靜態資源時，你應該使用 Expires 和 Last-Modified 或 ETag。Express 內建的 static 中介函式會設定 Cache-Control，但不會處理 Last-Modified 或 ETag。所以，雖然它很適合在開發時使用，但不是很好的部署選項。

如果你選擇在 CDN 提供靜態資源，例如 Amazon CloudFront、Microsoft Azure、Fastly、Cloudflare、Akamai 或 StackPath，它們會幫你處理大部分的細節。你可以微調細節，但這些服務提供的預設值通常就很好了，可以立即使用。

## 改變你的靜態內容

快取可以明顯改善網站的性能，但是它不是沒有其他影響的，尤其是，如果你改變任何靜態資源，用戶端可能無法看到它們，直到被瀏覽器快取的版本過期為止。Google 建議你快取一個月，最好可以一年，想像有位用戶每天都在同一個瀏覽器使用你的網站：那個人可能在一年之後才能看到你的更新！

顯然這是不理想的狀況，而且你無法直接要求用戶清除他們的快取。解決方案是快取破壞（cache busting）。**快取破壞**這種技術可讓你控制何時要強迫用戶的瀏覽器重新下載一項資產。通常做法是對資產進行版本控制（*main.2.css* 或 *main.css?version-2*）或是加入某種雜湊（*main.e16b7e149dccfcc399e025e0c454bf77.css*）。無論你使用哪一種技術，當你更新資產時，資源的名稱就會改變，讓瀏覽器知道必須下載它。

我們可以對多媒體資產做同樣的事情。我們以 logo 為例（*/static/img/meadowlark_logo.png*），如果我們在 CDN 以最大性能提供它，將過期時間設為一年，接著改變 logo，你的用戶可能在一年內都無法看到更新過的 logo。但是如果你將 logo 改名為 */static/img/meadowlark_logo-1.png*（並且在 HTML 裡面反映那個名稱的改變），瀏覽器會被迫下載它，因為它看起來像個新資源。

如果你使用單頁 app 框架，例如 `create-react-app` 或類似的東西，它們有一個組建步驟，可以建立準生產資源包裏，在後面附加雜湊。

如果你是從頭開始工作，或許你可以研究一下**打包器**（bundler）（它是 SPA 框架在底層使用的工具）。打包器可以將你的 JavaScript、CSS 和一些其他類型的靜態資產組合成盡可能少的內容，並且壓縮結果（讓它越小越好）。設置打包器是一個很大的主題，但是你可以找到許多很好的文件。目前最流行的 bundler 有：

Webpack（*https://webpack.js.org*）

　　Webpack 是第一批真正展翅高飛的打包器之一，但它仍然有大量的追隨者。它很精密，但是那個精密性是有代價的：它的學習曲線很陡峭。但是，至少瞭解一些基本知識是有好處的。

Parcel（*https://parceljs.org*）

　　Parcel 是後起之秀，並且引起很大的轟動。它有很好的文件、非常快，最棒的是，它有最短的學習曲線。如果你想要快速完成工作，不想遇到太多意外，可以從它開始用起。

Rollup（*https://rollupjs.org*）

　　Rollup 介於 Webpack 和 Parcel 之間，它和 Webpack 一樣非常穩健而且有很多功能，但是它比 Webpack 更容易入門，而且不像 Parcel 那麼簡單。

# 總結

靜態資源這種看起來很簡單的東西可能帶來很多麻煩。但是，你可能會傳送大量的靜態資源給訪客，所以花一些時間來優化它可帶來可觀的回報。

有一種之前沒有談到但可行方案是一開始就將靜態資源放在 CDN，並且在 view 和 CSS 裡面使用完整的資源 URL。這種做法的優點是很簡單，但是如果你週末想要在無法連接網際網路的森林小屋中進行黑客松（hackathon），你就會遇到麻煩！

如果你的 app 不值得採取上述的做法，你也可以精裝包裝和壓縮資源來節省時間。如果你的網站只有一兩個 JavaScript 檔，而且所有 CSS 都在一個檔案裡面，你或許完全不必打包，但真實世界的 app 往往會隨著時間而增長。

無論你用什麼技術提供靜態資源，我都建議你將它們放在不一樣的地方，最好在 CDN 上面。如果你覺得這件事很麻煩，我保證它不像聽起來那麼難，尤其是當你已經花了一些時間在部署系統上面時，你可以自動將靜態資源部署到一個地方，將 app 部署到另一個地方。

如果你擔心 CDN 的代管成本太高，建議你看一下你現在在代管上面花多少錢，或許你不知道，大部分的代管供應商基本上都是根據頻寬收費的，但是，如果 Slashdot 突然介紹你的網站，而且產生「Slashdot 效應」了，你可能會看到意想不到的代管帳單。CDN 代管通常只讓你為你使用的流量付費。舉個例子，我曾經幫一家中等規模的地方公司管理一個網站，它每個月大約使用 20 GB 的頻寬，代管它的靜態資源每個月只要幾塊美元（而且它是一個重度提供媒體的網站）。

將靜態資源放在 CDN 上面可以顯著提升性能，這種做法的成本和不便程度都很小，所以我強烈建議這種做法。

# 第十八章

# 安全防護

近來大部分的網站與 app 都有某種安全需求。如果你要讓別人登入網站，或如果你會儲存個人可識別資訊（PII），你就要為網站製作安全防護。在這一章，我們將討論 *HTTP Secure*（HTTPS），它是讓你建立安全網站、身分驗證機制的基礎，並且把重心放在第三方身分驗證。

安全防護是一門需要用一本書來說明的大主題，因此，我們只討論既有的身分驗證模組。你當然可以編寫自己的身分驗證系統，但這是一項大規模且複雜的工作。此外，優先使用第三方登入方法是有原因的，本章稍後會介紹。

## HTTPS

提供安全服務的第一步是使用 HTTPS。網際網路的特性讓第三方有機會攔截在用戶端和伺服器之間傳送的封包。HTTPS 可以加密這些封包，讓攻擊者非常難以取得被傳輸的資訊（我說「非常難以」而不是「不可能」，因為沒有百分之百安全這種事。但是對銀行業、企業級安全防護以及醫療等應用而言，一般認為 HTTPS 是足夠安全的）。

你可以將 HTTPS 視為保護網站的基礎。它不提供身分驗證，但它是身分驗證的基礎。舉例來說，你的身分驗證系統可能需要傳送密碼，如果那個密碼以未加密的方式傳送，那麼無論多精密的身分驗證都無法保護你的系統。一個安全防護機制的整體強度與它最弱的環節一樣，而第一個環節就是網路協定。

HTTPS 協定建立在擁有**公鑰憑證**（有時稱為 SSL 憑證）的伺服器之上。目前的 SSL 憑證標準格式稱為 *X.509*。在憑證的背後，有個頒發憑證的**認證機構**（CA）。認證機構會製作**受信根憑證**（*trusted root certificates*）供瀏覽器製造商使用。瀏覽器會在你安裝瀏覽器時加入這些受信根憑證，它就是建立 CA 與瀏覽器之間的信任鏈的東西。為了讓這個信任鏈生效，你的伺服器必須使用 CA 頒發的憑證。

所以為了提供 HTTPS，你需要 CA 頒發的憑證，那麼你要如何獲得這個東西？一般來說，你可以自己製作、從非營利 CA 取得，或是向營利 CA 購買。

## 製作自己的憑證

製作自己的憑證很簡單，但是通常只適合在開發和測試時使用（或許也可以在進行內部網路部署時使用）。因為認證機構建立的階層（hierarchical）特性，瀏覽器只信任它認識的 CA（應該不是你）產生的憑證。如果你的網站使用瀏覽器不認識的 CA 頒發的憑證，瀏覽器會用很嚴重的口氣警告用戶正在和一個未知的（因此不受信任的）單位建立安全連結。在進行開發與測試時，這是沒問題的，你和你的團隊都知道你製作了自己的憑證，而且你知道瀏覽器會有這種行為。如果你將這種網站部署到生產環境供大眾使用，用戶會敬而遠之。

 如果瀏覽器的發布和安裝是由你控制的，你可以在安裝瀏覽器時自動安裝你自己的根憑證。這可以避免使用那個瀏覽器的人在連接你的網站時看到警告。但是設定它並不簡單，而且它只適合在你可以控制瀏覽器的環境中使用。除非你有充分的理由採取這種做法，否則它通常會帶來不值得的麻煩。

你要有 OpenSSL 實作才能製作自己的憑證。表 18-1 說明如何取得實作。

表 18-1　為不同的平台取得實作

| 平台 | 做法 |
| --- | --- |
| macOS | brew install openssl |
| Ubuntu, Debian | sudo apt-get install openssl |
| 其他的 Linux | 從 *http://www.openssl.org/source/* 下載；解壓縮 tarball 並按照指示操作 |
| Windows | 從 *http://gnuwin32.sourceforge.net/packages/openssl.htm* 下載 |

 如果你使用 Windows，你可能需要指定 OpenSSL 組態檔的位置，因為 Windows 的路徑名稱，這個工作可能有點麻煩。保險的方法是找到 *openssl.cnf* 檔（通常在安裝位置的 *share* 目錄），在你執行 openssl 命令之前，設定 OPENSSL_CNF 環境變數：SET OPENSSL_CONF=openssl.cnf。

安裝 OpenSSL 之後，你可以製作一個私鑰與一個公用憑證：

```
openssl req -x509 -nodes -days 365 -newkey rsa:2048 -keyout meadowlark.pem
    -out meadowlark.crt
```

它會問你一些細節，例如你的國碼、縣市、州、完整域名（*FQDN*，也稱為 *common name* 或 *fully qualified hostname*），以及 email 地址。因為這個憑證是用來開發 / 測試的，你提供的值沒那麼重要（事實上，它們都是非必須的，但是忽略它們會加深瀏覽器對憑證的疑慮）。common name（FQDN）是瀏覽器用來識別網域的東西。所以如果你使用 *localhost*，你可以將 FQDN 設成它，或使用伺服器的 IP 位址，或伺服器名稱，如果有的話。如果 common name 與你在 URL 中使用的網域不相符，加密仍然有效，但你的瀏覽器會顯示額外的警告訊息指出這個差異。

如果你對這個命令的細節感興趣，你可以在 OpenSSL 文件網頁瞭解它（*http://bit. ly/2q84psm*）。值得注意的是，-nodes 選項與 Node 沒有任何關係，甚至跟複數單字「nodes」也沒有關係，它其實代表「no DES」，意思是私鑰不是以 DES 加密的。

這個命令會產生兩個檔案，*meadowlark.pem* 與 *meadowlark.crt*。Privacy-Enhanced Electronic Mail（PEM）檔是你的私鑰，不能被用戶端拿到。CRT 檔是自行簽署的憑證，它會被送給瀏覽器來建立安全連結。

有些網站提供免費的自行簽署憑證，例如這個（*http://bit.ly/354ClEL*）。

## 使用免費的憑證頒發機構

HTTPS 是建立在信任的基礎之上的，不幸的是，在網際網路獲得信任最簡單的方法之一就是購買它。但是憑證販售機構並不是買空賣空：建立安全基礎架構、擔保憑證有效，以及維持和瀏覽器供應商之間的關係都需要大量經費。

購買憑證並不是獲得準生產憑證的唯一合法選項：Let's Encrypt（*https://letsencrypt. org*）是建立在開源基礎上的免費、自動化的 CA，是一個很棒的選項。事實上，除非你投資的基礎架構的代管服務已經有免費的或便宜的憑證（例如 AWS），否則 Let's Encrypt 是很棒的選擇。Let's Encrypt 唯一的缺點是它們的憑證最多只能生存 90 天。但是因為 Let's Encrypt 可讓你非常輕鬆地自動更新憑證，而且你可以設定一個自動程序，每隔 60 天做這件事，來確保憑證不會過期，所以這個缺點被抵消了。

所有主要的憑證供應商（例如 Comodo 與 Symantec）都提供免費的試用憑證，可在任何地方生存 30 至 90 天。如果你想測試商用憑證，這是可行的選項，但如果你想要確保服務的持續性，你就要在試用期結束前購買憑證。

## 購買憑證

目前分布在主要瀏覽器的 50 種根憑證裡面，有 90% 都屬於這四間公司：Symantec（併購了 VeriSign）、Comodo Group、Go Daddy 與 GlobalSign。直接向 CA 購買可能要花很多錢，通常從每年 $300 起（不過有些 CA 提供每年少於 $100 的憑證）。比較便宜的選擇是透過轉銷商，你可以從他們那裡買到每年 $10 以下的 SSL 憑證。

瞭解你究竟買了什麼，以及為什麼要花 $10、$150 或 $300（或以上）購買憑證非常重要。要瞭解的第一個重點是，$10 的憑證與 $1,500 的憑證在加密等級上面沒有任何區別，昂貴的憑證頒發機構不會讓你知道這件事，而且他們的行銷策略會試著掩蓋這個事實。

如果你選擇透過商用憑證供應商，我建議你在進行選擇時考慮這三點：

### 顧客支援

如果你的憑證有問題，無論是瀏覽器支援（你可以從顧客的反應知道你的憑證是否被他們的瀏覽器標示為不值得信任）、安裝問題或更新方面的麻煩，你都會感激有良好的顧客支援。這是購買比較貴的憑證的原因之一。通常你的代管供應商會轉售憑證，根據我的經驗，他們會提供更高級的顧客支援，因為他們也希望讓你繼續使用他們的代管服務。

### 單域、多子域、萬用，與多域憑證

單域（*single domain*）的憑證通常是最便宜的，雖然這個選項看起來不錯，但請記得，它代表如果你為 *meadowlarktravel.com* 購買憑證，憑證將無法讓 *www.meadowlarktravel.com* 使用，反之亦然。因此，我傾向避免使用單域憑證，儘管對於預算有限的人來說，這是個不錯的選擇（你可以設定轉址來將請求引導至適當的網域）。多子域憑證的好處是你只要購買一個憑證就可以涵蓋 *meadowlarktravel.com*、*www.meadowlark.com*、*blog.meadowlarktravel.com*、*shop.meadowlarktravel.com* 等，壞處是你必須事先知道你想要使用什麼子域。

如果你發現自己在一年之內不斷加入或使用不同的子域（需要支援 HTTPS 的），最好使用**萬用憑證**（*wildcard certificate*），它通常比較貴。但是它們可以用於任何子域，而且你永遠都不需要指定子域。

最後一種是**多域憑證**（*multidomain certificate*），它和萬用憑證一樣通常比較貴。這些憑證支援整個多網域，所以，舉例來說，你可以擁有 *meadowlarktravel.com*、*meadowlarktravel.us*、*meadowlarktravel.com* 與 *www* 變體。

### 網域、機構與擴充驗證憑證

憑證有三種：網域、機構與擴充驗證憑證。**網域憑證**（*domain certificate*），顧名思義，只能讓用戶相信他們正在和他們所認為的**網域**進行商業活動。另一方面，**機構憑證**（*organization certificate*）提供一些關於用戶正在互動的實際機構的保證。它們都比較難以取得：通常涉及許多文書作業，你必須提供州和聯邦商業名稱紀錄、實際地址等資訊。不同的憑證供應商會索取不同的文件，所以當你要取得這種憑證時，記得問一下憑證供應商需要哪些資料。最後的一種是**擴充驗證憑證**（*extended validation certificate*），它們是 SSL 憑證的勞斯萊斯。它們可以和機構憑證一樣確認機構是否存在，但它們要求更高標準的證明，甚至需要昂貴的審核，來確認資料安全（雖然這種情況似乎越來越少），一個網域的價格最低是 $150。

我推薦比較便宜的網域憑證或擴充驗證憑證。雖然機構憑證可以確認你的機構是否存在，但是瀏覽器顯示出來的東西沒有什麼不同，根據我的經驗，除非用戶真的去查看憑證（極罕見），否則它與網域憑證沒有明顯的差異。另一方面，擴充驗證憑證通常會讓用戶看到一些他們正在和合法的公司打交道的線索（例如 URL 欄變成綠色的，以及在 SSL icon 旁邊顯示機構名稱）。

如果你曾經處理 SSL 憑證，你可能會問為什麼我沒有提到憑證保險？因為從本質上講，它在擔保幾乎不可能發生的事情。它的概念是，如果有人因為在你的網站進行交易而蒙受財務損失，而且可以證明這是加密不足造成的，你可以用保險來賠償損失。當然，如果你 app 涉及金融交易，有人可能會因為財務損失而試著對你採取法律行動，但是那個損失的原因是加密不足的可能性基本上是零。如果我試著因為一家公司的線上服務造成經濟損失而向他們求償，我絕對不會藉著證明 SSL 加密被破解來求償。如果有兩個憑證的差異只是它們的價格和保險範圍，請購買比較便宜的那一個。

購買憑證的第一個步驟是建立私鑰（就像之前建立自行簽署憑證那樣）。接著產生一個
**憑證簽署請求**（CSR），在購買憑證的過程中上傳（憑證頒發商會告訴你怎麼做）。注
意，憑證頒發商從來都沒有存取你的私鑰，也沒有存取你透過網際網路傳遞的私鑰，所
以私鑰是安全的。接下來頒發商會將憑證傳給你，它的副檔名是 *.crt*、*.cer* 或 *.der*（因為
憑證的格式是 Distinguished Encoding Rules 或 DER，所以有比較罕見的 *.der* 副檔名）。
你也會收到憑證鏈裡面的任何憑證。用 email 寄這個憑證很安全，因為如果沒有你產生
的私鑰，它就沒有作用。

## 為你的 Express app 啟用 HTTPS

你可以修改 Express app 來用 HTTPS 提供網站。在實務上和生產環境中，這是相當罕見
的做法，下一節會介紹。但是，對於比較進階的 app、為了測試，以及為了讓你自己瞭
解 HTTPS，知道如何提供 HTTPS 是很有幫助的。

當你取得私鑰和憑證之後，在 app 裡面使用它們就很簡單了。我們來回顧一下之前是怎
麼建立伺服器的：

```
app.listen(app.get('port'), () => {
  console.log(`Express started in ${app.get('env')} mode ` +
    `on port + ${app.get('port')}.`)
})
```

切換成 HTTPS 很簡單，建議你將私鑰和 SSL 憑證放在稱為 *ssl* 的子目錄裡面（雖然將它
們放在專案根目錄也很常見）。接著使用 https 模組而不是 http，並將 options 物件傳給
createServer 方法：

```
const https = require('https')
const fs = require('fs')            // 通常在檔案最上面

// ... 其餘的 app 設置

const options = {
  key: fs.readFileSync(__dirname + '/ssl/meadowlark.pem'),
  cert: fs.readFileSync(__dirname + '/ssl/meadowlark.crt'),
}

const port = process.env.PORT || 3000
https.createServer(options, app).listen(port, () => {
  console.log(`Express started in ${app.get('env')} mode ` +
    `on port + ${port}.`)
})
```

這就是全部的工作。假如你仍然在 3000 埠執行伺服器，你現在可以連接 *https://localhost:3000*，如果你試著連接 *http://localhost:3000*，它會直接逾時。

## 關於連接埠

無論你知不知道，當你造訪網站時，你一定會連接特定的連接埠，即使它沒有在 URL 裡面。如果你沒有指定連接埠，HTTP 假設使用 80 埠。事實上，如果你明確地指定 80 埠，大部分的瀏覽器都不會顯示連接埠數字。例如，當你前往 *http://www.apple.com:80* 時，很有可能當網頁載入時，瀏覽器會直接去掉 *:80*。它仍然連接 80 埠，只是沒有顯示出來。

同樣的，HTTPS 也有標準埠，443。瀏覽器有類似的行為：當你連接 *https://www.google.com:443* 時，大部分的瀏覽器都不會顯示 *:443*，但是它是你連接的埠。

如果你沒有讓 HTTP 使用 80 埠，或是讓 HTTPS 使用 443 埠，你就要明確地指定連接埠和協定才能正確連接。我們無法在同一個連接埠上運行 HTTP 和 HTTPS（在技術上這是可能的，但是沒有理由這樣做，而且做起來很複雜）。

如果你不想明確地指定連接埠，所以想要在 80 埠執行 HTTP app，或是在 443 埠執行 HTTPS app，你要考慮兩件事。首先，許多系統都已經有預設的 web 伺服器在 80 埠上運行了。

另一件事就是在大部分的作業系統上，1–1023 埠需要提升權限才能打開。例如，在 Linux 或 macOS 電腦上，如果你試著在 80 埠啟動 app，它應該會產生 EACCES 錯誤而失敗。若要在 80 或 443 埠運行（或任何低於 1024 的連接埠），你要用 sudo 命令來提升權限。如果你沒有管理員權限，你就無法直接在 80 或 443 埠啟動伺服器。

除非你管理自己的伺服器，否則你應該沒有你的代管帳號的 root 權限，那麼，當你在 80 或 443 埠運行時會發生什麼事？代管商通常有某種代理服務是以提升的權限運行的，它會將請求傳給你的 app，app 是在一個沒有特權的連接埠上運行的。我們在下一節繼續討論。

## HTTPS 與代理伺服器

之前說過，用 Express 來使用 HTTPS 非常簡單，而且在進行開發時，它的表現很好。但是當你想要擴展網站來處理更多流量，你就要使用 NGINX 之類的代理伺服器（第 12 章）。如果你的網站是在共享代管環境運行的，幾乎都有代理伺服器會將請求轉到你的 app。

如果你使用代理伺服器，用戶端（用戶的瀏覽器）會與代理伺服器溝通，不是你的伺服器。代理伺服器極可能透過常規的 HTTP 來與你的 app 溝通（因為你的 app 與代理伺服器會一起在一個受信任的網路上運行）。你應該聽過這個說法：「HTTPS 在代理伺服器終止」，或「代理伺服器執行『SSL 終止』」。

在多數情況下，當你或代管商正確地設置代理伺服器來處理 HTTPS 請求時，你不需要做任何額外的事情。除非你的 app 需要同時處理安全與不安全的請求。

此時有三種解決方案。第一種是直接設置代理伺服器來將所有 HTTP 流量轉到 HTTPS，實質上強迫和 app 之間的通訊都透過 HTTPS。這種做法越來越普遍，絕對是一種簡單的解決方案。

第二種做法是讓伺服器知道用戶端和代理伺服器之間的通訊協定，常見的做法是透過 X-Forwarded-Proto 標頭，例如，在 NGINX 裡面設定這個標頭：

```
proxy_set_header X-Forwarded-Proto $scheme;
```

接著在 app 裡面，你可以測試看看協定是不是 HTTPS：

```
app.get('/', (req, res) => {
  // 接下來的程式實質上
  // 相當於 if(req.secure)
  if(req.headers['x-forwarded-proto'] === 'https') {
    res.send('line is secure')
  } else {
    res.send('you are insecure!')
  }
})
```

 在 NGINX 裡面有個獨立的伺服器組態區塊供 HTTP 和 HTTPS 使用。如果你沒有在對映 HTTP 的設置區塊設定 X-Forwarded-Protocol，用戶端就有機會用標頭來欺騙你，讓 app 誤以為連結是安全的，即使它並不安全。如果你採取這種做法，你一定要設定 X-Forwarded-Protocol 標頭。

當你使用代理伺服器時，Express 會提供一些方便的屬性來讓代理伺服器更「透明」（就像你沒有使用它，且不會犧牲好處）。要利用它們的話，使用 app.enable('trust proxy') 來要求 Express 相信代理伺服器，完成之後，req.protocol、req.secure 和 req.ip 將是用戶端和代理伺服器的連結，不是與你的 app 的連結。

# 跨站請求偽造

**跨站請求偽造**（CSRF）利用「用戶往往會相信他們的瀏覽器，並且會在同一個 session 造訪多個網站」這件事來進行攻擊。在 CSRF 攻擊中，惡意網站上面的腳本會發出另一個網站的請求，當你登入另一個網站時，惡意網路可以成功地取得另一個網站的安全資料了。

為了防止 CSRF 攻擊，你必須設法確保請求確實來自你的網站，做法是傳遞一個獨一無二的權杖給瀏覽器，接下來當瀏覽器送回表單時，伺服器會進行檢查，以確保權杖相符。csurf 中介函式會幫你處理權杖建立與驗證，你只要確保送給伺服器的請求裡面有權杖就好了。安裝 csurf 中介函式（`npm install csurf`）；接著連接它，並且在 res. locals 加入權杖。務必在連接 body-parser、cookie-parser 與 express-session 之後連接 csurf 中介函式：

```
// 這必須在連接 body-parser、
// cookie-parser 與 express-session 之後連接
const csrf = require('csurf')

app.use(csrf({ cookie: true }))
app.use((req, res, next) => {
  res.locals._csrfToken = req.csrfToken()
  next()
})
```

csurf 中介函式會將 csrfToken 方法加到請求物件，所以我們不需要將它指派給 res. locals。我們也可以明確地將 req.csrfToken() 傳給每一個需要它的 view，但是目前的做法比較簡單。

 注意，程式包本身稱為 csurf，但是大部分的變數與方法都是 csrf，沒有「u」。這裡很容易出錯，注意母音！

現在在你的所有表單（與 AJAX 呼叫），你要提供一個稱為 _csrf 的欄位，它必須符合產生的權杖。我們來看如何將它加到其中一個表單：

```
<form action="/newsletter" method="POST">
  <input type="hidden" name="_csrf" value="{{_csrfToken}}">
  Name: <input type="text" name="name"><br>
  Email: <input type="email" name="email"><br>
  <button type="submit">Submit</button>
</form>
```

csurf 中介函式會處理剩下的事情：如果內文有欄位，但是沒有有效的 _csrf 欄位，它會發出一個錯誤（確保你的中介函式裡面有錯誤路由！）。請移除隱藏欄位，看看會怎樣。

 如果你有 API，你應該不希望 csurf 中介函式干擾它。如果你希望限制其他網站對於你的 API 的訪問，你應該研究一下 connect-rest 之類的 API 程式庫的「API 金鑰」功能。要防止 csurf 干擾你的中介函式，請在你連接 csurf 之前連接它。

# 身分驗證

身分驗證是個龐大且複雜的主題。不幸的是，它也是大部分重要的 web app 的主要元素。我可以指點你的心法就是**不要試著自己做**。如果你的名片上的頭銜不是「安全專家」，你應該還沒有辦法應付設計安全身分驗證系統涉及的複雜事項。

我不是叫你不要瞭解你的 app 裡面的安全防護系統，我只是建議你不要試著自己製作它。你可以自由地研究我將要推薦的身分驗證技術的開放原始碼，你絕對可以從中明白為什麼不要獨自承擔這項工作！

## 身分驗證 vs. 授權

雖然這兩個術語經常交換使用，但它們代表不一樣的東西。**身分驗證**（*authentication*）代表確認用戶的身分，也就是確認用戶就是他們所說的那個人。**授權**（*authorization*）代表確認用戶已被授權訪問、修改或查看什麼內容。例如，顧客可能被授權讀取他們的帳號資訊，而 Meadowlark Travel 員工可能被授權讀取另一個人的帳號資訊或銷售紀錄。

 身分驗證（authentication）經常被縮寫為 *authN*，而授權（authorization）被縮寫為 *authZ*。

通常（但不是都如此）我們會先做身分驗證，再確定授權。授權可以非常簡單（有授權 / 無授權）、廣泛（用戶 / 管理員）或非常細緻，為不同的帳號類型指定讀、寫、刪除和更新權限。授權系統的複雜度取決於你正在編寫的 app 的類型。

因為授權也與 app 的細節有關，我只在這本書提出一些大綱，使用非常廣泛的授權模式（顧客／員工）。我會經常使用縮寫「auth」，但只在你可以從上下文知道它究竟代表「身分驗證」還是「授權」時，或它代表哪一種可以時如此。

## 密碼的問題

密碼的問題在於每一個安全系統的整體強度都與它最弱的環節一樣。使用密碼時，你必須要求用戶創造一個密碼，那就是你的最弱環節。眾所周知，人類很不擅長創造安全的密碼。在 2018 年的一項安全漏洞分析中，最流行的密碼是「123456」，第二名是「password」。就算在安全意識很強的 2018 年，大家仍然選擇糟糕透頂的密碼。如果密碼規則要求（舉例）使用大寫字母、數字和標點符號，你就會看到「Password1!」這種密碼。

即使你用常見密碼清單來分析密碼也沒辦法阻止問題的發生，因為這個時候，大家會開始在筆記本寫下對他們而言高品質的密碼，把它放在未加密的檔案或電腦裡面，或是將它們郵寄給自己。

身為 app 設計者的你無法處理這個問題，但是你可以藉著一些做法來提升密碼的安全性。其中一種做法就是交由第三方進行身分驗證。另一種做法是讓你的登入系統配合密碼管理服務（例如 1Password、Bitwarden 與 LastPass）。

## 第三方身分驗證

第三方身分驗證利用一個事實：幾乎每個人在網際網路都至少有一個主流服務的帳號，例如 Google、Facebook、Twitter 或 LinkedIn。這些服務都提供一種機制，可讓你透過它們的服務來驗證或識別你的用戶。

 第三方身分驗證通常稱為聯合身分驗證（*federated authentication*）或委託身分驗證（*delegated authentication*）。這些術語在很大程度上是可互換的，雖然聯合身分驗證通常與 Security Assertion Markup Language（SAML）和 OpenID 有關，而委託身分驗證通常與 OAuth 有關。

第三方身分驗證有三個主要的優點。首先，它可以降低身分驗證負擔，你不需要關心如何驗證個別用戶，只要與信賴的第三方互動即可。第二個優點是它可以降低密碼疲勞：也就是因為有過多的帳號帶來的壓力。我使用 LastPass（*http://lastpass.com*），剛才我查了一下我的密碼庫，我有將近 400 組密碼。作為一位技術專業人士，我的密碼數量可能高於你的網路用戶的平均值，但是對一位普通的網路用戶來說，擁有幾十個甚至上百個帳號並不罕見。最後一個優點是第三方身分驗證是**無摩擦的**，可以讓用戶利用他們既有的憑證，儘快開始使用你的網站。通常當用戶看到他們必須建立**另一組**帳號和密碼時，他們會直接轉身離開。

如果你沒有使用密碼管理器，很有可能你在大部分的網站都使用同一組密碼（大部分的人都在銀行之類的網站使用「安全」的密碼，在其他網站使用「不安全」的密碼）。這種做法的問題在於，如果使用該密碼的其中**一個**網站被入侵，而且你的密碼被看到，駭客就會試著在其他的服務使用同一組密碼，相當於將所有的雞蛋放在一個籃子裡。

第三方身分驗證有其缺點。信不信由你，**很多人**沒有 Google、Facebook、Twitter 或 LinkedIn 帳號。而且，在擁有上述服務帳號的人裡面，有些人可能會因為懷疑（或是對隱私權的執著）而不願意使用這些憑證來登入你的網站。許多網站處理這種問題的方式是鼓勵用戶使用既有的帳號，並且讓沒有帳號（或是不想要用它們來訪問你的服務）的用戶建立新的登入帳號。

## 將用戶存入資料庫

無論你是否藉由第三方來驗證用戶身分，你都要在你自己的資料庫裡面儲存用戶紀錄。例如，如果你用 Facebook 來做身分驗證，它只會確認用戶的身分，如果你需要儲存那位用戶專屬的設定，你無法使用 Facebook 來做，你必須在你自己的資料庫儲存關於那位用戶的資訊。此外，你可能想要設定用戶的 email 地址，但是他們不想要使用他們在 Facebook（或你所使用的第三方身分驗證服務）上使用的 email 地址。最後，將用戶資訊存入你的資料庫可讓你自行執行身分驗證，如果你希望提供這個選項的話。

來為我們的用戶建立一個 model，*models/user.js*：

```
const mongoose = require('mongoose')

const userSchema = mongoose.Schema({
  authId: String,
  name: String,
  email: String,
  role: String,
  created: Date,
})

const User = mongoose.model('User', userSchema)
module.exports = User
```

修改 *db.js*，使用適當的抽象（如果你使用 PostgreSQL，我將連接這個抽象當成習題）：

```
const User = require('./models/user')

module.exports = {
  //...
  getUserById: async id => User.findById(id),
  getUserByAuthId: async authId => User.findOne({ authId }),
  addUser: async data => new User(data).save(),
}
```

之前說過，在 MongoDB 資料庫裡面的每一個物件都有它自己的 ID，存放在它的 _id 屬性裡面。但是那個 ID 是 MongoDB 控制的，我們需要設法將用戶紀錄對映至第三方 ID，所以我們有我們自己的 ID 屬性，稱為 authId。因為我們使用多種身分驗證策略，那個 ID 將是服務類型與第三方 ID 的組合，以避免衝突。例如，Facebook 用戶的 authId 可能是 facebook:525764102，而 Twitter 用戶的 authId 可能是 twitter:376841763。

我們會在範例中使用兩個角色：「顧客」與「員工」。

## 身分驗證 vs. 註冊與用戶體驗

身分驗證的意思是確認用戶的身分，無論是透過信任的第三方，還是透過你給用戶的憑證（例如帳號與密碼）。註冊是用戶取得網站站號的程序（從我們的觀點來看，註冊發生於我們在資料庫裡面建立用戶紀錄的時候）。

當用戶第一次加入你的網站時，他們應該可以清楚知道他們正在註冊。使用第三方身分驗證系統時，如果他們成功地透過第三方驗證身分，我們可以在他們不知情的情況下註冊他們，但這種做法不太好，你最好讓用戶清楚地知道他們正在註冊你的網站（無論他們是不是透過第三方驗證身分），並且提供明確的機制讓他們取消會員資格。

「第三方困惑」是你必須考慮的用戶體驗狀況。如果用戶在一月使用 Facebook 註冊你的服務，到了七月才回來，當他看到畫面問他要使用 Facebook、Twitter、Google 或 LinkedIn 登入時，他可能已經忘了當初使用哪個註冊服務了。這是第三方身分驗證的缺點之一，對此你幾乎束手無策。這是要求用戶提供 email 地址的另一個好理由，如此一來，你可以提示用戶用 email 尋找他們的帳號，並且寄一封 email 到那個地址，告知他們使用哪個服務來驗證。

如果你認為你已經充分掌握用戶使用哪一種社群網路，你可以藉著提供主驗證服務來緩解這個問題。例如，如果你充分相信大多數用戶都有 Facebook 帳號，你可以提供一個大型的按鈕，上面顯示「使用 Facebook 來登入」，在下面使用比較小型的按鈕，甚至只有文字連結，顯示「或是使用 Google、Twitter 或 LinkedIn 登入」。這種做法可以減少第三方困惑的情況。

## Passport

*Passport* 是 Node / Express 非常流行且穩健的身分驗證模組。它不依賴任何一種身分驗證機制，而是採取可插拔的身分驗證**策略**（如果你不想要使用第三方身分驗證，包括本地策略）。瞭解身分驗證資訊流程可能非常困難，所以我們先從一個身分驗證機制開始看起，稍後再加入其他的機制。

需要瞭解的重點在於，使用第三方身分驗證時，你的 app **永遠不會收到密碼**。它是完全由第三方處理的。這是一件好事：它將安全防護和儲存密碼的重擔交給第三方來承擔[1]。

整個程序都採用轉址（這是必然的，如果你的 app 絕對不會收到用戶的第三方密碼的話）。首先，你可能覺得這件事很奇怪：為什麼你可以傳遞 *localhost* URL 給第三方來進行身分驗證？（畢竟，處理請求的第三方伺服器並不認識**你的** *localhost*）。原因是第三方做的事情只是指示瀏覽器進行轉址，而你的瀏覽器在你的網路裡面，因此可以轉址到本地位址。

圖 18-1 是基本流程。這張圖展示重要的功能流程，清楚地說明身分驗證實際上是在第三方網站上進行的。好好享受這張圖的簡單吧──接下來事情會越來越複雜。

當你使用 Passport 時，你的 app 要負責四個步驟。圖 18-2 是比較詳細的第三方身分驗證流程。

為了簡化，我們將使用 Meadowlark Travel 來代表你的 app，使用 Facebook 作為第三方身分驗證機制。圖 18-2 說明用戶如何從登入網頁到安全的 Account Info 網頁（Account Info 網頁的用途只是為了說明：它可能是你的網站上任何需要身分驗證的網頁）。

---

1　第三方也應該不會直接儲存密碼，他們可以藉著儲存所謂的**加鹽雜湊**（*salted hash*）來確認密碼。加鹽雜湊是一種單向密碼轉換方式。也就是說，當你用密碼產生一個雜湊之後，你就無法找回原本的密碼了。加鹽雜湊可以額外保護某些類型的攻擊。

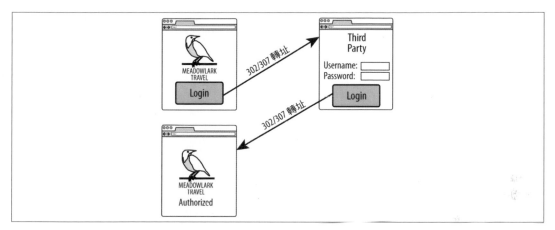

圖 18-1　第三方身分驗證流程

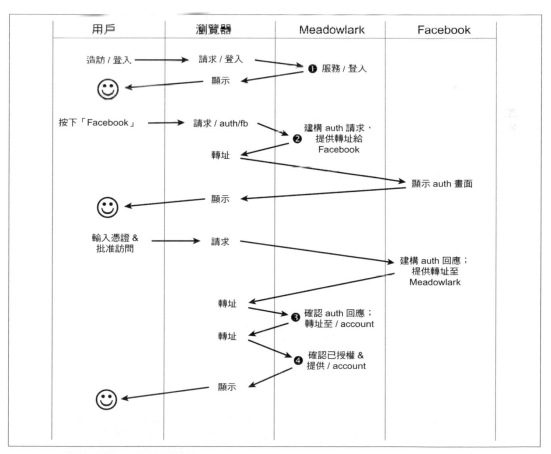

圖 18-2　詳細的第三方身分驗證流程

這張圖展示你應該不知道、但是在這個背景之下必須瞭解的細節。具體來說，當你造訪一個 URL 時，你不會發出請求給伺服器，實際做這件事的是瀏覽器。瀏覽器可以做三件事：發出 HTTP 請求、顯示回應，以及執行轉址（基本上這是發出另一個請求，並顯示另一個回應…它們又可能是另一個轉址）。

在 Meadowlark 那一行，你可以看到你的 app 實際負責的四個步驟。幸好，我們將利用 Passport（與可插拔服務）來執行這些步驟的細節，否則這本書會厚很多很多。

在進入實作細節之前，我們先比較仔細地討論各個步驟：

### 登入網頁

登入網頁是讓用戶選擇登入方法的地方。如果你使用第三方身分驗證，它通常只是個按鈕或連結。如果你使用本地身分驗證，它會有帳號和密碼欄位。如果用戶試著訪問一個需要身分驗證的 URL（例如我們的例子裡面的 /account）卻沒有登入，你應該將他轉到登入網頁（或者，你可以轉到 Not Authorized 網頁，並且提供前往登入網頁的連結）。

### 建構身分驗證請求

在這個步驟，你會建構一個送給第三方（透過轉址）的請求。這個請求的細節很複雜，也因身分驗證服務而異。Passport（與服務外掛）會在此做所有繁重的工作。auth 請求具備防禦中間人（man-in-the-middle）攻擊以及其他攻擊者可能利用的向量的保護機制。通常 auth 請求不會存留太久，所以你無法儲存它並在稍後使用它，這可以藉著限制攻擊者可以利用的時間窗口來防止攻擊。這是你可能向第三方授權機制請求額外資訊的地方。例如，我們通常會請求用戶的名稱，或許還有 email 地址。請記得，你從用戶請求的資訊越多，他們授權你的 app 的機會越低。

### 確認授權回應

假如用戶授權了你的 app，你會從第三方取回有效的 auth 回應，它是用戶的身分證明。這個驗證的細節一樣很複雜，而且 Passport（以及服務外掛）會幫你處理。如果 auth 回應指出用戶沒有被授權（輸入無效的憑證，或你的 app 沒有被用戶授權），你就要轉址至適當的網頁（回到登入網頁，或是到 Not Authorized 或 Unable to Authorize 網頁）。在 auth 回應裡面有個用戶 ID（它對那個特定第三方而言是唯一的），以及你在步驟 2 請求的額外細節。要啟動步驟 4，我們必須「記住」用戶已經授權了。常見的做法是設定一個 session 變數來儲存用戶的 ID，指出這個 session 已經被授權了（你也可以使用 cookie，不過我建議使用 session）。

### 確認授權

在步驟 3，我們在 session 中儲存了用戶的 ID。那個用戶 ID 的存在可讓我們從資料庫取出用戶物件，該物件裡面有關於用戶被授權做哪些事的資訊，如此一來，我們不需要在每一個請求使用第三方來進行驗證（這會導致緩慢且痛苦的用戶體驗）。這項工作很簡單，不需要用 Passport 來做：我們有自己的用戶物件，裡面有我們自己的驗證規則（如果沒有那個物件，代表請求沒有被授權，我們可以轉址到登入或 Not Authorized 網頁）。

 你將會在本章看到，使用 Passport 來驗證身分是繁重的工作。但是身分驗證是 app 很重要的部分，我認為投資一些時間把它做好是聰明的選擇。有些專案試著提供比較「現成」的解決方案，例如 LockIt（*http://bit.ly/lock_it*）。另一種越來越流行的選項是 Auth0（*https://auth0.com*），它非常穩健，但不像 LockIt 那麼容易設定。然而，為了最有效地使用 LockIt 或 Auth0（或類似的解決方案），你必須瞭解身分驗證與授權的細節，這就是本章的宗旨。此外，如果你需要自訂身分驗證解決方案，Passport 是很好的起點。

## 設定 Passport

為了保持簡單，我們從一個身分驗證供應商看起。我們隨意選擇 Facebook。在設定 Passport 與 Facebook 服務之前，我們要在 Facebook 做一些設置。為了進行 Facebook 身分驗證，你需要 *Facebook app*。如果你已經有適合的 Facebook app 了，你可以使用它，否則你可以建立一個專門用來驗證身分的新 app。可能的話，你應該使用你的機構的官方 Facebook 帳號來建立 app。也就是說，如果你在 Meadowlark Travel 工作，你要使用 Meadowlark Travel Facebook 帳號來建立 app（你可以隨時加入你的個人 Facebook 帳號作為 app 的管理員，以方便管理）。出於測試的目的，使用你自己的 Facebook 帳號是可行的，但是在生產環境使用個人帳號對你的用戶來說顯得不專業而且可疑。

Facebook app 管理的細節經常改變，所以我不打算在這裡解釋細節。如果你需要關於建立與管理 app 的細節，請參考 Facebook 開發者文件（*http://bit.ly/372bc7c*）。

出於開發和測試的目的，你需要將開發 / 測試域名和 app 連接起來。Facebook 可讓你使用 *localhost*（與連接埠數字），這對測試來說非常方便。你也可以指定本地 IP 位址，這在你使用虛擬伺服器或是網路上的另一台伺服器來測試時很方便。重點是你為了測試 app 而在瀏覽器輸入的 URL（例如 *http://localhost:3000*）是與 Facebook app 有關的。目

前你只能將一個網域和你的 app 連接，如果你需要使用多個網頁，你就要建立多個 app
（例如，你可能製作 Meadowlark Dev、Meadowlark Test 與 Meadowlark Staging；你的
生產 app 可以直接稱為 Meadowlark Travel）。

設置了 app 之後，你需要它的唯一 app ID 以及它的 app 密碼，你可以在那個 app 的
Facebook app 管理網頁找到兩者。

 你可能遇到的最大挫折或許是收到 Facebook 傳來「Given URL is not
allowed by the Application configuration」之類的訊息。這代表在回呼
URL 裡面的主機名稱與連接埠不符合你在你的 app 裡面設置的。看一
下你的瀏覽器裡面的 URL，你會看到編碼過的 URL，它是你的線索。例
如，如果我使用 192.168.0.103:3443 並且收到那個訊息，我看了一下
URL，如果我在查詢字串看到 *redirect_uri=https%3A%2F%2F192.68.0.103*
*%3A3443%2Fauth%2Ffacebook%2Fcallback*，我就可以快速發現錯誤了：
我在主機名稱中使用 68 而不是 168。

接下來我們要安裝 Passport 與 Facebook 身分驗證服務：

```
npm install passport passport-facebook
```

在完成工作之前，我們有大量的身分驗證程式碼（尤其是當我們支援多種服務時），我
們不希望那些程式碼把 *meadowlark.js* 弄得一團亂，所以我們建立一個稱為 *lib/auth.js* 的
模組。它是個大型的檔案，所以我們一部分一部分地介紹它（完整的例子請見本書程式
存放區的 *ch18*）。我們先進行匯入，以及編寫兩個 Passport 需要的方法，serializeUser
與 deserializeUser：

```
const passport = require('passport')
const FacebookStrategy = require('passport-facebook').Strategy

const db = require('../db')

passport.serializeUser((user, done) => done(null, user._id))

passport.deserializeUser((id, done) => {
  db.getUserById(id)
    .then(user => done(null, user))
    .catch(err => done(err, null))
})
```

Passport 使用 serializeUser 與 deserializeUser 來將請求對映至驗證身分的用戶，可讓你使用你想要的儲存方法。在例子中，我們只將資料庫 ID（_id 屬性）存入 session。我們在這裡使用 ID 的方式讓「serialize」與「deserialize」看起來有點用詞不當：我們其實只是將用戶 ID 存入 session，接著在必要時，在資料庫中尋找那個 ID 來取得用戶物件。

完成這兩個方法之後，只要有 session 可用，而且用戶已經成功授權了，req.session.passport.user 將是從資料庫取出來的用戶物件。

接下來，我們要選擇匯出的東西。為了啟用 Passport 的功能，我們要進行兩項不同的工作：初始化 Passport，以及註冊路由來處理身分驗證，以及第三方身分驗證服務轉過來的回呼。我們不想要在同一個函式裡面做這兩件事，因為在主 app 檔裡面，我們可能想要選擇何時要將 Passport 接在中介函式鏈裡面（在加入中介函式時，順序非常重要）。所以，我們不讓模組匯出函式做這兩件事，而是讓它回傳一個函式，讓那個函式回傳一個物件，該物件有我們需要的方法。為什麼不直接回傳一個物件？因為我們需要加入一些組態值。此外，因為我們需要將 Passport 中介函式加入 app，使用函式可以輕鬆地傳入 Express app 物件：

```
module.exports = (app, options) => {
  // 如果沒有指定成功或失敗轉址，
  // 設定一些合理的預設值
  if(!options.successRedirect) options.successRedirect = '/account'
  if(!options.failureRedirect) options.failureRedirect = '/login'
  return {
    init: function() { /* TODO */ },
    registerRoutes: function() { /* TODO */ },
  }
}
```

在詳細探討 init 與 registerRoutes 方法之前，我們來看一下我們將會如何使用這個模組（希望可以讓你比較清楚這項「回傳一個回傳物件的函式」的工作）：

```
const createAuth = require('./lib/auth')

// ... 其他 app 設置

const auth = createAuth(app, {
  // baseUrl 是選用的，如果你省略它，它的預設值是 localhost；
  // 如果你在本地電腦上工作，
  // 設定它可能是有幫助的。例如，如果你使用預備伺服器，
  // 你或許會將 BASE_URL 環境變數設為
  // https://staging.meadowlark.com
```

```
  baseUrl: process.env.BASE_URL,
  providers: credentials.authProviders,
  successRedirect: '/account',
  failureRedirect: '/unauthorized',
})

// auth.init() 連接 Passport 中介函式：
auth.init()

// 現在我們可以指定 auth 路由：
auth.registerRoutes()
```

請注意，除了指定成功與失敗轉址路徑之外，我們也指定一個稱為 providers 的屬性，我們已經在憑證檔裡面將它外部化了（見第 13 章）。我們要將 authProviders 屬性加入 *.credentials.development.json*：

```
"authProviders": {
  "facebook": {
    "appId": "your_app_id",
    "appSecret": "your_app_secret"
  }
}
```

 將身分驗證程式包在這種模組裡面的另一個理由是為了在其他專案重複使用它；事實上，現在已經有一些身分驗證程式包實質上可以做我們在這裡做的事情。但是瞭解事情的來龍去脈很重要，所以即使你最後決定使用別人寫好的模組，這一章也可以協助你瞭解身分驗證流程裡面發生的任何事情。

接著我們來看一下 **init** 方法（之前在 *auth.js* 裡面是「TODO」）：

```
init: function() {
  var config = options.providers

  // 設置 Facebook 策略
  passport.use(new FacebookStrategy({
    clientID: config.facebook.appId,
    clientSecret: config.facebook.appSecret,
    callbackURL: (options.baseUrl || '') + '/auth/facebook/callback',
  }, (accessToken, refreshToken, profile, done) => {
    const authId = 'facebook:' + profile.id
    db.getUserByAuthId(authId)
      .then(user => {
```

```
        if(user) return done(null, user)
        db.addUser({
          authId: authId,
          name: profile.displayName,
          created: new Date(),
          role: 'customer',
        })
          .then(user => done(null, user))
          .catch(err => done(err, null))
      })
      .catch(err => {
        if(err) return done(err, null);
      })
    }))

  app.use(passport.initialize())
  app.use(passport.session())
},
```

這是一段相當紮實的程式，但大部分其實只是 Passport 模板。重要的東西在傳給 FacebookStrategy 實例的函式裡面。當這個函式被呼叫時（在用戶成功驗證身分之後），profile 參數裡面就有關於 Facebook 用戶的資訊了。最重要的是，它裡面有 Facebook ID：這就是我們用來將 Facebook 帳號和我們自己的用戶物件連接的東西。注意，我們藉著在前面加上 *facebook:* 來建立 authId 屬性的名稱空間，這可以防止 Facebook ID 與 Twitter 或 Google ID 衝突的可能性（它也可以讓我們檢查用戶模型，看看用戶正在使用什麼身分驗證方法，這個資訊可能很有用）。如果資料庫已經有這個名稱空間化的 ID 實體了，我們就直接回傳它（在 serializeUser 被呼叫時，它會將我們自己的用戶 ID 放入 session）。如果沒有用戶紀錄被回傳，我們就建立一個新的用戶物件，並將它存入資料庫。

我們的最後一項工作就是建立 registerRoutes 方法（別擔心，這一段程式短很多）：

```
registerRoutes: () => {
  app.get('/auth/facebook', (req, res, next) => {
    if(req.query.redirect) req.session.authRedirect = req.query.redirect
    passport.authenticate('facebook')(req, res, next)
  })
  app.get('/auth/facebook/callback', passport.authenticate('facebook',
    { failureRedirect: options.failureRedirect }),
    (req, res) => {
      // 我們只有在成功驗證身分之後才會到這裡
      const redirect = req.session.authRedirect
      if(redirect) delete req.session.authRedirect
```

```
        res.redirect(303, redirect || options.successRedirect)
      }
    )
  },
```

現在我們有路徑 */auth/facebook* 了，造訪這個路徑會自動將訪客轉址到 Facebook 的身分驗證畫面（由 passport.authenticate('facebook') 完成的），也就是圖 18-1 的步驟 2。注意，我們檢查有沒有查詢字串參數 redirect，如果有，我們就將它存入 session。這樣我們就可以在完成身分驗證之後自動轉址到預期的目的地了。當用戶用 Twitter 授權時，瀏覽器會轉址回去你的網站——具體來說，轉到 */auth/facebook/callback* 路徑（使用選用的轉址查詢字串，指出用戶原本在哪裡）。

查詢字串也有 Passport 將會用來驗證的身分驗證權杖。如果身分驗證失敗，Passport 會將瀏覽器轉址到 options.failureRedirect。如果驗證成功，Passport 會呼叫 next，它就是你的 app 回去的地方。注意我們在 */auth/facebook/callback* 的處理式裡面是怎麼串接中介函式的：我們先呼叫 passport.authenticate，如果它呼叫 next，控制權會傳給你的函式，接著轉址到原始位置，或是 options.successRedirect，如果 redirect 查詢字串參數沒有指定的話。

> 省略 redirect 查詢字串參數可以簡化身分驗證路由，如果你只有一個需要驗證身分的 URL，這種做法很有吸引力。但是這項功能很方便，而且可以提供更好的用戶體驗。你一定經歷過這種情況：你找到網頁，並且接受指示登入，接著你被轉址到一個預設網頁，使得你必須自己返回原本的網頁。這不是理想的用戶體驗。

Passport 在這個程序施展的「魔法」就是將用戶（在這個例子只是資料庫用戶 ID）存入 session。這是一件好事，因為瀏覽器正在**轉址**，它是個不同的 HTTP 請求，如果沒有 session 裡面的資訊，我們就無法知道用戶的身分已經被驗證了！當用戶已經被成功驗證之後，我們會設定 req.session.passport.user，未來的請求可以藉此知道用戶已經被驗證了。

我們來看一下 /account 處理式，看看它如何進行檢查來確保用戶已經被驗證（這個路由處理式會在我們的主 app 檔裡面，或是在獨立的路由模組裡面，不是在 */lib/auth.js* 裡面）：

```
app.get('/account', (req, res) => {
  if(!req.user)
```

```
      return res.redirect(303, '/unauthorized')
    res.render('account', { username: req.user.name })
})
// 我們也需要一個 'unauthorized' 網頁
app.get('/unauthorized', (req, res) => {
  res.status(403).render('unauthorized')
})
// 以及登出的方式
app.get('/logout', (req, res) => {
  req.logout()
  res.redirect('/')
})
```

現在只有經過驗證的用戶可以看到帳號網頁，其他人都會被轉到 Not Authorized 網頁。

## 根據角色來授權

到目前為止，我們在技術上沒有做任何授權（我們只有區分已授權和未授權的用戶）。
但是，假如我們只想讓顧客看到他們的帳號畫面（員工可能有完全不同的畫面，顯示用
戶帳號資訊）。

之前提過，你可以在單一路由裡面放入多個函式，它們會被依序呼叫。我們來建立一個
稱為 customerOnly 的函式，只有顧客可以看到它：

```
const customerOnly = (req, res, next) => {
  if(req.user && req.user.role === 'customer') return next()
  // 我們想要讓「只供顧客觀看的網頁」知道用戶需要登入
  res.redirect(303, '/unauthorized')
}
```

接下來要建立一個 employeeOnly 函式，它的運作方式有點不同。假如我們有個路徑
/sales 只想要讓員工使用，我們不希望讓非員工的人知道它的存在，即使偶然發現它也
不行。如果潛在攻擊者前往 /sales 路徑，並且看到 Not Authorized 網頁，光是這一點
資訊就可能讓攻擊更容易成功（只需要知道有那一個網頁）。所以，為了增加一點安全
性，我們想要讓員工之外的人在造訪 /sales 網頁時看到常規的 404 網頁，讓潛在攻擊者
無從下手：

```
const employeeOnly = (req, res, next) => {
  if(req.user && req.user.role === 'employee') return next()
  // 我們希望「隱藏」只限員工的授權失敗，
  // 以防止潛在的駭客知道有這種網頁
  next('route')
}
```

呼叫 next('route') 不會執行路由之中的下一個處理式,它會完全跳過這個路由。假設接下來沒有其他路出可以處理 /account,它最終會傳給 404 處理式,產生我們想要的結果。

看看使用這些函式有多麼簡單:

```
// 顧客路由

app.get('/account', customerOnly, (req, res) => {
  res.render('account', { username: req.user.name })
})
app.get('/account/order-history', customerOnly, (req, res) => {
  res.render('account/order-history')
})
app.get('/account/email-prefs', customerOnly, (req, res) => {
  res.render('account/email-prefs')
})

// 員工路由

app.get('/sales', employeeOnly, (req, res) => {
    res.render('sales')
})
```

顯然你可以用任何一種簡單或複雜的方式來進行角色授權。例如,如果你想要允許多個角色,你可以使用下面的函式與路由:

```
const allow = roles => (req, res, next) => {
  if(req.user && roles.split(',').includes(req.user.role)) return next()
  res.redirect(303, '/unauthorized')
}
```

希望這個例子可以讓你知道你可以使用角色授權來發揮創意。你甚至可以用其他屬性來進行授權,例如用戶加入會員多久,或用戶已經預訂了多少假期。

## 加入身分驗證供應商

既然框架已經就緒了,加入更多身分驗證供應商就很容易了,假設我們想要用 Google 來驗證,在我們加入程式之前,你必須在你的 Google 帳號設定一個專案。

前往你的 Google Developers Console（*http://bit.ly/2KcY1X0*），並且在導覽列選擇一項專案（如果你還沒有專案，按下 New Project 並且按照指示操作）。選擇專案之後，按下「Enable APIs and Services」並啟用 Cloud Identity API。按下 Credentials，接著 Create Credentials，並選擇「OAuth client ID」，接著「Web application」。為你的 app 輸入適當的 URL，在測試時，你可以使用 *http://localhost:3000* 作為授權來源，以及 *http://localhost:3000/auth/google/callback* 作為授權轉址 URI。

在 Google 端設定所有東西之後，執行 `npm install passport-google-oauth20`，並且將下面的程式加入 *lib/auth.js*：

```
// 設置 Google 策略
passport.use(new GoogleStrategy({
  clientID: config.google.clientID,
  clientSecret: config.google.clientSecret,
  callbackURL: (options.baseUrl || '') + '/auth/google/callback',
}, (token, tokenSecret, profile, done) => {
  const authId = 'google:' + profile.id
  db.getUserByAuthId(authId)
    .then(user => {
      if(user) return done(null, user)
      db.addUser({
        authId: authId,
        name: profile.displayName,
        created: new Date(),
        role: 'customer',
      })
        .then(user => done(null, user))
        .catch(err => done(err, null))
    })
    .catch(err => {
      console.log('whoops, there was an error: ', err.message)
      if(err) return done(err, null);
    })
}))
```

並且將這些程式加入 `registerRoutes` 方法：

```
app.get('/auth/google', (req, res, next) => {
  if(req.query.redirect) req.session.authRedirect = req.query.redirect
  passport.authenticate('google', { scope: ['profile'] })(req, res, next)
})
app.get('/auth/google/callback', passport.authenticate('google',
```

```
  { failureRedirect: options.failureRedirect }),
  (req, res) => {
    // 我們只有在成功驗證身分之後才會到這裡
    const redirect = req.session.authRedirect
    if(redirect) delete req.session.authRedirect
    res.redirect(303, req.query.redirect || options.successRedirect)
  }
)
```

## 總結

恭喜你完成最複雜的一章！這麼重要的功能（身分驗證與授權）如此複雜是很不幸的事
情，但是在這個充滿安全威脅的世界中，複雜是難免的。幸好 Passport（以及用它來建
構的傑出身分驗證方案）之類的專案在一定程度上減輕了我們的負擔。儘管如此，我仍
然想要鼓勵你不要漠視 app 的這個領域：在安全領域努力研究可以讓你成為網際網路的
好公民。或許用戶永遠不會因為你做好安全防護而感謝你，但是採用糟糕的安全機制造
成用戶資料外洩會讓 app 的擁有者蒙受損失。

# 第十九章

# 整合第三方 API

現在已經有越來越多成功的網站不是完全獨立的。為了吸引既有用戶和尋找新用戶，與社群網路整合是必要的因素。若要提供商店位置或其他定位服務，你必須使用地理定位和地圖服務。事情不止於此，越來越多機構發現提供 API 有助於擴展他們的服務，並且讓服務更實用。

在這一章，我們要討論兩項最常見的整合需求：社交媒體與地理定位。

## 社交媒體

社交媒體是推銷你的產品或服務的好管道：如果這是你的目標，讓你的用戶可以輕鬆地在社交媒體網站分享你的內容非常重要。當我行文至此時，主要的社交媒體服務有 Facebook、Twitter、Instagram 與 YouTube。Pinterest 與 Flickr 等網站也占有一席之地，但是它們的目標客群通常比較特殊（例如，如果你的網站的主題是 DIY，你就絕對要支援 Pinterest）。不怕你笑，我預測 MySpace 會捲土重來，它的網站被重新設計得很棒，而且值得注意的是 MySpace 是建構在 Node 之上的。

## 社交媒體外掛與網站性能

你要在網頁中引用正確的 JavaScript 檔案，讓它處理收到的內容（例如你的 Facebook 網頁的前三則記事）以及傳出的內容（例如，tweet 你所在的網頁）。雖然這是最簡單的社交媒體整合方式，但是它是有代價的：因為有額外的 HTTP 請求，我看過網頁需要雙倍甚至三倍時間來載入。如果網頁性能對你來說很重要（理應如此，尤其是對行動用戶而言），你就要謹慎地考慮整合社交媒體的做法。

話雖如此,產生 Facebook Like 按鈕或 Tweet 按鈕的程式碼會利用瀏覽器內的 cookie 來代表用戶貼文,將這項功能移到後端並不容易(而且有時不可能做到)。所以如果那是你需要的功能,連接適當的第三方程式庫是最佳選項,即使它可能會影響網頁的性能。

## 搜尋 tweet

假如我們想要引用前十名包含 #Oregon #travel hashtag(井字標籤)的 tweet(Twitter 的推文),雖然我們可以使用前端元件,但是這樣會有額外的 HTTP 請求。而且,如果我們在後端做這件事,我們可以快取 tweet 來提升性能。此外,在後端進行搜尋可以將令人不悅的 tweet 列入黑名單,在前端比較難處理這種事。

Twitter 很像 Facebook,可讓你建立 *app*。不過 app 是個誤稱:Twitter app 無法做任何事情(從傳統的觀點來看)。它比較像一組憑證,可用來在你的網站建立實際的 app。訪問 Twitter API 最方便且最可移植的方式就是建立一個 app 並使用它來取得訪問權杖。

要建立 Twitter app,請前往 *http://dev.twitter.com*。登入後,在導覽列按下你的帳號,接著 Apps。按下「Create an app」,並且跟著指示操作。製作一個 app 之後,你會看到你有一個 *consumer API key*(顧客 *API 金鑰*)與一個 *API secret key*(*API 密鑰*)。顧名思義,API 密鑰是要藏起來的:不要把它放在送給用戶端的回應裡面。如果第三方取得這個密鑰,他們就可以用你的 app 的名義發出請求,如果他們用它來幹壞事,可能會造成不幸的後果。

擁有顧客 API 金鑰與密鑰之後,我們就可以和 Twitter REST API 溝通了。

為了保持程式的簡潔,我們將 Twitter 程式碼放在 *lib/twitter.js* 模組內:

```
const https = require('https')

module.exports = twitterOptions => {

  return {

    search: async (query, count) => {
      // TODO
    }
  }

}
```

你應該已經開始熟悉這個模式了，我們的模組匯出一個函式，呼叫方對它傳遞一個組態物件。它會回傳一個包含多個方法的物件。藉此，我們可以將功能加入模組。目前我們只提供搜尋方法。這是我們使用這個程式庫的方式：

```
const twitter = require('./lib/twitter')({
  consumerApiKey: credentials.twitter.consumerApiKey,
  apiSecretKey: credentials.twitter.apiSecretKey,
})

const tweets = await twitter.search('#Oregon #travel', 10)
// tweet 將會在 result.statuses 裡面
```

（別忘了在你的 *.credentials.development.json* 檔案內為 twitter 屬性加入 consumerApiKey 與 apiSecretKey。）

在實作 search 方法之前，我們必須提供一些功能，來向 Twitter 驗證我們自己的身分。這個程序很簡單：我們使用 HTTPS 以及顧客金鑰和顧客密鑰來請求一個訪問權杖，這件事只要做一次即可，目前 Twitter 不會讓訪問權杖過期（不過你可以手動讓它們失效）。因為我們不想要每次都請求訪問權杖，我們可以快取訪問權杖，以便重複使用它。

我們建構模組的方式可讓我們建立呼叫方無法使用的私用功能，具體來說，呼叫方唯一可用的東西就是 module.exports。因為我們回傳一個函式，所以只有那個函式可供呼叫方使用。呼叫那個函式會產生一個物件，呼叫方只能使用那個物件的屬性。所以我們要建立變數 accessToken，我們會用它來快取訪問權杖，並且建立取得訪問權杖的 getAccessToken 函式。當它第一次被呼叫時，它會發出一個 Twitter API 請求來取得訪問權杖。後續的呼叫都只會回傳 accessToken 的值：

```
const https = require('https')

module.exports = function(twitterOptions) {

  // 在這個模組外面看不到這個變數
  let accessToken = null

  // 在這個模組外面看不到這個函式
  const getAccessToken = async () => {
    if(accessToken) return accessToken
    // TODO：取得訪問權杖
  }

  return {
    search: async (query, count) => {
```

```
        // TODO
    }
  }

}
```

我們將 **getAccessToken** 標為 async 是因為我們可能要對 Twitter API 發出 HTTP 請求（如果快取裡面沒有權杖）。建立基本結構之後，我們來實作 **getAccessToken**：

```
const getAccessToken = async () => {
  if(accessToken) return accessToken

  const bearerToken = Buffer(
    encodeURIComponent(twitterOptions.consumerApiKey) + ':' +
    encodeURIComponent(twitterOptions.apiSecretKey)
  ).toString('base64')

  const options = {
    hostname: 'api.twitter.com',
    port: 443,
    method: 'POST',
    path: '/oauth2/token?grant_type=client_credentials',
    headers: {
      'Authorization': 'Basic ' + bearerToken,
    },
  }

  return new Promise((resolve, reject) =>
    https.request(options, res => {
      let data = ''
      res.on('data', chunk => data += chunk)
      res.on('end', () => {
        const auth = JSON.parse(data)
        if(auth.token_type !== 'bearer')
          return reject(new Error('Twitter auth failed.'))
        accessToken = auth.access_token
        return resolve(accessToken)
      })
    }).end()
  )
}
```

你可以在 Twitter 的開發者文件網頁中,解說 application-only authentication 的部分瞭解建構這個呼叫的細節(*http://bit.ly/2KcJ4EA*)。基本上,我們必須建構一個 base64 編碼的持有權杖(bearer token),它是顧客金鑰與顧客密鑰的組合。建構權杖之後,我們可以將持有權杖放入 Authorization 標頭,用那個標頭來呼叫 /oauth2/token API,以請求訪問權杖。注意,我們必須使用 HTTPS:如果你試著用 HTTP 進行這個呼叫,你就是用未加密的方式傳遞密鑰,API 會直接忽視你。

從 API 接收完整的回應之後(我們監聽回應串流的 end 事件),我們可以解析 JSON,確保權杖類型是 bearer。我們將訪問權杖放入快取,接著呼叫回呼。

做好取得訪問權杖的機制之後,我們可以發出 API 呼叫了。我們來製作 search 方法:

```
search: async (query, count) => {
  const accessToken = await getAccessToken()
  const options = {
    hostname: 'api.twitter.com',
    port: 443,
    method: 'GET',
    path: '/1.1/search/tweets.json?q=' +
      encodeURIComponent(query) +
      '&count=' + (count || 10),
    headers: {
      'Authorization': 'Bearer ' + accessToken,
    },
  }
  return new Promise((resolve, reject) =>
    https.request(options, res => {
      let data = ''
      res.on('data', chunk => data += chunk)
      res.on('end', () => resolve(JSON.parse(data)))
    }).end()
  )
},
```

## 算繪 tweet

能夠搜尋 tweet 之後,接下來怎麼將它們顯示在網站上?這件事由你決定,但是你必須考慮幾件事。Twitter 希望它的資料的用法與品牌形象一致,因此,它規定一些顯示要求(*http://bit.ly/32ET4N2*),你必須使用它的函式元素來顯示 tweet。

這些要求有一些轉圜的餘地（例如，如果你在不支援圖像的裝置上進行顯示，你就不需要加入頭像），但是在多數情況下，你做出來的東西很像內嵌的 tweet。這是個繁複的工作，有一些方式可以繞過它⋯但是你要連接 Twitter 的 widget 程式庫，而它正是我們試圖避免的 HTTP 請求。

如果你需要顯示 tweet，最好的做法是使用 Twitter 的 widget 程式庫，即使它會導致額外的 HTTP 請求。在處理比較複雜的 API 使用時，你仍然要從後端訪問 REST API，所以你最後可能會同時使用 REST API 與前端腳本。

繼續完成我們的範例：我們想要顯示前十名有 #Oregon #travel 的 tweet。我們用 REST API 來搜尋 tweet 並且使用 Twitter widget 程式庫來顯示它們。因為我們不想要到達使用上限（或降低伺服器速度），我們將快取 tweet 與顯示它們的 HTML 15 分鐘。

我們先修改 Twitter 程式庫來加入一個 embed 方法，這個方法會取得顯示 tweet 的 HTML。注意，我們使用 npm library querystringify 來用物件建構一個查詢字串，所以別忘了執行 npm install querystringify 並匯入它（const qs = require( 'querystringify' )），接著將下面的函式加入 *lib/twitter.js* 的 export：

```
embed: async (url, options = {}) => {
  options.url = url
  const accessToken = await getAccessToken()
  const requestOptions = {
    hostname: 'api.twitter.com',
    port: 443,
    method: 'GET',
    path: '/1.1/statuses/oembed.json?' + qs.stringify(options),
    headers: {
      'Authorization': 'Bearer ' + accessToken,
    },
  }
  return new Promise((resolve, reject) =>
    https.request(requestOptions, res => {
      let data = ''
      res.on('data', chunk => data += chunk)
      res.on('end', () => resolve(JSON.parse(data)))
    }).end()
  )
},
```

現在我們已經可以搜尋以及快取 tweet 了。在主 app 檔，建立下面的函式 getTopTweets：

```
const twitterClient = createTwitterClient(credentials.twitter)

const getTopTweets = ((twitterClient, search) => {
  const topTweets = {
    count: 10,
    lastRefreshed: 0,
    refreshInterval: 15 * 60 * 1000,
    tweets: [],
  }
  return async () => {
    if(Date.now() > topTweets.lastRefreshed + topTweets.refreshInterval) {
      const tweets =
       await twitterClient.search('#Oregon #travel', topTweets.count)
      const formattedTweets = await Promise.all(
        tweets.statuses.map(async ({ id_str, user }) => {
          const url = `https://twitter.com/${user.id_str}/statuses/${id_str}`
          const embeddedTweet =
           await twitterClient.embed(url, { omit_script: 1 })
          return embeddedTweet.html
        })
      )
      topTweets.lastRefreshed = Date.now()
      topTweets.tweets = formattedTweets
    }
    return topTweets.tweets
  }
})(twitterClient, '#Oregon #travel')
```

除了使用指定的 hashtag 來搜尋 tweet 之外，getTopTweets 函式也可以快取這些 tweet 一段合理的時間。注意，我們建立了一個立即呼叫函式表達式（immediately invoked function expression，IIFE）：原因是我們希望讓 topTweets 在 closure 裡面安全地快取，以免出錯。IIFE 回傳的非同步函式會在必要時刷新快取，接著回傳快取的內容。

最後，我們建立一個 view，views/social.handlebars，當成社交媒體的家（目前只有我們選擇的 tweet）：

```
<h2>Oregon Travel in Social Media</h2>

<script id="twitter-wjs" type="text/javascript"
  async defer src="//platform.twitter.com/widgets.js"></script>

{{{tweets}}}
```

以及一個處理它的路由：

```
app.get('/social', async (req, res) => {
  res.render('social', { tweets: await getTopTweets() })
})
```

注意，我們參考一個外部腳本──Twitter 的 `widgets.js`。這個腳本會格式化網頁內嵌的 tweet，並且為它們提供功能。在預設情況下，oembed API 會在 HTML 裡面加入一個指向這個腳本的參考，但是因為我們顯示 10 個 tweet，它會沒必要地多參考腳本九次！我們在呼叫 oembed API 時傳入 `{ omit_script: 1 }`，因此，我們必須在某個地方提供它，我們在 view 裡面做這件事。接著試著從 view 移除腳本。你仍然可以看到 tweet，但它們不會有任何格式或功能。

現在我們有個很棒的社交媒體動態了！接著我們要討論另一個重要的應用：在 app 中顯示地圖。

# 地理編碼

**地理編碼**是將街道地址或地名（Bletchley Park, Sherwood Drive, Bletchley, Milton Keynes MK3 6EB, UK）轉換成地理座標（緯度 51.9976597，經度 –0.7406863）的程序。如果你的 app 需要做某種地理計算（距離或方向），或顯示地圖，你就需要地理座標。

你可能習慣看到以度、分、秒（DMS）顯示的地理座標。地理編碼 API 與地圖服務使用單一浮點數來代表緯度與經度。如果你需要顯示 DMS 座標，請參考這篇 wikipedia 文章（*http://bit.ly/2Xc5IlM*）。

## 用 Google 進行地理編碼

Google 與 Bing 都提供很棒的地理編碼 REST 服務。我們將在範例中使用 Google，但是 Bing 服務與它很像。

如果你的 Google 帳號沒有指定付費帳號，你的地理編碼請求會被限制成一天一次，造成非常緩慢的測試週期！在這本書裡面，我盡量避免推薦在開發時無法免費使用的服務，雖然我已經盡量嘗試一些免費的地理編碼服務了，但發現它們的好用程度有很大的差距，所以我最後還是推薦 Google 地理編碼。但是，當我行文至此時，用 Google 開發地理編碼的成本是免費的：你的帳號每個月有 $200 抵免額，這個額度需要發出 40,000 個請求才能花光！如果你想要跟著這一章操作，前往你的 Google 主控台（*http://bit. ly/2KcY1X0*），在主目錄選擇 Billing，並輸入你的帳單資訊。

設定帳單之後，你需要 Google 地理編碼 API 的 API 金鑰。前往主控台（*http://bit. ly/2KcY1X0*），在導覽列選擇你的專案。如果地理編碼 API 不在你的已啟用 API 清單裡面，在其他 API 清單裡面尋找它並加入它。大部分的 Google API 都使用同一組 API 憑證，所以按下左上方的導覽選單，接著回到你的儀表板。按下 Credentials，如果你還沒有 API 金鑰，建立一個新的。注意，API 金鑰可能受到限制以避免被濫用，所以確保你可以用你的 app 使用 API 金鑰。如果你需要開發用的 API 金鑰，你可以用 IP 位址來限制它，並選擇你的 IP 位址（如果你不知道它是什麼，可以直接詢問 Google「What's my IP address?」）。

取得 API 金鑰之後，將它加入 *credentials.development.json*：

```
"google": {
  "apiKey": "<YOUR API KEY>"
}
```

接著建立模組 *lib/geocode.js*：

```
const https = require('https')
const { credentials } = require('../config')

module.exports = async query => {

  const options = {
    hostname: 'maps.googleapis.com',
    path: '/maps/api/geocode/json?address=' +
      encodeURIComponent(query) + '&key=' +
      credentials.google.apiKey,
  }

  return new Promise((resolve, reject) =>
    https.request(options, res => {
      let data = ''
      res.on('data', chunk => data += chunk)
      res.on('end', () => {
        data = JSON.parse(data)
        if(!data.results.length)
          return reject(new Error(`no results for "${query}"`))
```

```
        resolve(data.results[0].geometry.location)
      })
    }).end()
  )

}
```

現在我們有一個函式可以聯絡 Google API 來地理編碼地址了。如果它無法找到那個地址（或因為其他原因失敗），它會回傳錯誤。API 可以回傳多個地址。例如，當你搜尋「10 Main Street」但沒有指定縣市、州或郵遞區號時，它會回傳幾十個結果。我們只要選出第一個。API 會回傳許多資訊，但我們現在只對座標感興趣。你可以輕鬆地修改這個介面來回傳更多資訊。關於 API 回傳的資料的詳情，你可以參考 Google geocoding API 文件（*http://bit.ly/2O4EE3t*）。

## 使用限制

現在 Google 地理編碼 API 有單月使用限制，但你可以花 $0.005 來購買一個地理編碼請求。所以如果你在特定的月份發出上百萬個請求，Google 會寄給你一封 $5,000 的帳單，所以你應該要設定一個上限！

 如果你擔心失控的費用（如果你不小心讓服務持續運行，或是有壞人取得你的憑證，這是有可能發生的），你可以加入預算並設置警報，在快要超出預算時通知你。前往 Google 開發主控台，在 Billing 選單選擇「Budgets & alerts」。

在行文至此時，Google 為了避免濫用而限制你每 100 秒使用 5,000 個請求，這是很難超過的限制。Google API 要求我們，當我們在網站中使用地圖時要使用 Google Maps，也就是說，如果你用 Google 的服務來地理編碼你的資料，你就不能違反服務條款，在 Bing 地圖上顯示那項資訊。一般來說，這不是麻煩的限制，因為除非你想要在地圖上顯示位置，否則你就不會做地理編碼。但是如果你比較喜歡 Bing 地圖而不是 Google 的，或反過來的情況，你就要注意服務條款，並且使用適當的 API。

## 地理編碼你的資料

我們有一個很棒的資料庫，裡面有 Oregon 的假期方案，我們想要顯示一張插著大頭釘的地圖，顯示各個不同的假期地點，這就是使用地理編碼的時機。

我們的資料庫裡面已經有假期資料了,而且各個假期都有一個位置搜尋字串,可以用來做地理編碼,但我們還沒有座標。

現在的問題是何時與如何進行地理編碼?一般來說,我們有三個選項:

- 在將新假期加入資料庫時進行地理編碼。如果我們在系統中加入管理介面來讓供應商可以動態地將假期加入資料庫,這應該是很棒的選項。但因為我們沒有這項功能,所以放棄這個選項。

- 從資料庫取出假期時,視需求進行地理編碼。這種做法需要在每次從資料庫取出假期時進行檢查:如果它們有任何一個缺少座標,我就要進行地理編碼。這個選項聽起來很棒,應該也是這三個選項中最簡單的一個,但是它有一些很大的缺點,所以不適合採用。第一個缺點是性能,如果你在資料庫加入上千個新假期,第一位查看假期清單的人將不得不等待所有的地理編碼請求都成功,並且被寫入資料庫。此外,如果負載測試套件在資料庫加入上千個假期,接著執行上千個請求,因為它們都是平行執行的,所以這一千個請求都會產生一千個地理編碼請求,因為資料還沒有被寫入資料庫…造成上百萬個地理編碼請求,以及來自 Google 的 $5,000 帳單!所以我們把它從清單劃掉。

- 用腳本來尋找沒有座標日期的假期,並且對它進行地理編碼。這種做法是最適合目前情況的方案。出於開發的目的,我們只填寫假期資料庫一次,並且還沒有加入新假期的管理介面。此外,如果之後我們決定加入管理介面,這種做法不會不相容:事實上,我們可以在加入新假期之後執行這個程序,它是可以正常運作的。

首先,我們要設法更新 *db.js* 裡面的既有假期(我們也加入一個方法來關閉資料庫連結,它在腳本裡面很方便):

```
module.exports = {
  //...
  updateVacationBySku: async (sku, data) => Vacation.updateOne({ sku }, data),
  close: () => mongoose.connection.close(),
}
```

接著編寫腳本 *db-geocode.js*:

```
const db = require('./db')
const geocode = require('./lib/geocode')

const geocodeVacations = async () => {
  const vacations = await db.getVacations()
  const vacationsWithoutCoordinates = vacations.filter(({ location }) =>
```

```
        !location.coordinates || typeof location.coordinates.lat !== 'number')
    console.log(`geocoding ${vacationsWithoutCoordinates.length} ` +
      `of ${vacations.length} vacations:`)
    return Promise.all(vacationsWithoutCoordinates.map(async ({ sku, location }) => {
      const { search } = location
      if(typeof search !== 'string' || !/\w/.test(search))
        return console.log(`  SKU ${sku} FAILED: does not have location.search`)
      try {
        const coordinates = await geocode(search)
        await db.updateVacationBySku(sku, { location: { search, coordinates } })
        console.log(`  SKU ${sku} SUCCEEDED: ${coordinates.lat}, ${coordinates.lng}`)
      } catch(err) {
        return console.log(`  SKU {sku} FAILED: ${err.message}`)
      }
    }))
  }

geocodeVacations()
  .then(() => {
    console.log('DONE')
    db.close()
  })
  .catch(err => {
    console.error('ERROR: ' + err.message)
    db.close()
  })
```

執行這個腳本時（`node db-geocode.js`），你應該可以看到所有假期都被成功地理編碼了！取得那些資訊之後，我們來看一下如何在地圖上顯示它…

## 顯示地圖

雖然在地圖顯示假期屬於「前端」工作，但是辛苦地做到這裡卻無法看到成果會令人非常失望，所以讓我們稍微偏移本書的後端重心，看看如何在地圖上顯示地理編碼經銷商。

我們已經建立 Google API 金鑰來進行地理編碼了，但我們也要啟用地圖 API。前往 Google 主控台（*http://bit.ly/2KcY1X0*），按下 APIs，找到 Maps JavaScript API 並且啟用它（如果它尚未啟用）。

接著我們建立一個 view 來顯示假期地圖，*views/vacations-map.handlebars*。首先，我只顯示地圖，接著再加入假期：

```
<div id="map" style="width: 100%; height: 60vh;"></div>
<script>
  let map = undefined
  async function initMap() {
    map = new google.maps.Map(document.getElementById('map'), {
      // 大約是 oregon 的地理中心
      center: { lat: 44.0978126, lng: -120.0963654 },
      // 這個 zoom 等級涵蓋州的大部分範圍
      zoom: 7,
    })
  }
</script>
<script src="https://maps.googleapis.com/maps/api/js?key={{googleApiKey}}&callback=initMap"
    async defer></script>
```

接著要將假期圖釘釘在地圖上了，在第 15 章，我們建立了一個 API 端點 /api
/vacations，現在要加入地理編碼過的資料。我們使用那個端點來取得假期，並且在地
圖釘上圖釘。修改 *views/vacations-map.handlebars.js* 裡面的 **initMap** 函式：

```
async function initMap() {
  map = new google.maps.Map(document.getElementById('map'), {
    // 大約是 oregon 的地理中心
    center: { lat: 44.0978126, lng: -120.0963654 },
    // 這個 zoom 等級涵蓋州的大部分範圍
    zoom: 7,
  })
  const vacations = await fetch('/api/vacations').then(res => res.json())
  vacations.forEach(({ name, location }) => {
    const marker = new google.maps.Marker({
      position: location.coordinates,
      map,
      title: name,
    })
  })
}
```

現在有一個顯示所有假期的地圖了！我們還可以用很多種方式改善這個網頁，或許最好
的起點是讓標記連結假期細節網頁，如此一來，當你按下一個標記時，它就可以帶著你
前往假期資訊網頁。我們也可以實作自訂標記或工具提示（tooltip），Google Maps API
有許多功能，你可以參考 Google 官方文件來瞭解詳情（*https://developers.google.com/
maps/documentation/javascript/tutorial*）。

# 天氣資料

還記得第 7 章介紹過的「current weather」widget 嗎？現在我們要讓它連接即時資料！我們將使用 US National Weather Service（NWS）API 來取得預報資訊。如同 Twitter 整合以及地理編碼的用法，我們要快取天氣預報，以免網站收到的每一次按鍵都被送到 NWS（如果我們的網站流行起來，這樣可能會被列入黑名單）。建立一個稱為 *lib/weather.js* 的檔案：

```javascript
const https = require('https')
const { URL } = require('url')

const _fetch = url => new Promise((resolve, reject) => {
  const { hostname, pathname, search } = new URL(url)
  const options = {
    hostname,
    path: pathname + search,
    headers: {
      'User-Agent': 'Meadowlark Travel'
    },
  }
  https.get(options, res => {
    let data = ''
    res.on('data', chunk => data += chunk)
    res.on('end', () => resolve(JSON.parse(data)))
  }).end()
})

module.exports = locations => {

  const cache = {
    refreshFrequency: 15 * 60 * 1000,
    lastRefreshed: 0,
    refreshing: false,
    forecasts: locations.map(location => ({ location })),
  }

  const updateForecast = async forecast => {
    if(!forecast.url) {
      const { lat, lng } = forecast.location.coordinates
      const path = `/points/${lat.toFixed(4)},${lng.toFixed(4)}`
      const points = await _fetch('https://api.weather.gov' + path)
      forecast.url = points.properties.forecast
```

```
      }
      const { properties: { periods } } = await _fetch(forecast.url)
      const currentPeriod = periods[0]
      Object.assign(forecast, {
        iconUrl: currentPeriod.icon,
        weather: currentPeriod.shortForecast,
        temp: currentPeriod.temperature + ' ' + currentPeriod.temperatureUnit,
      })
      return forecast
    }

    const getForecasts = async () => {
      if(Date.now() > cache.lastRefreshed + cache.refreshFrequency) {
        console.log('updating cache')
        cache.refreshing = true
        cache.forecasts = await Promise.all(cache.forecasts.map(updateForecast))
        cache.refreshing = false
      }
      return cache.forecasts
    }

    return getForecasts

  }
```

你可以發現，我們已經厭倦直接使用 Node 的內建 https 程式庫了，而是直接建立一個工具函式 _fetch 來讓天氣功能比較易讀。你應該可以發現我們將 User-Agent 標頭設為 Meadowlark Travel。這是 NWS 天氣 API 的一種怪癖（quirk）：它需要 User-Agent 的字串。他們說以後會將它換成 API 金鑰，但是現在我們只需要在這裡提供一個值。

從 NWS API 取得天氣資料是兩個階段的工作。有一個稱為 points 的 API 端點會接收一個緯度與經度（四個十進制數字）並且回傳關於那個位置的資訊…包括可以取得預報的 URL。當我們用任何一組座標取得那個 URL 之後，我們就不需要再次提取它了。我們的工作只剩下呼叫那個 URL 來取得更新後的預報。

注意，除了我們使用的資料之外，預報也回傳許多其他資料，我們可以使用這項功能做更精密的事情。具體來說，預報 URL 會回傳一個時段陣列，第一個元素是目前的時段（例如「下午」或「傍晚」）。接下來是一直延續到下一週的時段。你可以自行查看 periods 裡面的資料，看看有哪些資料是你可以使用的。

值得一提的是，在快取裡面有一個稱為 **refreshing** 的布林屬性。它是必需的，因為更新快取需要一段有限的時間，而且是非同步完成的。如果在第一次快取更新完成之前，網站收到許多請求，它們都會啟動快取更新工作。雖然這不會造成任何傷害，但你會發出許多不是絕對需要的 API 呼叫。這個布林變數只是一個旗標，告訴任何額外的請求「我們已經在處理它了」。

我們用它來取代第 7 章製作的虛擬函式，只要打開 *lib/middleware/weather.js*，並換掉 **getWeatherData** 函式即可：

```
const weatherData = require('../weather')

const getWeatherData = weatherData([
  {
    name: 'Portland',
    coordinates: { lat: 45.5154586, lng: -122.6793461 },
  },
  {
    name: 'Bend',
    coordinates: { lat: 44.0581728, lng: -121.3153096 },
  },
  {
    name: 'Manzanita',
    coordinates: { lat: 45.7184398, lng: -123.9351354 },
  },
])
```

現在我們的 widget 裡面有即時氣象資料了！

## 總結

我們只稍微討論第三方 API 整合可以完成的工作，你的視野所及的任何地方都有新的 API 出現，提供各種可以想像得到的資料（甚至連 City of Portland 也用 REST API 提供大量的公用資料）。雖然這一章就連一小部分的 API 都沒有空間介紹，但是我們已經知道使用這些 API 所需的基本知識了：**http.request**、**https.request** 與解析 JSON。

我們現在已經掌握許多知識，探討大部分的範圍了！不過，出錯時該怎麼辦？在下一章，我們要討論當程式無法如預期般運作時，可以協助我們的除錯技術。

# 第二十章

# 除錯

「除錯（debugging）」這個字眼不太正面，因為它與缺陷有關。事實上，我們所謂的「除錯」是一種你一直都在做的行為，無論你正在製作一項新功能、學習某個東西如何運作，或實際修復一個 bug。比較適合形容這種行為的說法應該是「探索（exploring）」，但我們仍然使用「除錯」，因為無論動機如何，它代表的行為都是眾所周知的。

除錯是一種經常被忽視的技能，彷彿程式員天生就知道怎麼做這件事一般，或許是因為計算機科學的教授或書籍作者認為除錯是一種易懂的技能，因此忽略了它。

事實上，除錯是一種可傳授的技術，也是一種重要的手段，程式員不但可以透過它來瞭解他們使用的框架，也可以瞭解他們自己的程式碼，以及團隊的程式碼。在這一章，我們要討論一些可用來高效地除錯 Node 和 Express app 的工具與技術。

## 除錯的首要原則

顧名思義「除錯」通常代表找到並去除缺陷的程序。在討論工具之前，我們先來瞭解一些一般的除錯原則。

> 我說很多次了，當你排除所有不可能的東西之後，無論剩下的是什麼，無論它看起來有多麼不可能，它必定是真相。

—Sir Arthur Conan Doyle

首要且最重要的除錯原則就是**排除程序**。現代電腦系統非常複雜，如果你非得記住**整個系統**，並且從那麼大的空間裡面找出問題的根源，你甚至連從哪裡開始都不知道。當你遇到不明的問題時，你的**第一個想法**應該是「我可以排除哪些問題根源？」你可以排除的越多，你要尋找的地方就越少。

排除有很多種形式，以下是一些常見的例子：

- 有系統地將一段程式碼變成註解或停用。

- 撰寫可被單元測試涵蓋的程式，單元測試本身是一種「排除」框架。

- 分析網路互動來判斷問題究竟出在用戶端還是伺服器端。

- 測試系統中與第一個部分相似的另一個部分。

- 使用之前沒問題的輸入，並且一次改變那個輸入一個地方，直到問題出現為止。

- 使用版本控制系統來找出問題消失的時間，分隔出特定的變動（詳情見 `git bisect`（*http://bit.ly/34TOufp*））。

- 使用「模仿（mocking）」功能來排除複雜的副系統。

不過，排除法不是萬靈丹，通常問題的原因是兩個或多個元件之間的複雜互動：雖然排除（或模仿）其中的任何一個元件可讓問題消失，但是你無法把問題孤立在單一元件裡面。不過，即使處於這種情況，排除法仍然可以協助縮小問題的範圍，雖然它無法指出確切的位置。

仔細且有條理地運用排除法可以發揮它最大的效果。如果你只是隨意排除元件，沒有想一下那些元件如何影響整體，你很容易錯過一些事情。和自己玩一個遊戲：當你想要排除一個元件時，瞭解排除那個元件會如何影響系統，這可以讓你知道應該期望什麼結果，以及排除元件是否揭露有用的事實。

## 利用 REPL 與主控台

Node 與瀏覽器都有**讀取、求值、輸出循環**（REPL），它基本上只是一種互動式 JavaScript 編寫方式。你會輸入一些 JavaScript、按下 Enter，並且立刻看到輸出。它是一種好方法，通常可以最快速、最直觀地在一小段程式中找到錯誤。

你只要在瀏覽器裡面打開 JavaScript 主控台就有 REPL 了。在 Node，你只要輸入 node 且不使用任何引數即可進入 REPL 模式；你可以 require 程式包、建立變數與函式，或是做其他通常會在程式中做的事情（除了建立程式包之外，在 REPL 裡面沒有有意義的做法）。

主控台 logging（記錄）也是你的好幫手。雖然它不是精緻的除錯技術，但它也是簡單一種（容易瞭解且容易實作）。在 Node 裡面呼叫 console.log 可以用易讀的格式輸出物件的內容，方便你看到問題。切記，有些物件很大，將它們 log 到主控台會產生太多輸出，讓你難以找到任何有用的資訊。舉例來說，你可以在任何一個路徑處理式裡面試著執行 console.log(req)。

# 使用 Node 的內建除錯器

Node 有內建的除錯器叫讓你步進執行 app，就彷彿你和 JavaScript 解譯器並肩同行一般。你只要使用 inspect 引數即可除錯 app：

```
node inspect meadowlark.js
```

執行之後，你會立刻發現幾件事。首先，你會在主控台看到一個 URL，因為 Node 除錯器會藉著建立它自己的 web 伺服器來運作，可讓你控制被除錯的 app 的執行。或許這不是件令人印象深刻的事情，但是當我們討論檢查（inspector）用戶端時，你就會看到這種做法有多麼實用。

在主控台除錯器裡面，你可以輸入 help 來取得命令清單，常用的命令有 n（next）、s（step in）、o（step out）。n 會步進「經過（over）」目前這一行：它會執行它，但如果那個指令呼叫其他函式，在控制權交還給你之前，那些函式會先執行，相較之下，s 會步進步入（step into）目前這一行：如果那一行呼叫其他函式，你可以步進執行它們。o 可讓你步出（step out）目前執行的函式（注意，「步入」與「步出」都只針對函式；它們不會步入或步出 if 或 for 區塊或其他流程控制陳述式）。

命令列除錯器有更多功能，但是你使用的頻率應該不高。命令列很適合做許多事情，但不包括除錯。它的好處是它可以應急（例如，當你只能用 SSH 訪問伺服器，或你的伺服器沒有 GUI 時）。通常你會使用圖形檢查用戶端。

# Node 檢查用戶端

除非為了應急,否則你應該不會使用命令列除錯器。Node 透過 web 服務公開它的除錯控制項,來為你提供其他的選項。

最直接的除錯器是 Chrome,它的除錯介面與除錯前端程式碼時使用的相同,所以如果你用過那個介面,你應該會倍感親切。使用它很簡單,用 --inspect 選項啟動你的 app (它與之前提到的 inspect 引數不同):

```
node --inspect meadowlark.js
```

好玩的來了:在瀏覽器的 URL 欄輸入 *chrome://inspect*。你會看到 DevTools 網頁,在 Devices 部分,按下「Open dedicated DevTools for Node」,你會看到一個新視窗,它就是你的除錯器:

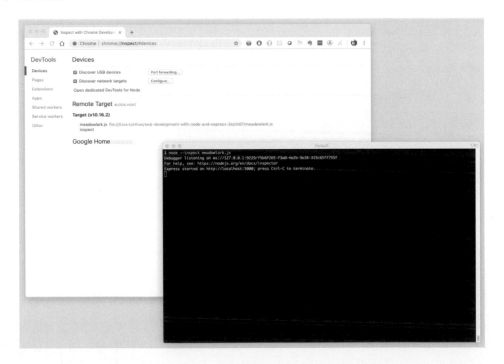

按下 Sources 標籤，接著在最左邊的窗格裡面，按下 Node.js 來展開它，接著按下「file://」。你會看到你的 app 所在的資料夾，展開它，你會看到所有 JavaScript 原始檔案（你只會看到 JavaScript 檔，有時有 JSON 檔，如果你有 require 它們的話）。在那裡，你可以按下任何檔案來查看它的原始碼，以及設定斷點：

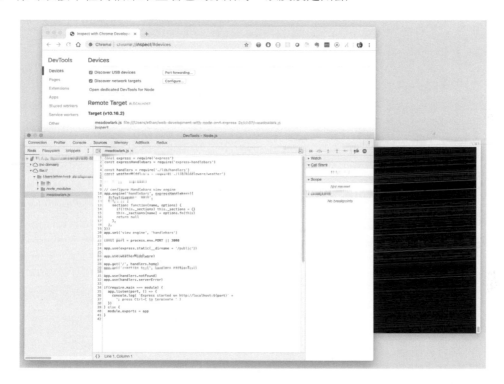

與之前使用命令除錯器的體驗不同的是，你的 app 已經在執行了，所有的中介函式都已經被接上，而且 app 正在監聽。那我們該如何步進執行程式碼？最簡單的方式（而且它是你最常用的方法）是設定**斷點**，它會要求除錯器在指定的那一行停止執行，讓你可以步進執行程式碼。

在設定斷點時，你只要在除錯器的「file://」瀏覽器打開原始檔，按下行數（在左欄），你會看到一個小的藍箭頭，指出那一行有個斷點（再次按下可將它關閉）。繼續在你的其中一個路由處理式裡面設定斷點。接著，在另一個瀏覽器視窗造訪那個路由。如果你使用 Chrome，瀏覽器會自動切換至除錯器視窗，而原本的瀏覽器只是在旋轉（spin）（因為伺服器已經被暫停且沒有回應請求）。

在除錯器視窗裡面，你可以採取比命令列更視覺化的方式來步進執行程式。你會看到被設定斷點的那一行是藍色的，這代表它是目前執行的一行（實際上是將要執行的下一行）。在這裡，你可以使用命令列除錯器的命令，執行這些動作：

**恢復腳本執行（*F8*）**

這會直接「任它跑」，你再也無法步進執行程式，除非在另一個斷點停下來。使用它的時機通常是你已經看到想看的東西之後，或是想要跳到另一個斷點時。

**經過下一個函式呼叫式（*F10*）**

如果目前的程式要呼叫函式，除錯器不會進入那個函式，也就是說，函式會執行，而除錯器會進入呼叫函式之後的下一行。當你遇到不想要知道細節的函式呼叫式時會使用它。

**進入下一個函式呼叫式（*F11*）**

這會進入函式呼叫式，讓你看到所有內容。如果你從頭到尾只使用這個功能，你就會看到每一個被執行的東西，雖然乍聽之下很有趣，但當你陷入其中一個小時之後，你就會對 Node 和 Express 為你做那麼多事情肅然起敬！

**跳出目前的函式（*Shift-F11*）**

它會執行你目前所在的函式的其餘部分，並且在**呼叫**這個函式的程式碼的下一行繼續除錯。通常你會在不小心進入一個函式，或已經看了你需要的函式內容時使用它。

除了以上所有的控制行動之外，你也可以訪問主控台：那個主控台是在**你的 *app* 的當前背景**之中執行的。所以你可以查看變數，甚至改變它們，或呼叫函式，雖然它可以讓你嘗試非常簡單的事情，但是很快就會讓你一團亂，所以我不鼓勵你以這種方式過度動態修改正在執行的 app，你很容易就會迷失方向。

在你的右邊有一些實用的資料。最上面的是 *watch expressions*，它們是你可以定義的 JavaScript 運算式，當你步進執行 app 時，它們會被即時更新。例如，如果你想要追蹤某個變數，你可以在這裡輸入它。

在 watch expressions 下面有 *call stack*，它會顯示你是如何到達目前位置的。也就是說，你的所在函式是被某個函式呼叫的，那個函式被某個函式呼叫，call stack 會列出所有這些函式。在 Node 的高度非同步世界裡，call stack 應該非常難以解析與理解，尤其是涉及非同步函式時。在清單中最上面的項目是你目前的位置，它的下面是呼叫你目前所在的函式的函式，以此類推。如果你按下清單內的任何項目，你會被神奇地傳送到那個背景：現在所有畫面和主控台背景都在那個背景之下。

在 call stack 下面的是作用域變數（scope variable）。顧名思義，它們是在目前的作用域裡面的變數（包括在我們可見的父作用域裡面的變數）。這個部分通常可以提供大量你所關注的關鍵變數的資訊。如果你有許多變數，這個清單會變得很氾濫，此時最好將你關注的變數定義成 watch expression。

接下來是列出所有斷點的清單，它只是為了幫你簿記（bookkeeping）：如果你正在處理一個複雜的問題，而且你設置了許多斷點，它是很方便的功能。你只要按下其中一個斷點就可以直接到那裡（但是它不會改變背景，就像在 call stack 裡面按下某個東西一樣；這是合理的設計，因為並非每一個斷點都代表一個活動中的背景，但是在 call stack 裡面的每一個東西都是如此）。

有時你需要除錯的只是 app 的設定（例如，當你將中介函式接入 Express 時）。如果像之前那樣執行除錯器，一切都會在我們設定斷點之前瞬間發生。幸好有一種做法可以處理它。我們只要指定 --inspect-brk 而不是 --inspect 即可：

```
node --inspect-brk meadowlark.js
```

除錯器會在你的 app 的第一行停止，接著你可以步進執行，或根據需求設定斷點。

除了 Chrome 之外，你也可以使用其他檢查用戶端，尤其是 Visual Studio Code，它的內建除錯器有很棒的功能。你不需要使用 --inspect 或 --inspect-brk 選項來啟動 app，只要按下 Visual Studio Code 側目錄的 Debug 圖示（一隻甲蟲，上面有一條線）就可以了。在側欄的上面有一個小齒輪圖示，按下它即可打開一些除錯組態設定。你唯一需要關心的設定是「program」，請將它指向你的入口（例如 *meadowlark.js*）。

 你應該也要設定目前的工作目錄，或 "cwd"。例如，如果你在 *meadowlark.js* 的父目錄打開 Visual Studio Code，你可能要先設定 "cwd"（這就像是先 cd 到正確的目錄再執行 node meadowlark.js）。

設定所有東西之後，按下 debug 欄的 Play 箭頭即可執行除錯器。它的介面與 Chrome 的稍微不同，但如果你已經在使用 Visual Studio Code 了，你應該會覺得十分親切。詳情見 Debugging in Visual Studio Code（*http://bit.ly/2pb7JBV*）。

# 除錯非同步函式

當人們第一次接觸非同步編程時，除錯是最常遇到挫折之一。例如，考慮這段程式：

```
1 console.log('Baa, baa, black sheep,');
2 fs.readFile('yes_sir_yes_sir.txt', (err, data) => {
3         console.log('Have you any wool?');
4         console.log(data);
5 })
6 console.log('Three bags full.')
```

如果你剛接觸非同步編程，你可能以為會看到：

```
Baa, baa, black sheep,
Have you any wool?
Yes, sir, yes, sir,
Three bags full.
```

但你看到的卻是：

```
Baa, baa, black sheep,
Three bags full.
Have you any wool?
Yes, sir, yes, sir,
```

如果你搞不清楚為何如此，除錯可能沒有幫助。你會從第 1 行開始，接著走過它，到達第 2 行。接著繼續前進，期望進入函式，最後到第 3 行，但你其實到了第 5 行！這是因為 `fs.readFile` 只會在它讀完檔案時執行函式，除非 app 進入閒置狀態，否則這件事不會發生。所以你會走過第 5 行，停在第 6 行…於是你繼續嘗試步進，但永遠不會到達第 3 行（最後會，但可能要過一段時間）。

如果你想要除錯第 3 或 4 行，你只要在第 3 行設定斷點，再執行除錯器即可。當檔案讀完且函式被呼叫時，你就會在那一行中斷，期望一切都撥雲見日。

# 除錯 Express

如果你像我一樣，在職涯中看過許多過度設計的框架，你可能會覺得步進執行框架原始碼是很瘋狂（或很折磨）的做法。探索 Express 原始碼不是兒戲，但是任何一位充分瞭解 JavaScript 與 Node 的人都可以掌握它。而且有時，當你的程式碼出現問題時，解決這種問題最好的做法是單步執行 Express 原始碼（或第三方中介函式）本身。

這一節將簡單地介紹 Express 原始碼，幫助你更有效地對你的 Express app 進行除錯。在教學的每一個部分，我會提供相對於 Express 根目錄的檔案名稱（你可以在 *node_modules/express* 目錄裡面找到它們），以及函式的名稱。我不會使用行數，因為它們可能會根據你使用的 Express 版本而有所不同：

*Express app* 建立（*lib/express.js*，`function createApplication`）

這是你的 Express app 開始它的人生的地方。它是當你在程式中呼叫 `const app = express()` 時呼叫的函式。

*Express app* 初始化（*lib/application.js*，`app.defaultConfiguration`）

這是 Express 被初始化的地方，它是查看 Express 開始執行時使用的預設值的好地方。我們不太需要在這裡設定斷點，但步進執行它至少一次來瞭解預設的 Express 設定是有幫助的。

加入中介函式（*lib/application.js*，`app.use`）

每當 Express 接入中介函式時（無論你明確地做，還是 Express 或任何第二方明確地做），這個函式就會被呼叫。雖然它看起來很簡單，但你要稍微用功才能真正瞭解它。有時在這裡放入斷點是有幫助的（你要在執行 app 時使用 `--debug-brk`，否則所有的中介函式都會在你設定斷點之前加入），但是它的數量可能很多：你會被典型的 app 連接的中介函式數量嚇一跳。

算繪 *view*（*lib/application.js*，`app.render`）

這是另一個內容豐富的函式，但是當你要對麻煩的 view 問題進行除錯時，它應該是很方便的一個。當你步進執行這個函式時，你會看到 view 引擎是如何選擇與呼叫的。

請求擴展（*lib/request.js*）

你可能會驚訝這個檔案如此稀疏且容易瞭解。Express 加入請求物件的方法大都是非常簡單且方便的函式。因為這些程式如此簡單，所以我們不太需要步進執行它們或設定斷點，但是看一下這段程式來瞭解一些方便的 Express 方法如何運作通常很有幫助。

**傳送回應**（*lib/response.js*，`res.send`）

你如何建構回應（`.send`、`.render`、`.json` 或 `.jsonp`）幾乎是無關緊要的，它最終都會到達這個函式（`.sendFile` 是例外）。所以這是設定斷點的好地方，因為每一個回應都會造成它被呼叫。你可以使用 call stack 來看看如何來到這裡，這可以協助你找出哪裡可能有問題。

**回應擴展**（*lib/response.js*）

雖然在 `res.send` 裡面有一些重要內容，但是在回應物件裡面的多數其他方法都相當簡單。有時在這些函式放一些斷點來看看你的 app 究竟如何回應請求是很有幫助的。

**靜態中介函式**（*node_modules/serve-static/index.js*，`function staticMiddleware`）

如果靜態檔案沒有按你預期地提供，問題通常出在路由，不是靜態中介函式，路由的優先順序在靜態中介函式之上。所以如果你有個 *public/test.jpg* 檔案，以及路由 */test.jpg*，因為路由優先的關係，靜態中介函式永遠都不會被呼叫。但是，如果你需要知道關於如何為靜態文件設定不同的標頭的細節，步進執行這些靜態中介函式應該有幫助。

如果你想問：「究竟所有的中介函式在哪裡」，因為在 Express 裡面幾乎沒有中介函式（靜態中介函式與路由是值得一提的例外）。

如同你可以試著深入研究 Express 原始碼來解決難題，你也可以研究你的中介函式的原始碼。這是很廣泛的主題，不過若要瞭解 Express app 裡面發生了什麼事情，我認為有三樣非常基本的東西：

***session* 中介函式**（*node_modules/express-session/index.js*，`function session`）

雖然要讓 session 運作需要做很多事，但是程式碼非常簡單。如果你遇到關於 session 的問題，你可以在這個函式裡面設定斷點。切記，是否為 session 中介函式提供儲存引擎是由你決定的。

***logger* 中介函式**（*node_modules/morgan/index.js*，`function logger`）

logger 中介函式實際上是為了當成除錯輔助工具來使用的，不是被除錯的對象。但是，logging 的運作方式有一些細膩之處，你只能藉著步進執行 logger 中介函式一兩次才能瞭解它們。當我第一次做這件事時，我經歷許多「恍然大悟」的時刻，並且發現自己能夠在 app 中更有效率地使用 logging，所以建議你瀏覽這個中介函式至少一次。

解析被編碼為 *URL* 的內文

(*node_modules/body-parser/lib/types/urlencoded.js*，`function urlencoded`)

一般人通常不瞭解請求內文究竟如何被解析。其實它沒有那麼複雜，步進執行這個中介函式可以協助你瞭解 HTTP 請求如何運作。除了學習經驗之外，你不需要太常為了除錯而步進執行這個中介函式。

## 總結

本書介紹了許多中介函式。我無法列出你在研究 Express 的內在時可能要看的每一個地標，但是希望這些重點能夠消除 Express 的一些神秘性，並且鼓勵你在必要時探索框架原始碼。不同的中介函式不僅在品質上差異很大，在親切性也是如此，有些中介函式非常難以理解，有些則像一池清水般透明。無論如何，請大膽查看，如果它太複雜，你可以跳過它（當然，除非你真的需要瞭解它），如果不是如此，你應該會有收獲。

# 第二十一章

# 上線

大日子終於來了，你已經投入你熱愛的工作好幾個星期或好幾個月了，終於可以發表網站或服務了，但是讓網站上線並不是只要簡單地「打開開關」就可以了…還是，這件事真的就這麼簡單？

在這一章（你應該在發布之前幾週閱讀這一章，而不是在當天閱讀！），你將瞭解一些可用的網域註冊和代管服務、從預備環境遷往生產環境的技術、部署技術，以及選擇生產服務時應考慮的事項。

## 網域註冊與代管

大家經常搞不清楚網域註冊（*domain registration*）與代管（*hosting*）之間的區別。既然你已經在看這本書了，你應該不是人，但我敢打賭你認識這種人，例如你的顧客或你的經理。

在網際網路上的每一個網站與服務都可以用一個（或多個）*Internet Protocol*（*IP*）位址來識別。對人類而言，這些數字不容易理解（而且隨著 IPv6 採用程度的提高，這種狀況只會越來越糟），但你的電腦最終需要這些數字來顯示網頁。這就是**域名**的用途。它們可將人類可以理解的名稱（例如 *google.com*）對映至 IP 位址（74.125.239.13 或 2601:1c2:1902:5b38:c256:27ff:fe70:47d1）。

用真實世界來比喻，它們就象公司名稱與實際地址的區別。域名就像公司名稱（Apple），IP 位址就像實際地址（One Apple Park Way, Cupertino, CA 95014）。如果你需要上車前往 Apple 的總部，你就要知道實際地址。幸好，當你知道公司名稱之後，你就可以取得實際地址。這種抽象化的另一個好處是，公司可能會搬遷（使用新的實際地址），但就算它搬走了，人們也可以找到它（事實上，Apple 的確在本書第一版和第二版的出版日之間搬遷實體總部）。

另一方面，**代管**指的是運行你的網站的電腦。沿用前面的比喻，代管相當於在實際地址看到的建築物。一般人經常搞不清楚的是，網域註冊與代管幾乎沒有關係，你不一定向同一個機構購買網域和代管服務（同樣的，你通常會跟一個人買地，再花錢請另一個人幫你建築和維護建築物）。

雖然你絕對不可能在沒有域名的情況下代管你的網站，這是相當不友善的：IP 位址沒有什麼市場！當你購買代管服務時，通常你會自動得到一個子域（很快就會介紹），你可以將它當成介於市場友善的網域名稱與 IP 位址之間的東西（例如 *ec2-54-201-235-192.us-west-2.compute.amazonaws.com*）。

當你取得網域並且上線之後，你可以用多個 URL 到達你的網站。例如：

- *http://meadowlarktravel.com/*
- *http://www.meadowlarktravel.com/*
- *http://ec2-54-201-235-192.us-west-2.compute.amazonaws.com/*
- *http://54.201.235.192/*

因為有網域對映，這些位址都會指向同一個網站。當請求到達你的網站時，你可以根據它使用的 URL 採取行動。例如，如果有人用 IP 位址到達你的網站，你可以自動轉址到域名，儘管這種做法不太常見，因為它沒有什麼意義（比較常見的是從 *http://meadowlarktravel.com/* 轉址到 *http://www.meadowlarktravel.com/*）。

大部分的網域註冊商都提供代管服務（或是與代管公司合作）。我覺得除了 AWS 之外的註冊代管選項都沒有太大的吸引力，所以你可以放心地把網域註冊與代管分開。

## 域名系統

**域名系統**（DNS）是將域名對映至 IP 位址的機制。這個系統相當複雜，但是身為網站的主人，你應該要知道一些關於 DNS 的事情。

## 安全防護

切記，**域名是很有價值的**。如果駭客完全破解你的代管服務並且控制你的代管主機，但你仍然掌握域名的控制權，你就可以購買新的代管服務，並轉址到那個域名。反過來說，如果你的**域名被入侵了**，你就真的遇到麻煩了。你的聲譽和你的網域有密切的關係，好的域名都受到精心保護。如果你失去網域控制權，你會發現這是災難性的損失，世界上有很多人主動入侵別人的域名（尤其是很短或很容易記住的）來銷售它們、毀掉你的名聲，或勒索你。總之，**你必須非常嚴肅地處理域名安全防護**，甚至比你的資料更嚴肅（取決於資料的價值）。我看過有人花大量的時間和金錢在代管安全防護上，卻採用最便宜、最簡單的域名註冊服務。不要犯下這種錯誤（幸好，高品質的域名註冊服務並不貴）。

考慮保護域名所有權的重要性，你應該在註冊域名時，採取優良的安全防護實踐法。至少要使用既強且獨特的密碼，並且採取適當的密碼衛生措施（不要把它寫在便利貼，並且貼在螢幕上）。最好選擇提供雙證明身分驗證的註冊商。大膽地向註冊商提出有針對性的問題，問他們需要提供哪些東西才能授權變更你的帳號。我推薦的註冊商是 AWS Route 53、Name.com 與 Namecheap.com。它們都提供雙證明身分驗證，我發現它們有很好的支援服務，而且它們的線上控制面板很簡單而且很穩健。

當你註冊網域時，你必須提供該網域的第三方 email 地址（即，當你註冊 *meadowlarktravel.com* 時，你不能使用 *admin@meadowlarktravel.com* 作為你的註冊 email）。因為任何安全系統的整體強度都跟它的最弱環節一樣，所以你應該使用具備良好安全性的 email 地址。很多人使用 Gmail 或 Outlook 帳號，如果你這樣做，你應該採用與網域註冊商帳號一樣的安全標準（好的密碼衛生，以及雙證明身分驗證）。

## 頂級網域

你的網名結尾的東西（例如 *.com* 或 *.net*）就是**頂級網域**（TLD）。一般來說，TLD 有兩種：國碼 TLD 與通用 TLD。國碼 TLD（例如 *.us*、*.es* 與 *.uk*）是為了提供地理分類而設計的，但是可以獲得這些 TLD 的對象幾乎是不受限的（畢竟網際網路真的是全球網路），所以它們通常被用來當成「取巧的」網域，例如 *placehold.it* 與 *goo.gl*。

通用 TLD（gTLD）包括你熟悉的 *.com*、*.net*、*.gov*、*.fed*、*.mil* 與 *.edu*。雖然每個人都可以獲得 *.com* 或 *.net* 網域，但上述的其他網域都有限制，詳情見表 21-1。

表 21-1　有限制的 gTLD

| TLD | 詳細資訊 |
| --- | --- |
| *.gov, .fed* | *https://www.dotgov.gov* |
| *.edu* | *https://net.educause.edu/* |
| *.mil* | 軍事人員和承包商應該聯繫他們的 IT 部門，或國防部統一註冊系統（*http://bit.ly/354JvZF*） |

網際網路名稱與數字位址分配機構（ICANN）是負責管理 TLD 的終極機構，儘管它將大部分的實際管理工作委派給其他組織。最近 ICANN 授權許多新的 gTLD，例如 *.agency*、*.florist*、*.recipes* 甚至 *.ninja*。在可見的未來，*.com* 應該仍然是「高端」TLD，也是最難進入的地產領域。很多在網際網路發展初期幸運（或精明）地購買 *.com* 域名的人都獲得巨額的高端域名報酬（例如，Facebook 在 2010 年花了 850 萬美元購買 *fb.com*）。

因為 *.com* 域名的稀有性，人們轉而尋求替代它的 TLD，或使用 *.com.us* 來取得可以準確反映其機構的域名。在選擇域名時，你應該考慮如何使用它。如果你主要從事電子行銷（用戶比較可能按下連結，而不是輸入網名），你應該把重點放在取得吸引人或有意義的域名，而不是簡短的域名。如果你的重心是平面廣告，或你有理由相信人們會在他們的裝置上手動輸入你的 URL，或許你要考慮替代的 TLD，以獲得更短的域名。通常大家會取得兩個域名：一個簡短、容易輸入的，以及一個較長、比較適合用來行銷的。

## 子域

TLD 在域名的結尾，子域在它的前面。到目前為止，最常見的子域是 *www*。我一直都沒有特別關心這個子域。畢竟你正在電腦上使用 World Wide Web，我百分之百確定你不需要 *www* 的提醒就可以知道你正在做什麼事情。因此，建議不要讓你的主域使用子域：使用 *http://meadowlarktravel.com/* 而不是 *http://www.meadowlarktravel.com/*。它比較短也比較方便，而且因為有轉址，你不會失去習慣在所有網址前面加上 *www* 的用戶。

子域也有其他用途。我經常看到 *blogs.meadowlarktravel.com*、*api.meadowlarktravel.com* 與 *m.meadowlarktravel.com*（代表行動網站）等網址。採取這種做法通常是因為技術上的原因，舉例來說，如果你的部落格使用與網站其他地方完全不同的伺服器，使用子域比較方便。然而，優秀的代理伺服器可以根據子域或路徑正確地轉址流量，所以「究竟要使用子域還是路徑」這個問題的答案應該比較傾向根據內容，而不是技術（記得嗎？Tim Berners-Lee 說過，URL 代表你的資訊結構，不是你的技術結構）。

我建議使用子域來劃分網站或服務中明顯不同的部分。例如，我認為用 *api.meadowlarktravel.com* 來提供 API 是很好的子域用法。通常微網站（代表外觀與你的網站的其他部分有明顯差異的網站，通常是為了突顯單一產品或主題）也很適合使用子域。子域的另一種合理的用法是區分管理介面與公開介面（*admin.meadowlarktravel.com*，僅供員工使用）。

除非你另行指定，否則你的域名註冊商會將所有流量轉向你的伺服器，無論子域是什麼。接著由你的伺服器（或代理伺服器）根據子域採取適當的動作。

## 名稱伺服器

名稱伺服器是讓域名發揮作用的「膠水」，這是當你為網站建立代管時，你必須提供的東西。通常它很簡單，因為你的代管服務會幫你完成大部分的工作。例如，假設我們在 DigitalOcean（*https://www.digitalocean.com*）代管 *meadowlarktravel.com*。當你用 DigitalOcean 設定代管帳號時，你會收到 DigitalOcean 名稱伺服器的名稱（有多個，很累贅）。DigitalOcean 就像大部分的代管商，將它們的名稱伺服器稱為 *ns1.digitalocean.com*、*ns2.digitalocean.com* 等。前往你的域名註冊商，並且為你想要代管的域名設定名稱式，你就做好準備了。

這個例子是這樣子進行對映的：

1. 網站訪客前往 *http://meadowlarktravel.com/*。
2. 瀏覽器傳送請求給電腦的網路系統。
3. 電腦的網路系統從網際網路供應商收到網際網路 IP 位址與 DNS 伺服器，要求 DNS 解析器解析 *meadowlarktravel.com*。
4. DNS 解析器發現 *meadowlarktravel.com* 是由 *ns1.digitalocean.com* 處理的，所以它要求 *ns1.digitalocean.com* 提供 *meadowlarktravel.com* 的 IP 位址。
5. 在 *ns1.digitalocean.com* 的伺服器收到請求，並發現 *meadowlarktravel.com* 確實是個運作中的帳號，回傳相關的 IP 位址。

雖然這是最常見的案例，但除了它之外，也有其他設置網域對映的方式。因為實際供應你的網站的伺服器（或代理伺服器）有個 IP 位址，所以我們可以移除中間人，向 DNS 解析器註冊那個 IP 位址（在上面的例子中，這會移除名稱伺服器 *ns1.digitalocean.com* 中間人）。為了實行這種做法，你的代管服務必須指派一個**靜態** IP 位址給你。通常代管供應商會給你的伺服器一個**動態的** IP 位址,也就是說它可能會在沒有通知的情況下改變,讓這個計畫失敗。取得靜態 IP 位址而不是動態的可能需要額外費用,請洽詢你的代管供應商。

如果你想要將域名直接對映至網站(跳過主機的名稱伺服器),你就要加入 A 紀錄或 CNAME 紀錄。*A 紀錄*會將域名直接對映至 IP 位址,而 *CNAME* 會將域名對映至另一個。CNAME 紀錄通常比較沒有彈性,所以 A 紀錄通常是首選。

 如果你使用 AWS 作為名稱伺服器,除了 A 與 CNAME 紀錄之外,它也有一種稱為 *alias* 的紀錄,如果你將它指向一個在 AWS 代管的服務,它可以提供很多好處。詳情見 AWS 文件(*https://amzn.to/2pUuDhv*)。

無論你使用哪一種技術,域名對映通常會被積極快取,也就是說,當你更改域名紀錄時,域名被指派給新伺服器需要 48 個小時。請記住,這也和地理位置有關,如果你在洛杉磯看到你的域名可以運作,在紐約的顧客可能會看到被指派給上一個伺服器的域名。根據我的經驗,24 小時通常足以讓美國大陸的域名正確地解析,而國際解析需要 48 小時。

如果你需要某個東西在特定時刻準時上線,你就不能依靠 DNS 變更。你要修改你的伺服器來轉址到「即將上線(coming soon)」網站或網頁,並且在實際切換之前進行 DNS 更改。然後,在指定的時刻,你可以讓伺服器切換到上線網站,你的訪客就可以立刻看到更改,無論他們在世界的哪個地方。

## 代管

選擇代管服務一開始可能讓人不知所措。因為 Node 已經取得很大的成功,所有人都要求提供 Node 代管來滿足需求。如何選擇代管商在很大程度上取決於你的需求。如果你相信你的網站將是下一個 Amazon 或 Twitter,你需要擔心的事情與建構地區性郵票收集俱樂部網站有很大的不同。

### 傳統代管還是雲端代管?

「雲端」是近年來最模糊的科技術語之一。其實它只是「網際網路」或「部分的網際網路」的時髦說法。不過,這個名詞也不是完全沒有意義,雖然代管不屬於這個名詞的技術定義,但雲端代管通常代表某種商品化的計算資源。也就是說,我們再也不把「伺服器」當成獨立的物理實體了，它是在雲端某處的一種資源，而且與原本的一樣好。當然，我說得太簡單了：計算資源是用它們的記憶體、CPU 數量等來區分（和定價）的。區別在於知道（在關心）你的 app 在哪個實體伺服器代管，以及知道它在雲端的某個伺服器代管，而且它可以在你不知情（或關心）的情況下，輕鬆地移到不同的伺服器。

雲端代管也是高度虛擬化的。也就是說，運行 app 的伺服器通常不是實體機器，而是在實體伺服器上運行的虛擬機。這個概念不是由雲端代管引入的，但已經成為它的同義詞了。

雖然雲端代管的起源很簡單，但它的意義已經超出現在的「同類伺服器」了。主要的雲端供應商提供許多基本設施服務，（理論上）可以減少你的維護負擔，並且提供高度的擴展性。這些服務包括資料庫儲存、檔案儲存、網路佇列、身分驗證、視訊處理、遠距通訊服務、人工智慧引擎，及其他。

雲端代管最初或許有些令人不安，因為你根本不知道承載你的伺服器的實體機器是什麼，也不確定你的伺服器會不會被同一台機器上的其他伺服器影響，事實上，一切都沒有改變，當你收到代管帳單時，你仍然是為實質上相同的事情付費：有人負責照料提供你的 web app 的實體硬體與網路。唯一的改變是你離硬體更遠了。

我相信「傳統的」代管（找不到更好的形容詞）最終會完全消失，我的意思不是代管公司會在業界消失（雖然有些最後會的），而是他們會開始提供雲端代管。

## XaaS

當你考慮雲端代管時，你會遇到這些縮寫：SaaS、PaaS、IaaS 與 FaaS：

**軟體即服務**（*Software as a Service*，SaaS）

SaaS 通常是指提供給你的軟體（網站、app）：你可以直接使用它們。例子有 Google Documents 和 Dropbox。

**平台即服務**（*Platform as a Service*，PaaS）

PaaS 提供所有基礎設施給你使用（作業系統、網路機制，這些都已為你處理）。你的工作只剩下撰寫你的 app。雖然 PaaS 與 IaaS 之間有一條模糊的界線（身為開發者的你會經常發現自己跨越這條線），但它是本書探討的服務模型。如果你要運行網站或 web 服務，PaaS 應該是你尋求的東西。

**基礎設施即服務（*Infrastructure as a Service*，IaaS）**

IaaS 提供最大的彈性，但是這是有代價的。你會得到虛擬機器以及連接它們的基本網站，然後你要負責安裝和維護作業系統、資料庫和網路策略。除非你需要這種等級的環境控制權，否則你通常會選擇使用 PaaS（注意，PaaS 可讓你控制作業系統與網路組態的選擇：你不需要自己做這些事）。

**功能即服務（*Functions as a Service*，FaaS）**

FaaS 代表 AWS Lambda、Google Functions 與 Azure Functions 等服務，它提供一種在雲端執行個別功能，而不需要自行設置執行期環境的方式。它是所謂的「無伺服器（serverless）」架構的核心。

## 網路巨頭

實際運行網際網路的公司（或者，至少重度投資網際網路的運行的公司）發現，隨著計算資源的商品化，他們有了另一種可以販售的產品。Amazon、Microsoft 與 Google 都提供雲端運算服務，而且這些服務的品質都非常好。

這些服務的價格都很相似，如果你的代管需求不大，這三家公司的價格差異很小。如果你有很高的頻寬或儲存需求，你就要謹慎地評估這些服務，因為價格差異可能更大，這取決於你的需求。

雖然當我們考慮開放原始碼平台時經常不會想到 Microsoft，但是我不會忽視 Azure。這個平台不但很有名、很穩健，Microsoft 也竭盡所能地讓它不僅非常適合 Node，也非常適合開放原始碼社群。Microsoft 提供一個月的 Azure 試用期，很適合用來確定這項服務是否符合你的需求；如果你正在考慮三巨頭之一，我十分推薦你透過免費試用來評估 Azure。Microsoft 為它的所有主要服務提供 Node API，包括它的雲端儲存服務。除了傑出的 Node 代管之外，Azure 也提供傑出的雲端儲存系統（使用 JavaScript API），以及很好地支援 MongoDB。

Amazon 提供最全面性的資源組合，包括 SMS（文字訊息）、雲端儲存、email 服務、支付服務（電子商務）、DNS 及其他。此外，Amazon 也提供免費的使用層（usage tier），讓我們非常容易進行評估。

Google 的雲端平台已經經歷一段很長的旅程，現在提供穩健的 Node 代管，而且正如你所期望的那樣，與它自己的服務有很好的整合（對映、身分驗證，以及搜尋特別有吸引力）。

除了「三巨頭」之外，Heroku（*https://www.heroku.com*）也值得考慮，它一段時間以來都在迎合希望託管快速且靈活的 Node app 的人。我很幸運可以使用 DigitalOcean（*https://www.digitalocean.com*），它的重心是以非常方便的方式提供容器和有限數量的服務。

## 精緻代管

比較小型的代管服務，接下來我稱之為「精緻（boutique）」代管服務（因為找不到更好的字眼），或許沒有 Microsoft、Amazon 和 Google 的基礎設施或資源，但不代表它們無法提供有價值的東西。

因為精緻代管服務的基礎設施沒有競爭力，它們通常專注於顧客服務與支援。如果你需要許多支援，或許你可以考慮精緻代管服務。如果你有喜歡的代管商，請勇敢地問看看它是否提供（或準備提供）Node 代管。

## 部署

令我驚訝的是，到了 2019 年，還有人用 FTP 來部署他們的 app。如果你是這種人，**請先住手**。FTP 一點都不安全。它不但以不加密的方式傳輸所有檔案，也會這樣傳輸你的**帳號與密碼**。如果你的代管商沒有提供別的選擇，那就換一家新的代管商。如果你真的別無選擇，你一定要使用未在任何其他地方使用的密碼。

至少你應該使用 SFTP 或 FTPS（不要搞混了），但你應該認真考慮**持續交付（CD）**服務。

CD 背後的想法是，你永遠都不需要花太多時間就可以發表一個新版本（一週甚至幾天）。CD 通常與**持續整合（CI）**一起使用，持續整合的意思是用自動化的程序來整合開發人員的工作成果並測試它們。

一般來說，程序自動化的程度越高，開發就越輕鬆。想像一下，當你合併變更之後，你會自動收到單元測試通過的通知，然後整合測試通過，然後在線上看到變更生效…這些步驟只要幾分鐘就可以完成！雖然這是很棒的願景，但你必須事先進行一些工作來設定它，而且以後也會有一些維護工作。

雖然這些步驟本身十分相似（執行單元測試、執行整合測試、部署預備伺服器、部署生產伺服器），但是設定 CI/CD pipeline（這是你在討論 CI/CD 時會經常聽到的字眼）的程序有很大的不同。

你應該瞭解一些 CI/CD 選項，並且從中選擇符合你的需求的：

*AWS CodePipeline*（*https://amzn.to/2CzTQAo*）

如果你在 AWS 代管，CodePipeline 應該是你的首選，因為它是實作 CI/CD 最簡單的途徑。它非常穩健，但我發現它提供的方便性略遜於一些其他選項。

*Microsoft Azure Web Apps*（*http://bit.ly/2CEsSI0*）

如果你在 Azure 代管，Web Apps 是最好的選擇（你有沒有看到**趨勢**了？）。我沒有用過這項服務，但是它在社群裡面似乎很受歡迎。

*Travis CI*（*https://travis-ci.org/*）

Travis CI 已經出現很長的時間了，而且有大量忠實的用戶群和優良的文件。

*Semaphore*（*https://semaphoreci.com/*）

Semaphore 很容易設定與設置，但它的功能不多，而且它的基本（低費用）方案很慢。

*Google Cloud Build*（*http://bit.ly/2NGuIys*）

我還沒有用過 Google Cloud Build，但是它看起來很穩健，而且就像 CodePipeline 與 Azure Web Apps，如果你在 Google Cloud 代管，它看起來是最佳選擇。

*CircleCI*（*https://circleci.com/*）

CircleCI 是另一個已經出現一段時間的 CI，而且很受歡迎。

*Jenkins*（*https://jenkins.io/*）

Jenkins 是另一個擁有龐大社群的在位者。我的經驗是它沒有跟上現代部署實踐法，以及這裡的一些其他的選項，但它剛剛發布了一個看起來很有前途的新版本。

到頭來，CI/CD 服務的目的是將你的行動自動化。你仍然要編碼程式，決定你的版本控制計畫、編寫高品質的單元和整合測試，以及決定執行它們的方式，並且瞭解你的部署基礎設施。本書的範例可以簡單地自動化，幾乎所有東西都可以部署在運行 Node 實例的單一伺服器上。但是，當你開始擴增基礎設施時，你的 CI/CD pipeline 也會越來越複雜。

## Git 在部署時的作用

Git 最大的優點（也是最大的缺點）是它的彈性。它可以配合幾乎任何想像得到的工作流程。在部署時，我建議建立一或多個**專門用於部署**的分支。例如，你可以建立一個 production 分支與一個 staging 分支。如何使用這些分支在很大程度上取決於你個人的工作流程。

有一種流行的做法是從 master 至 staging 至 production。所以當 master 的變動已經做好上線的準備時，你可以將它們併入 staging。當它們在 staging 伺服器已經得到認可時，你可以將 staging 併入 production。雖然這種做法合乎邏輯，但我不喜歡它造成的複雜性（到處都有合併的動作）。此外，如果你有許多功能需要按照不同的順序放入 stage 或送至生產環境，這種做法很快就會變得一團亂。

我認為比較好的做法是將 master 併入 staging，接著當你做好讓變動上線的準備時，將 master 併入 production。如此一來，staging 與 production 比較沒有關係：你甚至可以用多個 staging 分支實驗不同的功能，再上線（你也可以將不屬於 master 的東西併入它們）。唯有當有東西被批准放入生產環境時，你才將它併入 production。

當你需要復原變更時該怎麼辦？這件事比較複雜。你可以用很多種技術來復原變更，例如使用逆提交（inverse of a commit）來取消之前的提交（git revert），這些技術不但很複雜，也可能在過程中導致問題。處理這種情況的典型做法是在每次部署時建立標籤（例如在你的 production 分支使用 git tag v1.2.0）。當你需要恢復至特定版本，你永遠都有標籤可用。

到頭來，決定 Git 工作流程的是你和你的團隊，比你所選擇的工作流程更重要的是一致地使用它，以及圍繞著它的訓練與溝通。

 我們討論過將二進制資產（多媒體與文件）和程式碼存放區分開存放的價值，使用 Git 來部署為這種做法提供另一個誘因。如果你的存放區有 4 GB 的多媒體資料，它們將永遠需要複製（clone），讓所有生產伺服器都有沒必要的複本。

## 手動使用 Git 進行開發

如果你還不打算設置 CI/CD，你可以先進行手動 Git 開發。這種做法的好處是，它可讓你熟悉和部署有關的步驟和挑戰，可在你採取自動化步驟時協助你。

你必須為你想要部署的每一個伺服器複製存放區,簽出 production 分支,接著設定啟動 / 重啟 app 所需的基礎設施(取決於你選擇的平台)。當你更新 production 分支時,你必須前往每一個伺服器,執行 git pull --ff-only,執行 npm install --production,接著重啟 app。如果你不會經常部署,而且你沒有太多伺服器,這些步驟應該都不會太困難,但如果你經常更新,你很快就會感到厭倦,想要設法將系統自動化。

git pull 的 --ff-only 引數只允許快速向前(fast-forward)pull,不允許自動合併或 rebase。如果你知道 pull 是只限快速向前的,你可以安全地省略它,但如果你養成習慣,你就永遠不會不小心呼叫 merge 或 rebase!

你在這裡做的事情其實是在重複開發時做的,只不過你是在遠端伺服器做這件事。手動程序可能發生人為錯誤,建議你將這種做法視為自動開發的墊腳石。

## 總結

部署網站(尤其是在第一次時)是開心的時刻,應該要有香檳和歡呼聲才對,卻經常出現汗流浹背、充滿罵聲、通宵達旦的情況。我看過太多網站到了凌晨三點才被一個煩躁、精疲力竭的團隊推出。幸好這種情況正在發生變化,部分的原因是雲端部署。

無論你選擇哪種部署策略,最重要的事情就是儘早開始進行生產部署,在網站做好上線的準備之前。你不需要連接網域,所以公眾不會知道這件事。如果你在上線日之前已經將網站部署到生產伺服器六次,你成功發布的機會將會高很多。在理想情況下,你的網站在發布之前應該已經功能正常地在生產伺服器運行一段時間了,你的工作只是按下開關,將舊網站換成新網站。

# 第二十二章

# 維護

你已經發布網站了！恭喜你，現在你可以把它拋在腦後了。什麼？你必須一直關心它？好吧，既然如此，那就繼續讀下去吧。

雖然「完成一個網站之後就再也不用碰它了」這種情況在我的職涯發生過幾次，但它不是常態（而且發生這種事時，通常是因為有別人負責工作，而不是那項工作不需要做了）。我清楚地記得有一個網站啟動「屍檢」。我尖聲說到：「我們難道不能叫它產後憂鬱症嗎？」[1] 發布網站比較像生日，而不是忌日。一旦網站發布後，你就會專注地分析情況，焦急地等待顧客的反應，在凌晨三點起床看看網站是否還在運行。它就像你的孩子。

確認網站的吸引力、設計網站與建構網站都是需要好好規劃的工作，但是大家經常忽視**維護計畫**，本章將提供這方面的建議。

## 維護的原則

### 制定長期計畫

每當有顧客同意一個網站的建構價格，卻沒有討論他期望該網站可以存活多久時，我都會感到驚訝。我的經驗是，如果你做得很好，顧客就會開心地付錢。但是顧客不喜歡意外，例如他們原本預期網站可以維持五年，卻在三年後聽到網站必須重建。

---

1　事實上，產後這個字眼有點太沉重了，我們現在稱它們為回顧。

網際網路的發展很快,如果你用最好且最新的技術來建構一個網站,在短短的兩年內,你就會覺得它像一個殘破的遺跡。或者,它可能苟延殘喘七年,優雅地老化(這不太可能發生!)。

估計網站壽命這項工作部分是藝術,部分是行銷,部分是科學。它的科學部分涉及所有科學家都會做,但很少 web 開發者會做的事情:保存紀錄。想像一下,如果你有這些紀錄:團隊曾經發布過的每一個網站、維護請求與故障歷史、用過的技術,以及每一個網站在多久之後重建,雖然你會遇到很多變數,例如團隊成員、經濟學,技術潮流,但這不意味著你無法從紀錄中發現有意義的趨勢。你可能會發現某種開發方式、某種平台或技術比較適合你的團隊。我幾乎可以保證,你會發現「拖延」與缺陷之間的關係:當你因為不想面對基礎設施更新或平台升級造成的痛苦而拖延得越久,後果就會越糟糕。擁有良好的問題追蹤系統與維護詳細的紀錄,可讓你為你的顧客提供更好(且更實際)的願景,讓他們知道專案的生命週期的樣貌。

當然,行銷有些部分與錢有關。如果顧客有足夠的財力讓他們的網站每三年完全重建一次,他們就不太可能受到基礎設施老化的影響(儘管他們會有其他的問題)。另一方面,有些顧客需要盡量延伸金錢帶來的效益,希望網站可以維持五年甚至七年(我知道有些網站拖更久,但如果他們希望網站繼續發揮作用,我覺得七年是務實的極限壽命)。你要對這兩種顧客負責,而且他們都有各自的挑戰。如果顧客口袋很深,不要只因為他們錢很多就任意收費,你可以使用額外的資金來提供一些不凡的東西。如果顧客預算吃緊,你必須在面對不斷變化的技術的同時,找出創造性的方式來設計網站,讓它更長壽。這兩種極端有各自的挑戰,但都是可以解決的。重點在於,你要知道他們的期望是什麼。

最後是藝術的部分。它是串連所有因素的東西:瞭解顧客的預算,並且真誠地說服顧客在某方面投資更多資金來獲得他們需要的價值。瞭解未來技術也是一種藝術,預測哪些技術會在五年之內痛苦地過時,哪些技術將會日益壯大。

當然,你無法百分之百準確地預測任何事情。你可能會猜錯技術,人事變動可能會完全改變機構的技術文化,技術供應商可能倒閉(雖然這一點在開放原始碼的世界通常不是問題)。也許你以為在產品的生命週期之內都很可靠的技術會變成昨日黃花,使得你必須提早決定是否重建。另一方面,有時正確的團隊在正確的時間使用正確的技術創造出遠遠超出任何合理預期的東西。但是這些不確定性都不該阻礙你制定計畫,即使計畫出乎意料,也比沒有方向好。

現在你應該已經知道，我認為 JavaScript 和 Node 是可以存在一段時間的技術。Node 社群充滿活力且熱情，而且它明智地採用一種顯然已經勝出的語言。或許最重要的是，JavaScript 是一種多範式語言，包含物件導向、泛函、程序式、同步、非同步。這使得 JavaScript 變成可以吸引各種背景的開發人員的平台，在很大程度上帶領 JavaScript 生態系統的創新步伐。

## 使用原始碼控制系統

你應該清楚這一點的意思，但是它指的不是只有使用原始碼控制系統，而是善用它。為何你要使用原始碼控制系統？你要瞭解原因，並且確保你的工具支持它。使用原始碼控制系統的原因很多，但在我看來，最有用的是究責：知道一項變動究竟是在什麼時候做的，以及誰做了它，這樣我就可以在必要時詢問更多資訊。版本控制系統是最棒的工具，可讓我們瞭解專案的歷史，以及團隊如何合作。

## 使用問題追蹤系統

問題追蹤系統可追溯到開發的科學。如果不使用系統化的方式來記錄專案歷史，我們就不可能獲得深刻的見解。你可能聽說過，精神錯亂的定義是「重複做同樣的事情，卻期待有不一樣的結果」（一般認為這是愛因斯坦說的，但真相有待商榷）。一而再，再而三犯下同樣的錯誤看起來確實很瘋狂，但如果你不知道你正在犯什麼錯，怎麼能避免它呢？

記錄所有東西：顧客回報的每一個缺陷、你在顧客發現之前找到的每一個缺陷、每一個抱怨、每一個問題、每一次稱讚。記錄它花了多少時間、誰修正它、有哪些 Git 註釋牽涉其中，以及誰認可修正。這項工作的藝術是使用不需要花太多時間和精力的工具。不良的問題追蹤系統會被廢棄、沒有人使用，而且比沒用更糟糕。優秀的問題追蹤系統可讓你對業務、團隊、顧客產生重要的見解。

## 養成良好的衛生習慣

我不是指刷牙漱口（雖然你也要做這些事），我指的是版本控制、測試、程式碼復審，以及問題追蹤。唯有你使用工具，並且正確地使用它們，工具才有用。程式碼復審是鼓勵保持衛生的好方法，因為每一件事情都會被檢查，從發出請求的問題追蹤系統的使用情況，到加入測試來驗證版本控制系統，到版本控制系統的提交註釋。

你應該定期復審問題追蹤系統提供的資料，並且和團隊一起討論。從這些資料裡面，你可以瞭解哪些是行得通的，哪些是無效的。你可能會被你發現的東西嚇一跳。

## 不要拖延

體制性的拖延是最難搞的障礙之一，它表面上看起來通常都沒有那麼糟糕。你可能會發現團隊每個星期都花費大量的時間進行更新，但是只要稍微重構一下，效率就可以大幅改善。每拖延重構一週就意味著多付出一週的低效成本[2]，更糟的是，有些成本會隨著時間而增加。

其中一個很好的例子就是未能更新軟體依賴項目。隨著軟體的老化，和團隊成員的變遷，你很難找到記得（或曾經瞭解）陳舊軟體的人。提供支援的社群開始消失，不久之後，技術被廢棄，你找不到任何支援。你經常聽到有人將它稱為**技術債務**，它是活生生的東西。雖然你必須避免拖延，但瞭解網站的壽命可能會影響你的決策：如果你打算重新設計整個網站，消除不斷累積的技術債務就沒有什麼價值了。

## 進行例行 QA 檢查

你應該為每一個網站建立**文件化**的例行 QA 檢查。那些檢查應該包含連結檢查器、HTML 與 CSS 驗證，以及執行測試。這件事的關鍵是**文件化**：如果組成 QA 檢查的項目沒有文件化，你難免會錯過一些事情。為每一個網站建立文件化的 QA 檢查表不但可以避免檢查被忽視，也可以讓新成員立刻有效率地工作。在理想情況下，QA 檢查表可以由非技術團隊成員執行。這可以讓你的（有的話）非技術主管對你的團隊有信心，而且如果你沒有專門的 QA 部門，它可以讓你把 QA 工作指派出去。取決於你和顧客的關係，你或許也可以和顧客分享 QA 清單（或其中一部分），這種方式可以讓他們知道他們付費之後得到什麼，以及你正在努力為他們創造最佳利益。

作為例行 QA 檢查的一部分，我推薦使用 Google Webmaster Tools（*http://bit.ly/2qH3Y7L*）以及 Bing Webmaster Tools（*https://binged.it/2qPwF2c*）。它們很容易設定，也可以讓你知道與網站有關的重要觀點：主要的搜尋引擎如何看到它。它會提醒你 *robots.txt* 檔的任何問題、阻礙良好的搜尋結果的 HTML 問題、安全問題等。

---

2　Mike Wilson of Fuel（*http://www.fuelyouth.com*）有這條經驗法則：「當你做同一件事三次時，花時間將它自動化」。

## 監測分析

如果你尚未對網站執行分析工作，請立刻開始做：它可以讓你知道重要的事情，不僅可讓你知道網站受歡迎的程度，也可以讓你瞭解用戶是怎麼使用它的」。Google Analytics（GA）是傑出的工具（而且免費！），雖然你可能會用其他的分析服務來彌補它的不足，但你沒有理由不在網站使用 GA。

你通常可以從分析數據看出微妙的 UX 問題。有沒有網頁無法到達你預期的流量？這可能代表你的導覽或促銷出問題了，或是有 SEO 問題。你的跳出率（bounce rate）很高嗎？這可能代表網頁的內容需要調整（有人透過搜尋到達你的網站，但是當他們進入網站之後，發現它不是他們想要的）。你應該製作一個分析檢查表來與 QA 檢查表搭配使用（甚至可以將它納入 QA 檢查表）。這個檢查表應該是個「靈活的文件」，因為在你的網站的生命週期中，你或顧客可能會改變他們對於「哪些內容最重要」的看法。

## 優化性能

越來越多研究證實，性能對網站的流量有很大的影響力。這是一個快節奏的世界，大家都期望他們的內容能夠被快速傳遞，尤其是在行動平台上。性能微調的首要原則是**先分析，再優化**。「分析」的意思是找出降低網站速度的原因。如果你的社交媒體外掛出問題了，你卻花好幾天提升內容算繪的速度，你就是在浪費寶貴的時間和金錢。

Google PageSpeed Insights（*http://bit.ly/2Qa3l15*）是評估網站性能的好工具（而且現在 PageSpeed 資料會被記錄在 Google Analytics，讓你可以監測性能趨勢）。它不但讓你知道行動或桌機性能的總成績，也告訴你改善性能的優先順序。

除非你目前有性能問題，否則應該沒必要進行例行性能檢查（監測 Google Analytics 看看有沒有明顯的性能變化應該就夠了）。但是，在改善性能之後看到流量快速提升是很開心的事情。

## 排定線索追蹤順序

在網際網路世界中，訪客對一項產品或服務感興趣時，最強烈訊號就是提供聯絡資訊。你應該極其謹慎地看待這個資訊。你應該將任何收集 email 或電話號碼的表單列入檢查表進行例行測試，並且在收集那些資訊時，**一定要備份**。對於潛在顧客，最糟糕的事情莫過於收到聯絡資訊之後將它遺失了。

因為線索追蹤（lead tracking）對於網站的成功至關重要，我建議你在收集資訊時採取這五條原則：

### 安排備案以防 JavaScript 故障

用 Ajax 收集顧客資訊很好，通常可以產生比較好的用戶體驗，但是，如果 JavaScript 因為任何原因故障了（或許是用戶停用它，或網站上的腳本有錯誤，導致 Ajax 無法正確運作），你也要讓表單可以用任何方式提交。測試它最好的做法是停用 JavaScript 並使用你的表單。即使用戶體驗不理想也無關緊要，重點是不能失去用戶資料。實作時，你一定要在 `<form>` 標籤裡面使用有效的 `action` 參數，即使你通常使用 Ajax。

### 如果你使用 Ajax，從表單的 action 參數取得 URL

雖然這不是絕對必要的，但有助於避免你不小心忘記 `<form>` 裡面的 `action` 參數。如果你可以將 Ajax 與成功的非 JavaScript 提交連接起來，你就很難遺失顧客資料。例如，你的表單標籤可能是 `<form action="/submit/email" method="POST">`；接著在你的 Ajax 程式中，你可以從 DOM 取得表單的 `action`，並且在你的 Ajax 提交程式中使用它。

### 至少提供一層的重複

你應該希望將線索（lead）存入資料庫或 Campaign Monitor 等外部服務，但如果你的資料庫故障了，或 Campaign Monitor 當機了，或是有網路問題時，該怎麼辦？你仍然不想要失去那個線索。提供重複有一種常見的做法就是傳送一個 email 並且儲存線索。如果你採取這種做法，請勿使用個人的 email 地址，而是公用的 email 地址（例如 *dev@meadowlarktravel.com*）：如果你把重複的資料寄給某個人，但那個人離職了，那份資料就沒有任何好處。你也可以將線索存入備份資料庫，甚至 CSV 檔。但是，你應該安排某些機制，在主資料庫故障時提醒你。收集多餘的備份只是這場戰役的上半局而已，發現故障並採取適當的行動是下半局。

### 在全部的資料庫都故障時通知用戶

假如你有三層的防護措施：你的主資料庫是 Campaign Monitor，當它故障時，你備份至 CSV 檔，並且寄一封 email 給 *dev@meadowlarktravel.com*。如果這些管道都故障了，你應該寄信給用戶，說「深感歉意，我們遇到技術問題，請稍後再試，或聯繫 *support@meadowlarktravel.com*」。

查看正面的確認訊息，而不是錯誤不存在

很多人讓 Ajax 處理式回傳一個物件，用裡面的 err 屬性代表故障的情況，並且在用戶端程式碼寫這種程式：if(data.err){ /* 通知用戶故障 */ } else { /* 感謝用戶成功提交 */ }。不要這樣做，雖然設定 err 屬性沒有什麼不對，但如果你的 Ajax 處理式裡面有錯誤，造成伺服器回應 500 回應碼，或無效的 JSON 回應，**這種做法就會靜悄悄地失敗**。用戶引線將會消失在虛空之中，而且他們將無法理解你的解釋。你應該用一個 success 屬性來代表成功提交（即使主資料庫故障了：如果用戶的資訊有被某個東西記錄下來，你就要回傳 success）。你的用戶端程式將是 if(data.success){ /* 感謝用戶成功提交 */ } else { /* 通知用戶故障 \*/ }。

## 防止「看不到」的失敗

我經常看到這種情況：因為開發人員很忙，所以他們用永遠不曾被檢查的方式記錄錯誤。無論它是 log 檔、資料庫內的表格、用戶端主控台 log，或送到沒人用的信箱的 email，最後的結果都一樣：**你的網站有不為人知的品質問題**。

處理這種問題的第一道防線就是**提供簡單、標準的方法來記錄錯誤**。將它記下來，不要把它弄得很難，或讓它難以理解。確保每一位接觸你的專案的開發人員都可以看到它。它可以很簡單，例如公開一個 meadowlarkLog 函式（log 通常有其他的程式包使用）。這個函式究竟是記錄到資料庫、平面檔、email 或某些組合都無關緊要：重點是它是標準的。它也可以讓你改善記錄（logging）機制（例如，當你擴展伺服器時，平面檔就比較用不到了，因此你可以修改 meadowlarkLog 函式，改成記錄到資料庫）。有了適當的記錄機制，並且將它文件化之後，請讓團隊的所有人都認識它，並且在你的 QA 檢查表中加入「檢查紀錄」，並且說明怎麼做。

# 程式碼復用與重構

我經常看到一齣悲劇一而再、再而三地上演：重新發明輪胎。通常它只是小事，純粹是你覺得重寫程式比挖掘幾個月之前做過的某個專案更簡單。這些重寫的小程式會不斷累加，更糟的是，它公然違背良好的 QA 精神：你應該不會幫這些小程式撰寫測試程式（即使你這樣做了，因為不復用既有程式而浪費的時間也會加倍）。每一段小程式（做同一件事的）都可能有不同的 bug。這是個壞習慣。

用 Node 和 Express 進行開發為你帶來一些應對這些問題的好方法。Node 有名稱空間（透過模組）與程式包（透過 npm），而 Express 有中介函式的概念。有了這些工具之後，開發可復用的程式就簡單許多。

## 私用 npm registry

npm registry 是儲存共享程式碼的好地方，畢竟，它就是 npm 的設計宗旨。你除了可以使用簡單的儲存機制之外，也可以進行版本管理，輕鬆地將這些程式包放入其他的專案。

但是美中不足的是，除非你在完全開放原始碼的機構工作，否則你可能不想要為所有可復用的程式建立 npm 程式包（除了保護知識產權之外，也有其他原因：你的程式包可能是機構或專案專屬的，因此將它們放在公開的 registry 沒有意義）。

你可以使用*私用 npm registry* 來處理這種情況。現在 npm 提供 Orgs，可讓你發布私用程式包，並且讓你的開發人員可以付費登入並使用這些私用程式包。關於 Orgs 與私用程式包的詳情請見 npm（*https://www.npmjs.com/products*）。

## 中介函式

你可以從這本書看到，編寫中介函式不是一件大規模、可怕的、複雜的事情，你已經在這本書裡面做很多次這件事了，過不了多久，你甚至可以不加思索地完成它。你的下一步是將可復用的中介函式放入程式包，並將它放在 npm registry。

如果你覺得你的中介函式是專案專用的，不適合放在可復用的程式包裡面，或許你可以重構中介函式，讓它更通用。切記，你可以將組態物件傳入中介函式來讓它們可以在各種情況下使用。以下是在 Node 模組中公開中介函式的做法。接下來的內容都假設你用程式包來使用這些模組，而且那個程式包稱為 meadowlark-stuff。

### 模組直接公開中介函式

你可以在中介函式不需要組態物件時使用這個方法：

```
module.exports = (req, res, next) => {
  // 你的中介函式在這裡…記得呼叫 next()
  // 或 next('route')，除非中介函式
  // 可能是個端點
  next()
}
```

這個中介函式的用法是：

```
const stuff = require('meadowlark-stuff')

app.use(stuff)
```

## 模組公開一個回傳中介函式的函式

當你的中介函式需要組態物件或其他資訊時使用這個方法：

```
module.exports = config => {
  // 一般會建立組態物件
  // 如果它沒有被傳入
  if(!config) config = {}

      return (req, res, next) => {
    // 你的中介函式在這裡…記得呼叫 next()
    // 或 next('route')，除非中介函式
    // 可能是個端點
    next()
      }
}
```

這個中介函式的用法是：

```
const stuff = require('meadowlark-stuff')({ option: 'my choice' })

app.use(stuff)
```

## 模組公開一個包含中介函式的物件

當你想要公開多個相關的中介函式時使用這個選項：

```
module.exports = config => {
  // 一般會建立組態物件
  // 如果它沒有被傳入
  if(!config) config = {}

    return {
  m1: (req, res, next) => {
    // 你的中介函式在這裡…記得呼叫 next()
    // 或 next('route')，除非中介函式
    // 可能是個端點
    next()
          },
  m2: (req, res, next) => {
```

```
        next()
      },
    }
  }
```

這個中介函式的用法是:

```
const stuff = require('meadowlark-stuff')({ option: 'my choice' })

app.use(stuff.m1)
app.use(stuff.m2)
```

## 總結

當你建構網站時,你通常會把焦點放在發布上面,這是有原因的:因為發布時有很多令人期待的事情。但是如果你沒有用心維護網站,本來很開心的用戶很快就會大失所望。用發布網站的謹慎心態來看待維護計畫,可以讓你提供不斷吸引顧客的體驗。

# 第二十三章

# 其他資源

我已經在這本書裡面全面性地介紹如何使用 Express 來建構網站了。雖然我們談了很多內容，但也只是觸及你可以使用的程式包、技術和框架的皮毛而已。這一章將介紹如何取得其他的資源。

## 線上文件

如果你想要查閱 JavaScript、CSS 和 HTML 文件，Mozilla Developer Network（MDN）（*https://developer.mozilla.org*）是無以倫比的資源。如果我需要 JavaScript 文件，我會直接在 MDN 尋找，或在我的查詢字串加上「mdn」。否則 w3schools 會出現在搜尋結果裡面。雖然管理 w3schools 的 SEO 的人很聰明，但我建議不要使用這個網站，我發現它的文件經常嚴重缺乏。

雖然 MDN 是很棒的 HTML 參考資源，但如果你剛接觸 HTML5（或尚未接觸），你可以閱讀 Mark Pilgrim's *Dive Into HTML5*（*http://diveintohtml5.info*）。WHATWG 維護一份傑出的「living standard」HTML5 規格（*http://developers.whatwg.org*），每當我遇到很難回答的 HTML 問題時，就會先來這裡尋求協助。最後，HTML 與 CSS 的官方規格位於 W3C 網站（*http://www.w3.org*），雖然它們是枯燥、難讀的文件，但是當你面對很難的問題時，有時它是你唯一的資源。

JavaScript 遵守 ECMA-262 ECMAScript 語言規範（*http://bit.ly/ECMA-262_specs*）。若要知道某些 JavaScript 功能是否可在 Node 裡面使用（以及各種瀏覽器），你可以參考 @kangax 維護的傑出指南（*http://bit.ly/36SoK53*）。

Node 文件（*https://nodejs.org/en/docs*）寫得非常好，而且很詳細，它是關於 Node 模組的權威文件（例如 http、https 與 fs），你應該優先參考它。Express 文件（*https://expressjs.com*）也很好，但不如你想像的如此全面。npm 文件（*https://docs.npmjs.com/*）既詳細且實用。

# 期刊

有一些免費的期刊是你絕對要訂閱並且每週認真閱讀的：

- JavaScript Weekly（*http://javascriptweekly.com*）

- Node Weekly（*http://nodeweekly.com*）

- HTML5 Weekly（*http://html5weekly.com*）

你可以從這些期刊瞭解最新資訊、服務、部落格，以及新的課程。

# Stack Overflow

你應該已經在使用 Stack Overflow（SO）了，自 2008 年創立以來，它已經成為 Q&A 網站的龍頭，也是協助你找到 JavaScript、Node、Express（以及本書介紹過的其他技術）問題解答的最佳資源。Stack Overflow 是由社群維護的、重視聲望的 Q&A 網站。這個網站的聲望模式是它的品質和持續成功的關鍵。用戶可以藉著他們的問題或答案被「upvoted」，或是讓答案被接受來獲得聲望。你可以免費註冊，而且不需要擁有任何聲望就可以提問。但是你可以採取一些行動來提升問題被有效回答的機會，本節將討論這個主題。

聲望是 Stack Overflow 的貨幣，雖然很多人真心想要幫助你，但是獲得聲望有錦上添花的作用，可以引出好的解答。Stack Overflow 有很多非常聰明的人競相為你的問題提供第一個和（或）最好的解答（謝天謝地，它也可以強烈地阻止有人快速提供糟糕的答案）。你可以做這些事情來提升獲得好解答的機會：

掌握資訊

　　閱讀 SO 簡介（*http://bit.ly/2rFhSbb*），再閱讀「How do I ask a good question?」（*http://bit.ly/2p7Qnpw*）。如果你願意，你可以繼續看完所有協助文件（*http://bit.ly/36UnyOp*）——看完它們之後，你會得到一個徽章。

## 別問已被回答的問題

先負責任地找看看有沒有人已經問了你的問題。如果你問了一個很容易在 SO 找到答案的問題，你的問題很快就會被當成重複發問並且被關閉，有人會對你投反對票，降低你的聲望。

## 不要叫別人幫你寫程式

如果你直接問「我該怎麼做 X？」，你的問題很快就會被投反對票並關閉。SO 社群希望你先努力解決問題，再向 SO 求助。在你的問題裡面說明你做了什麼，以及為什麼它無法成功。

## 一次問一個問題

一次問五件事的問題——「我怎麼做這件事，接著那個，接著其他事，還有，最好的做法是什麼？」——很難回答，而且令人不想回答。

## 為你的問題舉一個簡單的例子

我回答過許多 SO 問題，但是當我看到多達三頁的程式碼（或更多！）時，我幾乎都會自動跳過。將 5,000 行的檔案貼到 SO 問題裡面不會讓人願意回答你的問題（但很多人一直這樣做）。這是懶惰的做法，通常得不到回報。你不但很難得到有益的回應，而且有時去除不可能導致問題的程式碼就可以自己解決問題了（如此一來你就不必在 SO 問問題）。用簡單的例子來發問可以提升你的除錯技術和批判性思維，讓你成為優秀的 SO 公民。

## 學習 *Markdown*

Stack Overflow 使用 Markdown 設定問題和答案的格式。使用正確格式的問題比較可能獲得解答，所以你應該投資時間學習這種實用且越來越流行的標記語言（*http://bit.ly/2CB1L0a*）。

## 接收答案並且對它投贊成票

如果你滿意別人對於你的問題的答案，你就要對它投贊成票並且接受它，這可以提高回答者的聲望，而聲望是驅動 SO 的要素。如果有很多人提供可接受的答案，你就要選擇一個你認為最好的答案並且接受它，並且對你認為提供實用答案的其他人投贊成票。

## 如果你在別人回答你之前自行解決問題，那就回答你自己的問題

SO 是一種社群資源，當你有問題時，很有可能別人也有那個問題。如果你自己找到答案了，為了利益他人，請回答你自己的問題。

如果你喜歡協助社群，可以考慮回答問題，做這件事很有趣也很值得，也可以帶來比任何聲望更有形的好處。如果你的問題在兩天之內沒有得到實用的解答，你可以使用你自己的聲望來懸賞那個問題。聲望會立刻從你的帳號扣除，而且不可退還。如果有人做出令你滿意的回答，而且你接受它的解答，他就會收到賞金。當然，前提是你要有足夠的聲望來懸賞，賞金最少要 50 個聲望點數。雖然你可以藉著詢問有品質的問題來獲得聲望，但是提供有品質的解答可以更快累積聲望。

回答別人的問題也是學習的好方法。我覺得我回答別人問題學到的東西，比別人回答我讓我學到的更多。如果你想要真正徹底地學習一項技術，你可以先學習基本知識，然後試著在 SO 解決別人的問題。最初，你可能經常不如專家，但不久之後，你就會發現你已經**成為**其中一位專家了。

最後，你要勇敢地利用聲望來發展職涯。好的聲望絕對值得放在履歷上。這對我很受用，現在我也會面試開發人員，有良好的 SO 聲望的人一向讓我印象深刻（我認為「好的」SO 聲望是 3,000 以上，五位數的聲望則是**卓越**）。好的 SO 聲望可讓我知道那個人不但很擅長他的領域，也知道怎麼清楚地溝通，通常是位人才。

## 貢獻 Express

Express 與 Connect 都是開放原始碼專案，每個人都可以提交 *pull request*（代表你希望你的修改被納入專案的 GitHub 術語）。這件事不容易做到，因為這些專案的開發者都很專業，而且是該專案的終極權威。我不是勸你不要做出貢獻，我的意思是你必須付出相當的努力才可以成為成功的貢獻者，而且你不能隨便交出東西。

Express 首頁有貢獻的程序（*http://bit.ly/2q7WD0X*），這個機制包括在你自己的 GitHub 帳號分支專案，進行你的變更，將它們送回 GitHub，建立 pull request（PR），接著它會被一或多位專案人員審查。如果你的提交是小規模的，或是 bug 修正，或許你可以幸運地直接提出 pull request。如果你試著做某種大規模的事情，你就要和主要開發者溝通，並討論你的貢獻。你應該不希望你浪費了好幾個小時或好幾天完成一個複雜的功能，最後卻發現它與維護者的願景不符，或已經有別人完成它了。

為 Express 和 Connect 做出貢獻的另一種方式（間接）是發表 npm 程式包，具體來說，就是中介函式。發表你自己的中介函式不需要任何人批准，但這不代表你可以把低品質的中介函式隨便放在 npm registry。計畫、測試、實作以及文件化可以讓你的中介函式更成功。

當你發表自己的程式包時,你至少要有這些東西:

## 程式包名稱

雖然幫程式包取什麼名字是由你決定的,但顯然你要取一個還沒有被用過的名稱,有時這不是件簡單的事情。現在 npm 程式包支援帳號名稱空間,所以你不需要和全世界搶名稱。如果你寫的是中介函式,一般的做法是在程式包名稱前面加上 connect- 或 express-。雖然你可以取一個朗朗上口但是與程式包的功能沒什麼關係的名稱,但最好幫它取一個暗示它的功能的名稱(zombie 是一種朗朗上口但又很貼切的程式包名稱,它的功能是模擬 headless 瀏覽器)。

## 程式包敘述

程式包敘述應該簡潔、有描述性,它是大家搜尋程式包時主要使用的索引欄位之一,所以最好是詳細、引人入勝的,而不是耍小聰明的(別擔心,在文件裡面有你發揮小聰明和幽默的空間)。

## 作者 / 貢獻者

去獲取一些名聲吧。

## 授權

這一個項目經常被忽略,但遇到沒有授權的程式包往往令人氣餒(無法確定能不能在專案中使用它)。別成為那種人。如果你不希望限制別人如何使用你的程式,MIT 授權(*http://bit.ly/mit_license*)是很方便的選擇。如果你想開放原始碼(而且維持開放原始碼),GPL 授權(*http://bit.ly/gpl_license*)是另一種流行的選項。在你的專案根目錄加入授權檔案也是聰明的做法(開頭是 *LICENSE*)。若要涵蓋最廣大的範圍,可使用 MIT 和 GPL 雙授權。若要藉由 *package.json* 和 *LICENSE* 檔案瞭解它們,可參考我的 connect-bundle 程式包(*http://bit.ly/connect-bundle*)。

## 版本

為了讓版本系統可以運作,你要幫你的程式包指定版本。請注意,npm 版本編號與你的存放區的提交號碼是分開的,你可以隨意更新存放區,它不會改變別人使用 npm 來安裝你的程式包時得到的東西。有變更時,你要遞增版本號碼並且重新發表,在 npm registry 反映這項變更。

## 依賴項目

盡量不要將依賴項目放入程式包。我不是要你重新發明輪子,我的意思是依賴項目會增加程式包的大小以及授權複雜度。至少要確保你沒有列出不需要的依賴項目。

## 關鍵字

除了敘述之外，關鍵字是別人尋找程式包時會使用的另一項詮釋資料，所以請選擇適當的關鍵字。

## 存放區

你應該要有一個。GitHub 是最常見的，但其他的也可以。

## *README.md*

Markdown（*http://bit.ly/33IxnwS*）是 GitHub 與 npm 的標準文件格式，它是你很快就可以學會的簡單、類 wiki 語法。如果你希望別人使用你的程式包，有品質的文件至關重要。如果我進入一個 npm 網頁卻沒有任何文件，我通常會跳過它，不會進一步研究。至少你要說明基本用途（使用範例），如果可以記載所有選項更好，最好說明如何執行測試。

當你準備發布你自己的程式包時，程序非常簡單，先註冊免費 npm 帳號（*https://npmjs.org/signup*），接著按照下列步驟：

1. 輸入 `npm adduser`，並且用你的 npm 憑證登入。

2. 輸入 `npm publish` 來發布你的程式包。

這樣就好了！或許你可以從頭開始建立專案，並且使用 `npm install` 來測試你的程式包。

# 總結

真心希望這本書可以教你所有必要的工具，讓你開始使用這個令人期待的技術堆疊。在職業生涯中，從來沒有一項新技術能夠像現在這樣讓我精神煥發（儘管有 JavaScript 這個奇怪的主角），希望我已經傳達了這個堆疊的優雅與願景。雖然我以建構網站為業多年了，但我覺得，拜 Node 與 Express 之賜，我比以前更深入地瞭解網際網路的運作方式。我相信這種技術不會隱藏細節，可以提升你的理解力，同時提供一個框架，讓你可以快速且高效地建構網站。

無論你剛接觸 web 開發，還是剛接觸 Node 與 Express，我都歡迎你加入 JavaScript 開發人員的行列。期待在用戶社群和會議上認識你，最重要的是，看看你正在建構的作品。

# 索引

# S

# 作者簡介

**Ethan Brown** 是 VMS 的技術總監，負責架構與實作 VMSPro、決策支援雲端軟體、風險分析，以及大型專案的創意構思。Ethan 有 20 多年的程式設計經驗，包括嵌入式系統和 web，他選擇將 JavaScript 堆疊當成未來的 web 平台。

# 出版記事

本書封面的動物是黑雲雀（*Melanocorypha yeltoniensis*）與白翅雲雀（*Melanocorypha leucopter*）。這兩種鳥類都具備半遷居的習性，牠們的棲息範圍遠大於牠們最喜歡的 Kazakhstan 大草原與俄羅斯中部。牠們在該處繁殖，但是公雲雀會在 Kazakh 大草原過冬，雌鳥則向南遷徙。白翅雲雀在冬季飛向黑海以西和以北更遠的地方。這種鳥類的分布範圍很廣：歐洲占了白翅雲雀全球活動範圍的 1/4 到 1/2，只占黑雲雀全球活動範圍的百分之五至 1/4。

黑雲雀的名稱來自幾乎覆蓋雄性全身的黑色羽毛。相較之下，雌性與雄性相似的地方只有黑色的腳和下翅膀的黑色羽毛，其餘都是黑色與淡灰色的混合。

白翅雲雀有獨特的黑、白和栗色翅膀羽毛，牠背上的灰色條紋與蒼白的下半身形成鮮明的對比。雄性和雌性的差異只有雄性的栗色羽冠。

黑雲雀與白翅雲雀都有獨特悠揚的鳴叫聲，在幾世紀以來，啟發許多作家與音樂家的想像力。這兩種鳥類成年之後都以昆蟲與種子為食，並且都在地上築巢。有人看到黑雲雀將糞便搬到牠們的鳥巢去築牆或鋪路，但為何有這種行為尚不為人知。

O'Reilly 書籍封面上的許多動物都面臨瀕臨絕種的危機；牠們都是這個世界重要的一份子。

封面圖像是 Karen Montgomery 根據 Lydekker 的 *The Royal Natural History* 中的黑白版畫繪製的作品。

# 網頁應用程式設計｜使用 Node 和 Express 第二版

作　　者：Ethan Brown
譯　　者：賴屹民
企劃編輯：蔡彤孟
文字編輯：王雅雯
設計裝幀：陶相騰
發 行 人：廖文良

發 行 所：碁峰資訊股份有限公司
地　　址：台北市南港區三重路 66 號 7 樓之 6
電　　話：(02)2788-2408
傳　　真：(02)8192-4433
網　　站：www.gotop.com.tw
書　　號：A549
版　　次：2020 年 06 月初版
　　　　　2024 年 01 月初版八刷
建議售價：NT$580

國家圖書館出版品預行編目資料

網頁應用程式設計：使用 Node 和 Express / Ethan Brown 原著；
　賴屹民譯. -- 二版. -- 臺北市：碁峰資訊, 2020.06
　　面；　公分
　譯自：Web development with Node and Express, 2nd ed.
　ISBN 978-986-502-531-1(平裝)
　1.網頁設計　2.電腦程式設計
312.1695　　　　　　　　　　　　　　　109007949